AMALIA G. DIACONEASA

CIVILIZAŢIA FOAMETEI
O altă abordare a umanizării

Civilizația foametei/ O altă abordare a umanizării

Amalia Gabriela Diaconeasa

Published by Ninsun, 2026.

CIVILIZAȚIA FOAMETEI/ O ALTĂ ABORDARE A UMANIZĂRII

First edition. February 26, 2026.

ISBN: 979-8232551582

Written by Amalia Gabriela Diaconeasa.

Cuprins

Prefaţa autorului

În zilele noastre se ştie că omul este un animal, un mamifer din ordinul Primatelor, superfamilia Hominoidea, familia Hominidae, subfamilia Homininae. Conform ştiinţei actuale, apariţia lui nu mai este atribuită unei creaţii privilegiate, ci unui simplu proces evolutiv, asemenea celor care se află la originea tuturor celorlalte specii de pe planeta noastră. Dar, pe de altă parte, nu trebuie să fii antropocentrist ca să vezi că omul este o specie foarte diferită din unele puncte de vedere de toate celelalte specii, chiar şi de cele care sunt foarte înrudite cu el. Ce diferenţiază omul de alte mamifere? Limbajul articulat? Posibilitatea de a crea civilizaţii? Faptul de a avea conştiinţă?

Deşi limbajul uman are o serie de particularităţi, comunicarea există la multe specii animale, la unele „limbajul" fiind destul de complex, de exemplu în cazul delfinilor. Sisteme sociale extrem de complexe cunosc şi alte vieţuitoare, foarte îndepărtate filogenetic de om, precum unele specii de insecte.

Conştiinţa presupune proiecţii pe termen lung ale propriilor acţiuni şi ale evenimentelor exterioare. Şi după ştiinţa actuală, animalele nu-şi fac planuri pe termen lung. Studiile pe mai multe specii de primate arată că acestea semnalizează prezenţa pericolelor, dispunând de semnale distincte pentru diverşi prădători sau tipuri de agresiune din partea altor membri ai speciei, dar nu sunt capabile să comunice despre o eventuală inundaţie, şi nici nu povestesc despre incendiul de acum trei ani. Şi nu o fac pentru că nu au nevoie. Se adaptează foarte bine fără asta. Animalele, de cele mai multe ori, nu fac nimic care să nu conducă la supravieţuirea lor imediată sau la creşterea fitnessului, adică supravieţuirea prin urmaşi viabili. Migraţiile şi acumularea proviziilor, care par investiţii pe termen lung, se înscriu în aceeaşi categorie de comportamente utile pentru specie. Dar nu se poate dresa o focă promiţându-i pensie privată sub formă de peşte după 10 ani de muncă la circ.

O trăsătură esenţială a omului este aceea că el face lucruri de care aparent nu are nevoie pentru a supravieţui sau pentru a-şi creşte fitness-ul, adică supravieţuirea prin urmaşi, adesea chiar acţionează deliberat în detrimentul propriei supravieţuiri sau a speciei. Omul dispune de un adevărat record al acestor comportamente bizare, care îi intrigă pe sociobiologi, incapabili de a le explica originea sau utilitatea. Conform principiilor sociobiologiei, orice comportament înnăscut s-a perpetuat pentru că este util pentru specie sau a fost cândva în trecutul ei. Acţiunea distructivă extremă faţă de membrii aceleiaşi specii, sacrificiile umane rituale, contracepţia şi chiar ceea ce se numeşte altruism sunt doar câteva dintre acestea. După două războaie mondiale şi 40 de ani de război rece, în care specia umană şi-a pus existenţa în pericol prin propriile acţiuni în fiecare secundă, aplicabilitatea principiilor sociobiologiei la specia umană este pusă sub semnul întrebării. Câte acţiuni într-adevăr necesare pentru supravieţuirea imediată sau pentru creşterea fitnessului facem în fiecare zi? Ne procurăm hrană şi o consumăm, deşi de foarte multe ori o facem fără măsură într-un sens sau altul, evităm accidente în care sunt implicate automobile, aparate casnice sau echipamente industriale, pe care tot noi le-am inventat şi am investit mult timp şi eforturi ca să le utilizăm, suportăm torturi fizice în săli de gimnastică sau saloane cosmetice, pentru a ne creşte şansa de a face sex protejat. Toate acestea s-ar putea explica prin goana după confort şi plăcere. Dar goana după bani, care presupune un uriaş lanţ de condiţionări, care ar fi inacceptabil pentru oricare alt animal, face parte şi ea din viaţa de zi cu zi. Felinele şi alţi prădători, care au comportamente alimentare complexe, în care distanţa în timp şi acţiuni dintre momentul începerii căutării prăzii şi consumarea acesteia este mare, dispun de sisteme de recompensare a fiecărei etape din aceste comportamente. Recompensa foarte intensă poate explica unele dintre comportamentele umane bizare, dar uneori recompensa sau marea recompensă se află undeva într-un viitor îndepărtat, care poate fi adesea incert.

„Exagerarea“ poate fi o calitate a aproape oricărei acţiuni umane, de la alimentaţie, consum de droguri, sex, acumulare de capital şi până la sport şi efort intelectual. Care e rolul evolutiv al obţinerii marilor averi? Există o corelaţie pozitivă între mărimea averii unei persoane şi numărul de urmaşi? Desigur, urmaşii unui ţăran indian au mai puţine şanse de supravieţuire decât ai unui inginer american, dar care e diferenţa în acest sens între un milionar în dolari şi un deţinător de câteva sute de milioane? De asemenea există vreo diferenţă între numărul de urmaşi ai unui bărbat sau ai unei femei care a avut doi parteneri sexuali şi numărul de descendenţi ai altei persoane de acelaşi sex care a avut 20 de parteneri? Femeile monogame din societăţile islamice au în medie mai mulţi urmaşi decât femeile „fatale“ din societăţile occidentale.

Exagerarea, investiţiile comportamentale aparent inutile pentru individ sau specie nu sunt o consecinţă a alienării tehnologice, aşa cum ar părea la prima vedere. Dacă oamenii din trecut nu făceau atâtea lucruri aparent inutile din punct de vedere biologic, nu o făceau pentru că nu doreau, ci pentru că nu puteau. Tehnologia nu a făcut decât să le împlinească lor o parte din vise. Avem motive să credem că grecii antici ar fi acceptat cu uşurinţă modul nostru de viaţă, numai dacă ne gândim la viziunea lor despre munca fizică, fiind considerată ruşinoasă, demnă doar de sclavi. În plus, s-ar fi găsit suficienţi Icari gata să înveţe 20 ani ca să piloteze un avion. Din contră, tendinţa de a face prea multe investiţii inutile devenise deja o problemă în Antichitate. Nu un european din secolul al XXI-lea a inventat zicala „carpe diem“.

E drept că au existat şi chiar mai există societăţi mai „cumpătate“, care au încercat să-şi limiteze consumul şi pasiunile. Dar aceste societăţi, adesea revelaţii pentru antropologi şi etnologi, au puţine şanse să reprezinte o verigă lipsă şi necoruptă din evoluţia societăţii umane. Diferenţa dintre noi şi ei nu este în a face sau nu lucruri inutile, ci doar în modul de direcţionare a acestora. Este adevărat, există societăţi primitive cu o mare grijă pentru natură, există societăţi care descurajează promiscuitatea sexuală şi chiar societăţi cu ideal pacific. Dar aceste societăţi, pentru a-şi atinge idealurile, şi-au creat tertipuri culturale pentru a descuraja unele comportamente deviante ale membrilor lor. În societăţile cu ideal pacific, care au cunoscut şi ele războiul, sunt atâtea ritualuri care trebuie îndeplinite pentru a se ajunge la starea de beligeranţă, care constituie tot atâtea şanse de împăcare, încât probabilitatea declanşării unui război scade foarte mult. Toate societăţile, chiar şi a noastră, au creat mijloace culturale pentru a controla unele comportamente inutile şi de a le orienta pe altele.

În concluzie, ceea ce diferenţiază omul de alte animale, este tendinţa lui naturală, înnăscută, de a face lucruri inutile pentru supravieţuirea lui şi a speciei. Poate sociobiologia ar explica mai multe din acţiunile umane, dacă ar ţine cont de acest aspect, ca şi de faptul că unele comportamente ar putea fi efecte secundare ale unor strategii adaptative. Ce ar sta la originea acestui tip de comportament şi ce avantaje evolutive ar fi avut vom încerca să răspundem în paginile următoare.

Istoria societăţii, ca şi istoria unei specii, adică evoluţia ei, deşi studiate cu ajutorul statisticii, care lucrează cu mase mari de indivizi şi fenomene globale, depind uneori de amănunte obscure. În paginile ce urmează vom încerca să lansăm o ipoteză nouă, bazată pe o posibilă legătură între astfel de amănunte, anume necesităţile scăzute pentru supravieţuire ale omului (raportat la mediu) faţă de alte mamifere, pe de o parte şi comportamentul său bizar, dar şi alte caracteristici biologice umane, pe de altă parte. De asemenea, în speranţa că datele şi supoziţiile prezentate vor contribui la dezvoltarea ştiinţei, vom încerca să aflăm ce anume a declanşat acest unic proces evolutiv pe care îl numim umanizare. Această carte încearcă să răspundă la întrebarea veche de când lumea cine suntem, de unde venim, încotro mergem.

Dacă va încerca să explice un proces biologic misterios, un virusolog va implica un virus, un ecolog, nişte modificări climatice, iar un biochimist... o enzimă. Cartea aceasta este scrisă de un biochimist, şi reflectă viziunea despre umanizare a unui biochimist, una din multele faţete ale realităţii biologice.

1. Urmele foamei în biologia omului

Ce îl defineşte pe om

În termeni evolutivi, se poate spune că omul este specia care „a înţeles" cel mai bine că e mai uşor să schimbi mediul decât să te schimbi pe tine. Singurul caracter definitoriu al speciei umane, pe care antropologia actuală îl admite fără rezerve, este adaptarea la mediu predominant prin cultură. Dacă la capitolul cultură includem şi descoperirea uneltei numite limbaj articulat, atunci omul este un primat vorbitor. Orice antropolog actual admite că, deşi la origine un animal tropical, omul a ocupat toate zonele de climă de pe planeta noastră, tocmai datorită acestei abilităţi proprii de a se adapta prin cultură. Adaptarea biologică la mediile cu temperaturi extreme, foarte calde sau foarte reci, este foarte redusă în cazul omului, afectând foarte puţine caractere. De exemplu, rezistenţa la frig a tegumentelor unui eschimos nu este semnificativ diferită de cea a unui negru Bantu. Iar un negru american, Matthew Henson, a luat parte la prima expediţie spre Polul Nord (1909).

Dacă cimpanzeul este o specie adaptată la viaţa arboricolă, vărul său, omul nu avea de făcut decât un salt adaptativ „minor", spre adaptarea prin cultură. Omul este în aceste condiţii, nu doar o specie inteligentă, ci o specie culturală. Atunci o denumire mai corectă a speciei noastre ar fi aceea de *Homo culturalis*, în loc de *Homo sapiens*.

Admiţând că omul nu există în afara culturii pe de o parte, şi cultura este apanajul exclusiv al omului pe de altă parte, atunci omul a apărut atunci când a apărut cultura. Contestata noţiune de maimuţă-om şi-ar pierde astfel din conţinut. Speciile fosile de hominine alături de care s-au descoperit unelte sau despre care avem date care sugerează că ar fi fost capabile de a crea astfel de valori materiale, ar putea fi încadrate ca specii de oameni. Celelalte, dependente de natură pentru a se adapta, indiferent de mărimea craniului, de poziţia corpului, mersul biped, şi oricâte alte caractere aparent omeneşti ar avea, nu pot fi considerate oameni.

Dar problema e că în ultimul timp se vorbeşte din ce în ce mai mult de cultură animală. Primatele actuale (nu numai antropoide) sunt capabile să se folosească de unelte, atunci când le au la îndemână, sau chiar să le creeze în mod tranzitoriu, dar ele nu sunt dependente de unelte pentru a se adapta. Cu alte cuvinte, diferenţa de adaptare prin cultură între om şi alte primate este mai degrabă una graduală decât discontinuă.

Un alt caracter specific omului, propus de mai mulţi autori, este gândirea simbolică şi implicit abstractă. Conform ştiinţei actuale, acest caracter nu ar fi fost „scopul“ evoluţiei, ci a apărut întâmplător, ca şi altele, şi dovedindu-se util, s-a menţinut. De asemenea, omul dispune de un univers interior, o lume interioară artificială. Lumea artificială exterioară, creată de om prin cultură are un corespondent în interior, care a precedat-o probabil. De aceea propunem drept criteriu definitoriu al umanităţii efectuarea de acţiuni aparent inutile pentru supravieţuirea imediată sau pentru creşterea fitness-ului, adică supravieţuirea prin urmaşi. Manifestările artistice sau echivalente sunt exemple de astfel de acţiuni aparent inutile, care au importanţă doar pentru universul interior.

Dar aceste caractere psihologice au apărut de asemenea întâmplător, în procesul de evoluţie biologică. Printre caracterele biologice care disting omul de cimpanzeu, *Pan troglodytes* sau de cimpanzeul pigmeu, *Pan paniscus*, rudele sale cele mai apropiate, ar trebui să se afle indicii ale eventualei strategii adaptative implicată în umanizare. Separarea caracterelor morfologice şi eventual fiziologice care sunt diferite la om faţă de aceste primate, şi care ar putea fi într-adevăr relevante pentru umanizare, de cele irelevante, este mult mai dificilă. Adică e greu să distingi în evoluţia umană ce e doar întâmplare de adaptare.

Dacă privim omul alături de cimpanzeu, *Pan troglodytes*, la prima vedere, există destule asemănări, dar şi unele deosebiri evidente. Poziţia clar erectă şi mersul biped sunt primele diferenţe frapante. Apoi la om se observă lipsa părului abundent de pe corp, mai precis existenţa unui păr mult mai subţire şi mai firav. Silueta umană este de asemenea mai firavă, dată de nişte oase mai lungi şi mai subţiri şi o masă musculară mai redusă. Dezvoltarea musculaturii se reflectă asupra forţei musculare, în cazul cimpanzeului - de 4-5 ori superioară celei umane (Larson et al., 1986). Proporţia dintre lungimea membrelor superioare şi a celor inferioare este diferită la cele două specii, în favoarea membrelor superioare la cimpanzeu şi a celor inferioare la om (Schultz, 1969). De asemenea, raportul dintre membre în ce priveşte robusteţea oaselor şi dezvoltarea musculaturii este inversată în favoarea membrelor inferioare la om şi a celor superioare la cimpanzeu, care sunt folosite şi la mers (Larson et al., 1986). Degetul mare de la picior este opozabil la cimpanzeu. De asemenea, deosebiri importante sunt la nivelul oaselor craniene, reducerea prognatismului în sensul ortognatismului şi forma frontalului fiind foarte vizibile. De asemenea, baza craniului, în special poziţia marelui foramen, orificiul care adăposteşte structurile inferioare ale sistemului nervos central, prezintă diferenţe la aceste specii, legate de adaptarea la mersul biped (Lewin[a], 2005).

Creierul uman are un volum de trei ori mai mare decât creierul de cimpanzeu, cu o dezvoltare fără precedent a neocortexului. Dezvoltarea anumitor zone este de asemenea diferită la cele două specii. La om, lobii temporal şi parietal au înregistrat o creştere relativă importantă (Lewin[b], 2005).

Dacă mergem mai jos, aparatul fonator prezintă diferenţe trecând peste deosebirile de la nivelul scheletului feţei şi al dentiţiei, menţionăm poziţia osului hioid, definitorie pentru posibilitatea folosirii limbajului articulat. De asemenea, laringele este situat inferior la om, în special la adult. Mai departe, aparatul digestiv prezintă unele diferenţe, având în vedere dieta oarecum diferită a celor două specii. Dacă cimpanzeul este în principal frugivor, carnea constituind o raritate în dieta sa, omul este omnivor, consumând cu uşurinţă legume, fructe, dar şi carne. Din această cauză, aparatul digestiv uman conţine mai multe enzime proteolitice şi cu o activitate superioară. Tubul digestiv are o lungime semnificativ inferioară la om, intestinul subţire reprezentând aproximativ 60% din ceea ce ar trebui să fie la un primat de asemenea dimensiuni (Gibbons, 1998).

În fine, ne mai oprim doar la nivelul sistemului reproducător. Omul deţine în privinţa reproducerii un record: este mamiferul cu cea mai scăzută fertilitate, dar probabil cu cea mai intensă activitate sexuală. În plus, femela poate fi fecundată tot timpul anului, fără ca semnele fertilităţii să fie evidente. Femela de om a pierdut căldurile, dar a câştigat orgasmul specific, de tip masculin.

Mediul l-a creat pe om

Care ar putea fi caracterele care să definească specia umană? Care să fie genele candidate care să fi fost implicate în procesul umanizării? În primul rând, care să fi fost acei factori de mediu care să fi condus la adaptarea unică numită de noi umanizare?

Dacă acceptăm evoluţia, acceptăm că pe orice fiinţă vie, de fapt mediul o „creează“, mai precis soluţiile ei unice de adaptare la acesta. Din punctul nostru de vedere, pe girafă o defineşte gâtul lung, dar din al ei, hrana pe care o consumă, adică frunzele arborilor, felul în care se apără de prădători, şi face faţă altor probleme de supravieţuire. De ce omul ar face excepţie de la regula care se aplică altor animale? La toate aceste întrebări încercăm să răspundem luând în considerare un caracter, de data asta metabolic, care diferenţiază omul de ruda sa cea mai apropiată, cimpanzeul: „administrarea“ resurselor energetice ale organismului.

Mulţi oameni obişnuiesc să spună că se mulţumesc cu puţin. De fapt, din punct de vedere al consumului energetic, toţi oameni se mulţumesc cu foarte puţin. De fapt consumă o cantitate de hrană foarte redusă. Cantitatea zilnică de alimente consumate de un alt mamifer, şobolanul, reprezintă 5-10% din masa corporală. Pentru un om de 70 kg, aceasta se traduce prin consumul a 3,5-7 kg de alimente zilnic.

Necesităţile alimentare ale omului sunt mai mici decât ale altor primate. Cimpanzeii mănâncă două treimi din timp, restul se toaletează, gorilele sunt de asemenea ocupate mai tot timpul cu masa. Omul mănâncă cu intermitenţe, ca prădătorii, şi stomacul lui este adesea complet gol. La ierbivore, de exemplu, acest lucru nu se întâmplă niciodată.

Animalele consumă hrană pentru a avea energie. Procesele metabolice din organismele vii produc căldură, care este transmisă în mediu ca radiaţie termică. Rata metabolică bazală este rata de generare a căldurii de către organism aflat în repaos, şi în condiţii ideale de temperatură şi umiditate. Rata metabolică este exprimată în watt în SI (unitate de energie/unitate de timp), dar se poate exprima şi în alte unităţi.

Tabelul de mai jos prezintă rata metabolică a câtorva specii de animale (după West şi Brown, 2004).

Animalul	Masa (kg)	Rata metabolică (watt)
guguştiuc	0,16	0,97
şobolan	0,26	1,45
porumbel	0,30	1,55
găină	2,0	4,8
câine (femelă)	11	14,5
câine (mascul)	16	20
oaie	45	50
femeie	60	68
bărbat	70	87
vacă	400	266
taur	680	411

Animalele de talie mare au în general o rată metabolică mai mare, dar raportat la unitatea de masă, aceasta este inferioară de obicei animalelor mai mici. Dacă ne uităm cu atenţie, omul are o rată metabolică foarte apropiată de cea a unei oi. Şi din punct de vedere al masei, omul este apropiat de o oaie mare. Dar spre deosebire de o oaie mare, omul are un creier uriaş, un organ înalt energofag, care consumă în stare de repaos 20-25% din cantitatea de energie a întregului organism. La nou născutul uman, creierul este şi mai lacom, devorând 60% din energia primită de acesta (Gibbons, 1998). Comparativ, creierul unei oi este de cinci ori mai mic decât un creier mediu uman. Cimpanzeul are o rată metabolică specifică măsurată indirect prin consumul de oxigen în repaus pe kg corp (ml O_2/kg corp, per oră) foarte apropiată de al omului (220 vs. 210), dar uşor mai mare (Martin şi Palumbi, 1993). Dar creierul uman este de trei ori mai mare decât cel pe care l-ar avea un cimpanzeu de dimensiuni umane.

Din aceste date se poate deduce că, dacă omul nu ar avea un creier atât de mare, el ar consuma mult mai puţină energie decât un alt mamifer de talia sa. Chiar şi în aceste condiţii, putem considera că omul are „un randament" foarte ridicat, reuşind performanţa întreţinerii unui creier uriaş, fără a-şi creşte metabolismul bazal, asemenea altor mamifere. Există o relaţie între dimensiunea creierului şi cea a corpului, care la om nu se aplică, cu alte cuvinte omul are un creier mult prea mare pentru dimensiunile corpului (Lewin[c], 2005).

Dar oare nu cumva lucrurile stau exact invers? Oare nu cumva mai întâi a fost performanţa necesităţilor energetice reduse ale întregului organism, deci a unui metabolism bazal redus, apoi apariţia unui creier energofag? Hormonii care în mod normal sunt secretaţi în inaniţie scad metabolismul bazal. Astfel de hormoni foarte importanţi în condiţii de inaniţie, hormonii tiroidieni, influenţează puternic metabolismul bazal al tuturor ţesuturilor, cu o singură excepţie - creierul (Lehninger[a], 1987). La om, hormonii tiroidieni au un nivel semnificativ inferior celor de la cimpanzeu, triiodotirenina T3 este cu 60% mai redusă, tiroxina T4 cu 30%, iar transtiretina, o proteină care leagă hormoni tiroidieni, este de 2 ori mai mare la cimpanzeu în plasmă şi lichidul cefalorahidian (Finch & Stanford, 2004).

De fapt au existat ipoteze care au încercat să explice creşterea extraordinară a creierului la om pe seama reducerii intestinului (Gibbons, 1998) sau a altor organe interne, cum ar fi glanda suprarenală (Joffe, 1999) în timpul dezvoltării ontogenetice. Dar şi alte organe şi ţesuturi ar fi putut contribui indirect la dezvoltarea creierului prin scăderea dimensiunilor şi consumului lor.

Fiziologia unei modestii energetice

Pentru un designer, omul pare a fi special conceput pentru a consuma puţin. În contrast, păsările ar fi un exemplu de animale proiectate pentru performanţă. La aceste specii, masa musculară, aparent foarte redusă, este capabilă să dezvolte o forţă uriaşă pe lungime (muşchii dezvoltă forţă prin contracţie). Visul de a zbura al omului nu s-ar fi putut realiza niciodată cu ajutorul unor aripi plasate de-a lungul braţelor, aşa cum apăreau în desenele renascentiste. De asemenea, ceea ce l-ar fi împiedicat pe Icar să zboare nu ar fi fost materialul cu care erau ataşate la braţe aripile, ci propriile lui limite biologice. Muşchii sunt mari consumatori de energie, contracţia musculară fiind un proces înalt energofag. În aceste condiţii, reducerea masei musculare scade consumul energetic. Această soluţie este aplicată cu succes de o specie de leneş (*Bradypus torquatus)*, un gen de mamifere arboricole care trăiesc în America de Sud. Masa musculară a leneşului este foarte redusă, ceea ce îi face acestuia deplasarea pe sol foarte dificilă (aproape se târăşte), dar îi scade consumul energetic cu aproximativ 40%. Leneşul este un gen de animale adaptate pentru a consuma hrană puţină şi mai ales cu conţinut energetic redus. De aceea de la deplasare până la metabolism, la leneş toate procesele se derulează cu încetinitorul.

Pe de altă parte, pentru forţa de care dispune, comparativ cu alte specii, omul are o masă musculară prea mare. Să ne gândim ce face cu muşchii de la picioare un alt animal biped, de talie superioară omului, struţul, un campion al alergărilor. Cum arată piciorul de struţ faţă de cel de om?

Revenim la comparaţia cu cimpanzeul, un animal mai înrudit, care are o forţă musculară de până la 5 ori mai mare decât omul. Proporţional, omul nu are o masă musculară mult mai redusă. Probabil, muşchii supradimensionaţi ai omului au un rol adaptativ. În general, muşchii, în afară de rolul de a dezvolta energie sub formă de lucru mecanic, mai au şi rolul de a genera căldură. Acest lucru se vede foarte bine când tremurăm. De asemenea, muşchii depozitează cea mai mare cantitate de glicogen dintre toate ţesuturile. Glicogenul este o moleculă glucidică care înmagazinează o mare cantitate de energie. Efortul fizic intens şi de durată, de tipul ridicării greutăţilor, are asupra muşchilor efectul de a creşte cantitatea de glicogen pe care o conţin aceştia. Creşterea cantităţii de glicogen în muşchi este un scop important pe care îl urmărim când mergem la sălile de fitness. În acest sens, antrenorii recomandă alternanţa de perioade în care se consumă puţine glucide cu cele în care acestea se regăsesc în dietă în cantităţi mai mari.

Ideea e că muşchii umani sunt în aşa fel făcuţi încât să aibă o mare disponibilitate de a depozita glicogen şi într-o măsură mai mică de a dezvolta fibre puternice, necesare unei forţe superioare. Cu eforturi adecvate ne putem creşte chiar de câteva ori masa musculară într-un timp relativ scurt. Forţa musculară nu creşte însă atât de spectaculos. Dacă păsările ar avea şi ele acest „talent", s-ar întoarce de nerecunoscut după perioada migraţiilor.

În aceste condiţii, metabolismul muşchilor umani ar reprezenta tot o adaptare în sensul creşterii „randamentului". Glicogenul din muşchi este o sursă de energie, care se poate elibera în condiţii de inaniţie, de exemplu. Deşi nu se poate mobiliza la fel de repede ca glicogenul din ficat, şi este utilizabil în mod direct numai de către muşchi, pentru propria contracţie, glicogenul din muşchi este superior cantitativ celui din ficat. Glicogenul reprezintă 1% din masa ţesutului muscular, dar acesta leagă ioni şi apă, ceea ce duce la creşterea masei musculare după efortul fizic. Muşchii umani par mai bine adaptaţi ca depozitar de material energetic decât ca sursă a forţei.

Dar omul, faţă de cimpanzeu, mai prezintă o diferenţă în dezvoltarea unui ţesut. Dacă cimpanzeul are un ţesut muscular superior, omul îl întrece în ceea ce priveşte dimensiunea ţesutului adipos. Grăsimea reprezintă 5% din greutatea cimpanzeului, ceea ce e incomparabil cu proporţia la cei mai supli oameni, atleţii. Pentru explicarea grosimii stratului adipos la om s-au lansat mai multe ipoteze. Conform uneia dintre acestea, stratul adipos mai consistent la om decât la oricare animal terestru ar fi fost util nou-născuţilor insuficient dezvoltaţi. Puiul de om este prematur cu 17 luni, care are o mare nevoie de căldură (Mayra, 2004).

Pe la sfârşitul anilor '60, s-a lansat o teorie care încerca să explice printre altele, şi cauza grosimii superioare a stratului adipos la om. E vorba de teoria originii acvatice a omului, al cărei autor, Sir Alister Hardy, biolog marin, a beneficiat apoi de susţinerea lui Elaine Morgan, autoarea a mai multor cărţi pe această temă. Această teorie susţinea că strămoşii omului, după desprinderea de ramura care a dus la apariţia cimpanzeului, ar fi avut o perioadă în care şi-ar fi dus existenţa ca animale semiacvatice (Morris, 1967). Argumentele cu care venea această teorie erau reprezentate de prezenţa unor caractere unice la om faţă de primatele înrudite, dar comune cu mamiferele acvatice, precum delfinii şi balenele. Dimensiunile stratului adipos uman se număra printre aceste argumente. Omul este cel mai gras primat. La om, stratul adipos conţine de 10 ori mai multe celule adipoase decât ar fi de aşteptat la un mamifer de asemenea dimensiuni. Există şi primate grase, chiar obeze în captivitate, iar numărul celulelor adipoase poate creşte foarte mult la aceste specii. Omul are dimensiunile stratului adipos asemănător indivizilor celor mai graşi din alte specii înrudite. Mamiferele care tind să depună cantităţi mari de grăsimi sunt cele care hibernează şi cele acvatice. Omul îşi menţine stratul adipos constant pe toată perioada anului, asemenea mamiferelor acvatice, şi contrar celor terestre care hibernează, al căror strat adipos variază sezonier.

De asemenea, omul nu hibernează. De fapt multe din mamiferele despre care spunem că hibernează, de fapt pseudohibernează. Hibernarea este hipotermie controlată, deci presupune scăderea temperaturii corpului. Ursul, hamsterul auriu (*Microcetus auratus*) pseudohibernează. Până de curând se considera că animalele tropicale, deci şi primatele, nu hibernează. Totuşi, există un primat, un mic lemurian (*Cheirogaleus medius)* care hibernează, variindu-şi temperatura cu 20° C (Dausmann et al., 2004). Dar iarna în Madagascar temperaturile ajung la 30° C, deci, aşa cum sugerează autorii studiului, hibernarea la acest mamifer este utilă pentru evitarea secetei care apare în timpul iernii, nu a frigului. Dar seceta este asociată în aceste zone cu penurie de hrană, nu numai de apă. Alţi lemurieni de dimensiuni mici din zonă, de exemplu maki-ul şoarece (*Microcebus murinus*) nu hibernează, iar în sezonul secetos intră într-o stare de inactivitate, asemănătoare hibernării (torpiditate) care poate ajunge la 176 zile/an. Înainte de a intra în sezonul secetos, maki-ul şoarece acumulează mari cantităţi de grăsime în zona cozii şi a membrelor posterioare, care poate ajungă la 35% din greutatea corpului, de aproximativ 80-100 g. Lemurianul care hibernează (*Cheirogaleus medius)* utilizează aceeaşi strategie de îngrăşare în zona cozii înainte de a intra în „iarna" tropicală. (Datele despre aceste primate sunt de la Duke University).

Hibernarea, torpiditatea, estivarea şi alte perioade în care funcţiile organismului de la respiraţie la ritmul cardiac şi metabolism devin mai lente sunt strategii de reducere a consumului energetic în perioadele în care resursele sunt precare. Chiar dacă nu sunt asociate întotdeauna cu o scădere marcată şi de lungă durată a temperaturii corporale, cel puţin la mamifere, acestea sunt asociate cu creşterea depozitelor adipoase. Ursul se îngraşă foarte mult toamna, iar supravieţuirea sa în timpul iernii depinde de grosimea stratului adipos. Un alt mamifer care nu hibernează sau pseudohibernează este porcul, al cărui strat adipos poate atinge dimensiuni impresionante. Unele carnivore au şi ele tendinţe moderate de îngrăşare. Creşterea stratului adipos pare a fi legată la mamiferele terestre de traversarea unor perioade dificile din punct de vedere al resurselor.

În concluzie, grosimea mare a stratului adipos ar reprezenta ea însăşi o adaptare la consum energetic redus. Oricine a încercat să slăbească ştie ce multă energie este înmagazinată în ţesutul adipos.

După unele estimări, omul poate trăi câteva săptămâni fără hrană numai pe seama rezervelor de grăsime.

Când a apărut acest caracter la om? Loren Cordain, profesor la Universitatea din Colorado consideră că tendinţa ridicată a omului de a depune grăsime sub forma rezervelor subcutanate provine din Paleolitic (epoca veche a pietrei, până acum aproximativ 10000 ani), de pe vremea când se considera că oamenii erau vânători şi culegători (Cordain, 2002). În acea perioadă se poate vorbi de oameni moderni, de indivizi cu aceleaşi gene ca omul actual. Pentru că vânatul se găsea rar, strămoşii noştri care reuşeau să consume mai mult timp din rezervele acumulate la o astfel de masă copioasă, erau avantajaţI faţă de cei care nu erau capabili să-şi creeze rezerve adipoase. Şi pentru că evoluţia acţionează uneori ca un bumerang, aşa s-ar explica de ce sunt atâţia obezi în ziua de azi.

Aici se impun câteva precizări. În primul rând, la cele mai multe dintre populaţiile actuale de vânători şi culegători, cea mai mare parte a hranei, din punct de vedere cantitativ (65-70%), o constituiau vegetalele, rădăcini, fructe, legume, nuci (Eaton et al., 1996). Carnea este o delicatesă. Pentru că rădăcini, fructe, se mai găseau, astfel încât să se asigure supravieţuirea. În al doilea rând, se pare că modelul societăţilor de vânători-culegători a apărut ulterior Paleoliticului, fiind astfel mai de grabă paralel celui al societăţilor de agricultori decât precursor, consideră Robert Foley de la Cambridge University (Foley, 1988).

Apoi Paleoliticul, cel puţin perioada la care ne referim, nu este considerat una dintre cele mai negre perioade din istoria omenirii. Cel puţin aşa sugerează dovezile arheologice, care indică faptul că abia la sfârşitul acestei perioade apar schelete umane care ar fi putut avea probleme de nutriţie (Lewin[d], 2005). Epocile ulterioare, unele foarte apropiate de noi, au pus mult mai mult la încercare rezistenţa la foame a organismului uman. Dacă a existat un fenomen care a determinat modificări adaptative în sensul creşterii masei adipoase, atunci acesta a acţionat înaintea Paleoliticului Superior (40000-10000 ani), poate chiar înaintea Paleoliticului, care începe acum aproximativ 2,6 milioane ani, odată cu primele unelte de piatră descoperite.

În zilele noastre se întâlneşte adesea un fenomen care ar putea explica diferenţa de proporţie dintre ţesutului muscular şi adipos la om faţă de primatele cele mai înrudite. Problema celor care au ţinut de-a lungul timpului multe cure de slăbire, mai mult sau mai puţin ştiinţifice, este că devin mai graşi şi mai dizgraţioşi decât la început. Ţesutul lor muscular, în condiţiile unui aport insuficient de proteine, se poate reduce şi el în timpul curelor de slăbire, e drept, împreună cu ţesutul adipos. Dar dacă subiectul reîncepe să mănânce la nivelul anterior începerii curei, ţesutul adipos se va reface cu uşurinţă, spre deosebire de cel muscular. Probabil acest fenomen se petrece şi în inaniţia care durează timp îndelungat. Ţesutul adipos este mai economic decât cel muscular. Pentru menţinerea unui kg de ţesut adipos se consumă aproximativ 6 calorii zilnic, pe când pentru un kg de ţesut muscular sunt necesare aproximativ 150-300 calorii. În condiţii de criză, un ţesut adipos dezvoltat, în detrimentul celui muscular, pare avantajos.

Ecologia unei modestii energetice

Dacă omul ar fi adaptat pentru un consum energetic redus, aşa cum sugerează unele caractere biologice, dieta sa omnivoră, care include carne într-o proporţie destul de importantă, ar veni în contradicţie cu această idee. Omul se situează în categoria primatelor de talie mare. Predicţiile studiilor pe primate (Richard, 1985) arată că, din punct de vedere energetic, omul ar trebui să consume hrană vegetală, adică să fie frugivor sau chiar folivor. *Microcebus murinus*, maki-ul şoarece, micul lemurian care trăieşte în zonele litorale din Madagascar, este primatul cu cea mai înaltă rată metabolică pe unitatea de masă corporală. Animalele mici au rata metabolică inferioară celor mai mari, dar pe unitatea de masă, rata metabolică a animalelor mici este superioară celor de talie mare. Maki-ul şoarece are un metabolism intens, el trebuie să obţină rapid energie din alimentele pe care le consumă. Pentru un animal cu o rată metabolică ridicată pe unitatea de masă, e avantajos să consume hrană cu valoare nutritivă superioară. Aşadar, pentru maki-ul şoarece, animal de dimensiuni foarte mici, 80 g în cazul femelei, este în consecinţă avantajos să fie omnivor. Pentru gorilă, primat de dimensiuni mult mai mari, 93 kg pentru femelă, necesităţile bazale pe unitatea de masă corporală scad, de aceea gorila îşi permite să fie folivoră. Necesităţile energetice bazale pe unitatea de masă corporală scad odată cu creşterea masei corporale, relaţie cunoscută drept curba lui Kleiber, ceea ce aduce avantaje pentru animalele mai mari, care pot supravieţui cu hrană cu valoare nutritivă inferioară. Ca masă corporală, omul este mult mai apropiat de gorilă decât de maki-ul şoarece, deci conform predicţiei ar trebui să consume hrană vegetală. Desigur, relaţia dintre masa corporală şi dietă, chiar în cadrul ordinului Primatelor nu este strictă, depinzând de istoria fiecărei specii.

Dieta omului pare a veni în contradicţie cu adaptarea la un consum energetic redus sau mai precis la reducerea cerinţelor energetice faţă de mediu. Leneşul, un animal clar adaptat în acest sens, nu numai că are un metabolism bazal redus, dar dieta sa folivoră se reduce la un anumit tip de frunze, cu aportul nutritiv cel mai redus, pe care alte specii nu le preferă. Pe de altă parte, omul are un metabolism bazal apropiat de al cimpanzeului, chiar luând în considerare corecţia de masă, deci dieta sa nu este legată de creşterea necesităţilor energetice bazale.

Însă relaţia dintre masa corporală, necesităţile metabolice bazale şi dietă poate fi puţin întoarsă, adică problema poate fi pusă altfel. Animalele mai mici, ca maki-ul şoarece au per total o rată metabolică mai redusă decât cele de dimensiuni mai mari, adică per total cerinţele lor faţă de mediu sunt mai reduse. În consecinţă, ele exploatează per total mai puţine resurse decât animalele mari, chiar dacă sunt de mai bună calitate. Piticismul în natură este asociat adesea cu penuria de resurse, de exemplu cu viaţa pe o insulă. De asemenea, consumând hrană calitativ superioară, cantitatea de alimente este inferioară, adică animalele omnivore pot mânca mai puţin decât cele strict vegetariene. În concluzie, dieta omnivoră se poate corela cu inaccesibilitatea la o sursă constantă de hrană vegetală, cel puţin pentru animalele de dimensiuni mari. Dar chiar şi maki-ul şoarece, animal foarte mic, şi-a dezvoltat strategii pentru a-şi reduce consumul energetic şi hidric în sezonul secetos, deci şi el se confruntă, în ciuda dimensiunilor sale, cu o penurie de resurse.

În afară de maki-ul şoarece şi alţi lemurieni de dimensiuni foarte mici, un exemplu de primate omnivore îl reprezintă macacii (*Macacca mulata* şi *Macacca fascicularis*). Masa macacilor rhesus (Macacca mulata), specie cu dimorfism sexual mare, este de 20-30 kg. Macacii rhesus reprezintă primatele cele mai răspândite după *Homo sapiens*. Aceste primate sunt foarte adaptabile şi versatile în ceea ce priveşte hrana şi mediul de viaţă, ocupând diferite zone climatice şi de relief. Această versatilitate şi adaptabilitate a dietei sugerează de asemenea imposibilitatea exploatării unei surse stabile de hrană.

Dar exemplele clasice de mamifere omnivore sunt ursul şi porcul. Dieta ursului (*Ursus americanus*), 80-95% vegetariană constă după (pseudo)hibernare în cea mai mare parte din ierburi, în timpul verii incluzând şi insectele în alimentaţia sa, care se diversifică apoi foarte mult. Toamna ursul mănâncă aproape continuu şi aproape orice pentru a se pregăti pentru perioada iernii. Accidentele nefericite cu urşii „gunoieri" au loc din aceste motive. Probabil dacă ursul ar avea suficiente ierburi tot timpul anului nu ar apela la alte alimente, şi nu ar hiberna. Perioada de hibernare (pseudohibernare) variază în funcţie de temperatură, în special la ursidele din zone mai calde (*Ursus thibetanus*).Varietatea dietei acestei specii în funcţie de mediul foarte diferit de viaţă sugerează de asemenea incapacitatea de a exploata o sursă stabilă de resurse, aflate în cantitate suficientă supravieţuirii. Ursul Panda este însă strict vegetarian, ceea ce e cu atât mai interesant cu cât acest mamifer, ca şi alte urside face parte din ordinul Carnivora, animale cu caractere anatomice care indică o adaptare în sensul dietei carnivore.

Omul nu este un carnivor tipic, dar în dieta sa intră proteinele din carne într-o măsură mai mare decât la alte primate, de exemplu la ruda sa cimpanzeul, la care 5-7 % din hrana consumată o reprezintă carnea faţă de aproximativ 23% populaţiile din societăţile industriale (Leonard, 2003). Cimpanzeul mănâncă şi el uneori carne, şi chiar vânează maimuţe mai mici. În ultimul timp, după defrişările masive ale pădurilor de pe malul fluviului Congo, unde se află arealul cimpanzeului, se semnalează din ce în ce mai des un comportament foarte straniu al cimpanzeilor masculi_ vânătorile care vizează copiii mici ai fermierilor din zonă. De ce a crescut aparent interesul cimpanzeilor pentru carne? De ce au devenit aceştia mai „carnivori"?

Nu ştim cum arăta, şi nici care erau preferinţele alimentare ale strămoşului comun al omului şi cimpanzeului, care ar fi trăit acum aproximativ 5-7 milioane de ani. E puţin probabil însă să fi avut o dietă mai asemănătoare cu a omului decât cu a cimpanzeului, mai ales că în adoptarea dietei umane, cultura are un rol determinant. N-am putea consuma atât de multă carne, dacă nu am fi învăţat să vânăm sau să creştem animale, şi apoi să preparăm carnea. Pentru cimpanzei, vânătoarea nu e o mare „afacere" energetică. După ce vânează de exemplu o maimuţă *Colobus*, de cele mai multe ori pui, cimpanzeii, în afară de faptul că aleg doar anumite părţi ale corpului, cele mai moi, mestecă timp de 5 ore. Carnea crudă este foarte greu de consumat. Cel mai probabil, la cimpanzei „vânătoarea" are rolul de a creşte coeziunea grupului, şi de a reduce stresul prin îngurgitarea, mai precis gustarea cărnii, al cărei gust *unami*, descarcă molecule ale plăcerii - endorfine (v. „De la foamete la civilizaţie"). O formă de stres foarte întâlnită la animale în natură, care probabil la cimpanzei s-a acutizat după defrişările masive din zonă, este foamea.

La om, dieta omnivoră, care include carne într-o proporţie mai mare ar fi contribuit la apariţia unui intestin mai scurt. Pe seama scurtării intestinului ar fi fost posibilă din punct de vedere energetic dezvoltarea creierului. Mamiferele carnivore au intestinul mai scurt decât speciile care consumă hrană vegetală. De asemenea, mamiferele carnivore au creierul mai mare decât ierbivorele. S-a avansat ipoteza că reducerea dimensiunilor intestinului ar fi făcut posibilă dezvoltarea creierului acestora (Aiello, 1995). Ideea s-a extrapolat apoi în cazul omului. Porcul, care este un animal omnivor, a cunoscut şi el în evoluţia sa o reducere a intestinului, dar care nu e însoţită de o creştere considerabilă a creierului, care este comparabil ca dimensiuni cu al ierbivorelor de masă apropiată, deşi porcul este considerat un animal inteligent (Gibbons, 1998).

Oricum, creierul mai mare al mamiferelor carnivore nu pare a fi doar un produs secundar şi inutil al evoluţiei lor. Creierul lor, ca şi simţurile foarte dezvoltate, chiar le este esenţial supravieţuirii. Carnivorele, de exemplu felinele mari precum leii, mănâncă de 2-3 ori pe săptămână. Şi pentru aceasta fac eforturi susţinute, care le pun la încercare, printre altele, chiar funcţiile creierului. E greu de crezut că reducerea intestinului a precedat sau s-a produs concomitent cu creşterea creierului. De asemenea, se poate spune că o creştere a creierului carnivorelor s-a produs ulterior, ca urmare a presiunii selective generate de concurenţa dintre specii. Canidele sunt carnivore primitive, dar creierul lor este mare, asociat cu un intestin mic.

De fapt ce sunt mamiferele carnivore din punct de vedere evolutiv? Animale care nu sunt suficient de adaptate pentru a fi ierbivore. Viaţa prădătorilor este mai grea, hrănirea presupune costuri mai mari şI chiar riscuri mai mari, care nu sunt total compensate prin calitatea nutritivă superioară a hranei. Efectivele speciilor de prădători sunt inferioare speciilor pradă, ceea ce din punct de vedere evolutiv este un punct în minus pentru prădători. Dacă ar avea de ales, probabil orice specie ar prefera probabil să fie un ierbivor-pradă, nu un carnivor prădător. Toate eforturile adaptative ale unui animal sunt îndreptate spre creşterea fitness-ului, adică a numărului de urmaşi viabili. Orice individ din orice specie este doar un vehicul al genelor speciei (populaţiei) din care face parte. În aceste condiţii, ierbivorele sunt mai adaptate pentru că în natură există mai multe gene de ierbivore decât de carnivore, pentru simplul motiv că există mai mulţi indivizi.

Cum ar fi început strămoşii omului să mănânce carne, şi mai ales de ce? Pădurile s-au retras la est de rift, hrana vegetală tipică pentru un primat, adică fructe, muguri şi frunze, a devenit mai rară. De fapt, retragerea pădurilor nu a fost probabil fenomenul esenţial al crizei adaptative. O descoperire recentă sugerează că un primat biped a trăit acum aproximativ 6 milioane de ani într-un mediu cu păduri, la vest de rift (Senut el al., 2001). Dar e sigur că în acea perioadă (sfârşitul Miocenului, începutul Pliocenului) schimbările climatice au dus la reducerea resurselor. Acum aproximativ 5 milioane de ani, peisajul african foarte împădurit a început să se schimbe.

O soluţie a devenit consumul din ce în ce mai des al cărnii. Nu ştim cu ce se hrăneau strămoşii omului după ce pădurile tropicale din arealul lor au început să se retragă. Probabil consumau carne, cu un randament asemănător cu al cimpanzeilor actuali. Proteinele animale din dieta lor proveneau în special din animale mici. În apropierea resturilor de australopiteci, care au trăit în estul şi sudul Africii acum aproximativ 3 milioane de ani, s-au descoperit numeroase resturi de animale mici, de la şerpi, şopârle, păsări şi până la porci spinoşi. Dar australopitecii erau în principal vegetarieni. Cantităţile semnificative de proteine animale au venit abia după ce homininele (probabil *Homo erectus*) au început să vâneze, ceea ce nu s-a întâmplat înainte de a apărea uneltele mai sofisticate, adică acum aproximativ 2,5 milioane ani (vezi mai jos). Apariţia genului *Homo*, care se pare că era primul „vânător" este pusă în legătură cu o nouă răcire a climei (Lewin[e], 2005).

Timp de aproximativ 2,5 milioane de ani, după retragerea pădurilor şi până la apariţia uneltelor sofisticate, ce s-a întâmplate cu primatele care se află în genealogia omului? Fără îndoială, s-au adaptat, având în vedere că noi existăm. Neadaptându-se prin cultură, cel puţin nu printr-o cultură materială, ale cărei urme nu le avem, s-au adaptat biologic, ca toate animalele.

Diferitele forme ale foamei

Noţiunea de inaniţie este asociată la om cu numeroasele perioade de foamete prin care a trecut omenirea în istoria ei cunoscută. Imaginile pe care omul modern le leagă de inaniţie sunt cele cu copiii rahitici din ţările în curs de dezvoltare. În aceste condiţii, se pune un semn de egalitate între inaniţie şI malnutriţie. Malnutriţia (alimentaţia proastă) se referă la hrana nu atât puţină, cât inadecvată din punct de vedere al principiilor nutritive. O cantitate insuficientă de substanţe necesare organismului, dar pe care acesta nu le poate procura prin mijloace proprii (vitamine, aminoacizi esenţiali, săruri minerale) înseamnă malnutriţie. Într-adevăr, malnutriţia duce la dezvoltare defectuoasă (de exemplu rahitism, cretinism guşogen) sau la boli debilitante precum beri-beri sau pelagră la adult. Ne-am oprit asupra acestor boli deoarece ele au bântuit istoria oarecum recentă a omenirii. Beri-beri, lipsa vitaminei B1, apare în urma consumului de orez decorticat, pe când pelagra, o boală care generează suferinţe insuportabile, care de multe ori se soldează cu sinuciderea, este o carenţă a vitaminei PP, care apare în urma consumului de porumb alterat. Aceasta nu înseamnă că dacă mănânci o dată sau de două ori porumb alterat, te îmbolnăveşti de pelagră. În privinţa maladiei beri-beri, aproape tot orezul de la supermarket e decorticat. Deşi la unele avitaminoze se poate ajunge relativ uşor, ideea e că oamenii care se îmbolnăveau de asemenea boli aveau o dietă extrem de săracă, nevariată. Timp îndelungat, mai ales în sezonul rece, mâncau aproape numai orez decorticat sau porumb care se întâmpla adesea să fie alterat. Dieta oamenilor de atunci este greu de imaginat pentru locuitorii ţărilor occidentale din zilele noastre. Dacă ne gândim că scorbutul, lipsa vitaminei C, care făcea ravagii în Europa, a devenit istorie după cultivarea masivă a cartofului şi introducerea acestuia în hrana curentă a europenilor...

Dar animalele în sălbăticie nu cunosc aceste probleme de nutriţie. Ele au apărut după ce oamenii au început să practice agricultura. Malnutriţia e într-un fel apanajul civilizaţiei. Obezitatea, diabetul, hipertensiunea arterială nu sunt primele boli ale civilizaţiei. Paleontologia arată că fizicul strămoşilor noştri din Paleoliticul superior, până acum aproximativ 10000 ani, în timpul ultimei glaciaţiuni, era de invidiat nu numai în ce priveşte media de înălţime, dar şi robusteţea. Chiar mărimea creierului era superioară oamenilor actuali (Lewin[f], 2005).

Animalele în sălbăticie nu suferă de malnutriţie. N-a văzut nimeni animale sălbatice malnutrite, bolnave de beri-beri, scorbut sau pelagră. Şi asta nu numai pentru că astfel de exemplare ar fi rapid eliminate sau pentru că numai omul ar putea suferi de astfel de boli. Multe dintre avitaminoze au fost descoperite pe animale, de exemplu vulpi, dar pe animale de crescătorie hrănite cu acelaşi tip de mâncare timp îndelungat. Animalele sălbatice mănâncă numai ce trebuie, cât trebuie, prea puţin sau deloc. Comportamentul normal al animalelor sălbatice le împiedică să ajungă la malnutriţie. Dacă simt o carenţă vitaminică, de exemplu carnivorele consumă o cantitate mică de fructe pentru a şi-o echilibra. Povestea cu vulpea şi strugurii este chiar adevărată. Vulpea chiar mai mănâncă şi struguri. Cantităţile necesare organismului de vitamine şi minerale sunt foarte mici, aşa că e un lux pentru un animal sălbatic să ajungă la avitaminoze sau carenţe de minerale. Dar natura le rezervă dreptul să suferi de hipoglicemie, adică de foame cumplită, care să ajungă să le afecteze capacitatea reproductivă sau propria supravieţuire.

În concluzie, ceea ce se întâmplă cu lipsa hranei la animalele sălbatice, seamănă mai degrabă cu ceea ce se numeşte restricţie calorică, decât cu ceea ce înseamnă foamete la oameni. Restricţia calorică este un mod de hrănire, o dietă care include toate principiile nutritive, este deci echilibrată, dar săracă din punct de vedere energetic. Adică e dietă care are atâtea vitamine, minerale, aminoacizi esenţiali, cât sunt necesari pentru specia respectivă, de exemplu 60% din caloriile necesare (la şobolani).

Efectele restricţiei calorice sunt destul de bine studiate la mai multe specii de mamifere, insecte, chiar viermi. Ceea ce este interesant este că restricţia calorică nu numai că nu are efecte nocive asupra sănătăţii, dar chiar prelungeşte semnificativ durata de viaţă. Şoarecii supuşi după încetarea creşterii restricţiei calorice cu 60% aport energetic faţă de necesar trăiesc cu până la 50% mai mult decât congenerii lor hrăniţi *ad libitum* (după propria lor dorinţă). De fapt, restricţia calorică (RC) este singura metodă cunoscută până acum care prelungeşte durata maximă a vieţii la toate speciile studiate, nu numai durata medie, cum fac de exemplu antioxidanţii. În plus, animalele hrănite conform RC nu numai că trăiesc mai mult, dar şi suferă mai puţin de boli asociate îmbătrânirii.

Acest tip de experimente s-a efectuat şi pe primate (Mattison et al., 2003). Maimuţele respective (macaci rhesus, *Macacca mulatta*) s-au dezvoltat bine, ca şi şoarecii, atunci când au fost trecute pe un regim de restricţie calorică la vârsta adultă, dar deşi aveau proporţii normale, erau pur şi simplu mai mici (vezi mai sus). Acest aspect este interesant, deoarece în Africa există o specie de cimpanzei pigmei (numiţi aşa pentru că trăiesc în aceeaşi zonă din Zair, unde trăiesc şi pigmeii), bonobo, care par într-o oarecare măsură adaptaţi la un consum energetic mai redus (v. „De la foamete la civilizaţie").

Cimpanzeii bonobo, *Pan paniscus*, duc „o existență precară", și nu numai că sunt ușor mai mici, dar au și corpul mai subțire decât ceilalți cimpanzei. De asemenea, ei au picioarele mai lungi în raport cu trunchiul decât cimpanzeii *Pan troglodytes*.

Macacii supuși restricției calorice au nivelul insulinei și al glucozei plasmatice mai coborâte decât al congenerilor hrăniți *ad libitum*. De asemenea, țesutul adipos și muscular sunt mai reduse. Un alt aspect interesant este că macacii supuși CR în timpul dezvoltării au raportul cantitativ al grăsimii de rezervă între nivelul trunchiului/picioarelor mai redus (Lane et al., 1999). Distribuția grăsimii de rezervă la oameni are unele de asemenea această particularitate. Au și creierul ușor mai mare? Studiul, care este în curs, are drept scop urmărirea efectelor restricției calorice pe animale asupra longevității și patologiei de vârstă, nu posibilele implicații în evoluție ale acesteia. Dar datele paleontologice pot răspunde într-o oarecare măsură la această întrebare. Totuși, experiențele pe șobolani arată că restricția calorică ar putea stimula neurogeneza (apariția de noi neuroni) și neuroplasticitatea (creșterea prelungirilor neuronale) (Prolla & Mattson, 2001).

Dacă pornim de la ipoteza că restricția calorică a fost un factor de evoluție care a intervenit chiar din Pliocen, atunci la primatele care au trăit la est de rift în acea perioadă ar fi putut apărea caractere care mimează efectele restricției calorice. Datele mai consistente și mai bine studiate provin abia de acum aproximativ 3 milioane de ani, de la resturile speciilor de australopiteci. Aveau aceștia schelete mai subțiri, picioare mai lungi și creiere mai mari decât cimpanzeii actuali? În ce privește mărimea creierelor și lungimea picioarelor, categoric, da, semnificativ statistic (Lewin[g], 2005). Deși proporția dintre membre era mai degrabă asemănătoare cu a marilor primate actuale, iar dimensiunile creierului de asemenea, un oarecare „progres" în proporția membrelor și în indicele de encefalizare apare. „Explozia" acestor caractere apare acum 2,5 milioane de ani, odată cu apariţia genului *Homo*. Proporţia membrelor uşor modificată la austhralopiteci ar putea fi datorată adaptării la mersul biped pe care aceştia îl adoptaseră, dar bonobo, specie strâns înrudită cu cimpanzeul comun, este „mai arboricol" decât acesta, totuşi are membrele mai lungi. Lungimea membrelor este proporţională cu perioadă petrecută în „copilărie" (v. „Mersul biped"), iar restricţia calorică încetineşte dezvoltarea şi maturizarea organismului la speciile studiate, inclusiv rozătoare şi mamifere.

Restricţia calorică funcţionează şi pe oameni, dar ca şi animalele, aceştia nu sunt în stare, în general, s-o aplice decât atunci când nu au de ales. Celebrul experiment Biosphera 2, care urmărea să studieze crearea de ecosisteme artificiale pe alte planete, care să asigure supravieţuirea noilor colonişti, a arătat beneficiile restricţiei calorice pe oameni. Cercetătorii izolaţi în mijlocul deşertului Arizona, într-o sferă uriaşă, în care trebuia să-şi cultive plante pe care apoi să le consume ca pe singura sursă de hrană, au ajuns curând la penurie de alimente. Deşi experimentul Biosphera 2 a fost un eşec în ceea ce priveşte scopul propus, a scos în evidenţă beneficiile restricţiei calorice la oameni. Deşi cei 8 subiecţi implicaţi în acest experiment au ajuns să-şi raţionalizeze drastic alimentele, ajungând la aproximativ 1500 calorii/zilnic, au observat că maladiile puţin grave de care sufereau s-au ameliorat. Starea generală a sănătăţii lor s-a îmbunătăţit, constantele lor biochimice, de tipul glicemiei, insulinei sangvine, au scăzut mult, revenind în limite normale (Walford & Harris, 1992, Henig, 2000).

Medicul care a participat la acest experiment, Roy Walford din Los Angeles, UCLA, şi care a văzut efectele restricţiei calorice pe membrii echipei sale, a decis să continue experimentul pe el însuşi. El s-a supus de ani de zile subalimentării fără malnutriţie, ceea ce presupune o atenţie deosebită faţă de carenţe. Acesta declara că dificultatea cel mai greu de surmontat cu care se confrunta în menţinerea unui astfel de regim era senzaţia permanentă de foame.

Probabil această foame este simţită şi de animalele de laborator supuse restricţiei calorice. De asemenea, această foame reprezintă fondul afectiv aproape constant al multor carnivore în sălbătăcie. Poate că această senzaţie se află la originea vigilenţei şi a inteligenţei superioare a acestora faţă de ierbivore. De aceea e greu de crezut că animalele ar adopta o astfel de dietă de bunăvoie în altă situaţie decât aceea în care nu au de ales. Chiar oamenii, care îi cunosc efectele, au mari dificultăţi în a o aplica.

Totuşi, la om există problema malabsorbţiei genetice a unor principii nutritive, aşa că restricţia calorică trebuie aplicată cu prudenţă. Probabil că această problemă ar reprezenta un atavism. Strămoşii noştri primate nu aveau nevoie să absoarbă cu randament mare anumite vitamine şi minerale deoarece consumau cantităţi mari de fructe şi alte vegetale, care abundă în astfel de substanţe. În zilele noastre, ponderea acestor alimente în dietă s-a redus dramatic, pe când necesităţile nu s-au modificat în aceeaşi măsură.

Posibile urme ale foamei

la nivel celular şi molecular

În sălbăticie, animalele, cel puţin unele specii sunt nevoite adesea să facă faţă restricţiei calorice. Marile primate actuale, cimpanzeii *Pan troglodytes* şi gorilele, se consideră că din punct de vedere al procurării hranei nu cunosc mari provocări. Probabil în istoria speciei noastre, acum 5-7 milioane de ani, după apariţia riftului african, unele primate au rămas în afara pădurilor tropicale, mediul lor natural de viaţă. Aceste primate au fost nevoite să se adapteze la un mediu cu din ce în ce mai puţini arbori, apoi la viaţa în savană, unde nu numai că sunt expuse prădătorilor, dar hrana lor obişnuită este foarte greu de găsit. Acest aspect aparent minor se pierde din vedere întotdeauna când se vorbeşte despre evoluţia omului. Probabil multe dintre ele nu au reuşit să facă faţă acestei dure schimbări de mediu, mortalitatea directă şi incapacitatea de a supravieţui prin urmaşi au fost foarte mari. Dar cele care au rezistat ar fi trebuit să fie nişte campioni ai restricţiei calorice pe timp îndelungat. Urmaşii acestora ar trebui să fie animale adaptate la acest regim, care prin selecţie ar trebui să aibă într-o proporţie mai mare gene care să le confere rezistenţă la înfometare. În primul rând, foamea ar fi acţionat ca un puternic factor de selecţie în istoria speciei noastre, care ne-ar fi putut modela zestrea genetică. Adaptarea la înfometare ar fi putut avea loc cu ajutorul mutaţiilor care să confere rezistenţă la acest factor de mediu, dar şi prin fenomene epigenetice (epi= peste, gr.), care nu implică mutaţii.

Datele actuale sugerează că o parte din efectele restricţiei calorice se datorează acestor modificări epigenetice, adică blocării sau activării unor gene. În mod normal, acţiunea unor gene se blochează în stări patologice, dar şi în îmbătrânire. De fapt, e vorba de gene care se blochează timp îndelungat sau definitiv. Altminteri, toate celulele din organism au aceleaşi gene, acelaşi genom, doar că în fiecare tip de celulă sunt active anumite gene, care dau caracteristicile metabolice ale celulei respective, restul fiind inactivate. Anumite semnale, precum hormonii, determină exprimarea unor gene, adică activarea acestora, urmată de sinteza de proteine codificate de genele respective. Hormonii tiroidieni, a căror secreţie se modifică în stările de inaniţie, se pare că sunt implicaţi în reprogramarea genetică, adică în fenomene epigenetice de tipul celor de mai sus, deoarece influenţează dezvoltarea normală a embrionului de broască. În dezvoltarea embrionară există o succesiune de reprogramări genetice.

Ideea implicării fenomenelor epigenetice în adaptarea la restricţie calorică este susţinută de date experimentale. Rezultatele unui studiu realizat de către Scott Pletcher de la Baylor College of Medicine din Houston, Texas, pe musculiţe de oţet Dosophila melanogaster, arătă că restricţia calorică (65% faţă de necesităţile energetice) are efecte „gigantice“ asupra expresiei genetice la această specie. Aproximativ o treime din genom prezintă nivele ale expresiei alterate (Pletcher et al., 2002).

Macacii rhesus supuşi restricţiei calorice din copilărie au o dezvoltare normală, dar sunt pur şi simplu mai mici (Mattison et al., 2003). Probabil şi în cazul lor se blochează acţiunea unor gene implicate în creştere.

La om, întâmplător istoria recentă consemnează înfometarea ca factor cu acţiune epigenetică. Copiii olandezi născuţi după blocada din timpul celui de-al doilea război mondial, instituită unei regiuni din vestul ţării, au fost mai mici la naştere decât cei a căror părinţi au trăit în condiţii normale (Lumey, 1992). Probabil în cazul acestor copii, o parte din genele care reglau creşterea au fost blocate. Acest fenomen ar fi putut avea efecte adaptative asupra urmaşilor celor care au trebuit să facă faţă înfometării. Experimentul nefericit al blocadei ne-a arătat ce se întâmplă pe parcursul unei singure generaţii. Dar efectele acestui eveniment nu au început să se atenueze decât abia după două generaţii. Nu ştim ce s-ar fi putut întâmpla pe parcursul a mii şi milioane de ani de înfometare.

Restricţia calorică pare să inducă în primul rând o încetinire a creşterii. Macacii supuşi restricţiei calorice sunt mai mici pentru că au un ritm de creştere mai lent. La fel, gorila nu creşte o perioadă mai lungă decât cimpanzeul, dar creşte mai repede. Cimpanzeul pitic creşte mai încet decât cimpanzeul comun. Creşterea postnatală este reglată de hormonul de creştere (somatotrop), care stimulează secreţia unui peptid numit factor de creştere insuline-like 1(IGF-1), care este sintetizat de ficat şi de epifiza oaselor. IGF1 este responsabil de efectele la nivel celular ale hormonului de creştere. Nivelul IGF-1 circulant este corelat cu dimensiunile la maturitate la diferite linii de câini (McKinney & McNamara[a], 1990). IGF-1 este responsabil de creşterea postnatală, dar înainte de naştere rolul său îl deţine IGF-2, care ar fi implicat şi în creşterea creierului (McKinney &

McNamara[b], 1990b). După naştere, nivelul IGF-2 scade în câteva săptămâni. Aceşti factori de creştere sunt peptide cu o structură asemănătoare proinsulinei.

Omul are o viaţă „lentă", mai lentă decât primatele cele mai înrudite, cu o creştere, dar şi o dezvoltare lentă (Lewin[h], 2005). Durata sa de viaţă este de asemenea mai lungă. Studiile pe mamifere de laborator (rozătoare) arată că restricţia calorică aplicată din „copilărie" le creşte durata de viaţă cu aproximativ 40-50% faţă de animalele hrănite *ad libitum* (Merry, 2002). Omul trăieşte în medie 70 ani, iar cimpanzeul 50 ani. Din punctul de vedere al duratei medii de viaţă, se poate specula că omul este un cimpanzeu căreia i s-a aplicat restricţia calorică. Restricţia calorică are efecte negative asupra fertilităţii (Burks et al., 2000). Omul deţine recordul fertilităţii scăzute printre speciile studiate.

Interesant este că efectele restricţiei calorice sunt mediate de receptorul de insulină şi al factorului de creştere IGF-1 (Lithgow, 1996). Studiile pe viermele microscopic *Cenorhabditis elegans*, actualul cobai al geneticii, arată că longevitatea acestuia este puternic influenţată de o genă al cărui corespondent la mamifere îl reprezintă un receptor de insulină. Blocarea acţiunii acestei gene mimează într-un fel efectele restricţiei calorice, care modifică dramatic durata de viaţă a viermelui (Lithgow, 1996). În condiţii de inaniţie, viermele acumulează şi el glicogen şi grăsimi în cavitatea abdominală şi subcutanat. De asemenea, blocarea acestui receptor determină creşterea activităţii unor enzime antioxidante, care anihilează efectele radicalilor liberi, superoxiddismutaza (SOD) şi catalaza (Seroude, 2002). În restricţie calorică, creşte activitatea enzimelor antioxidante, deşi nivelul radicalilor liberi care apar în urma oxidărilor mitocondriale scade, ceea ce pare un paradox (Merry, 2002). Interesant este că la om se înregistrează cea mai înaltă activitate relativă a SOD dintre toate speciile studiate. Activitatea mai crescută decât normal a două forme ale SOD (Mn SOD şi

Cu-Zn SOD), dar şi a catalazei apare în maladia Alzheimer şi în sindromul Down sau trisomia 21 (Benzi & Moretti, 1995).

Ceea ce determină de fapt efectele restricţiei calorice este o modificare a metabolismului, care se manifestă printr-o redistribuire a energiei. Temperatura corpului scade, arderile mitocondriale complete sunt favorizate, creşte turn-overul proteic (sinteza şi degradarea proteinelor). Combustibilii celulei sunt folosiţi cu un randament mai mare. Stimularea activităţii sistemelor antioxidante ar putea avea o contribuţie în acest sens.

Receptorul de insulină/IGF-1 este o proteină membranară prin intermediul căreia se manifestă acţiunea celulară a acestui hormon, care are o moleculă mare, şi nu pătrunde în celulă. IGF-1 are o afinitate mai mică pentru receptorul de insulină decât insulina. La mamifere, restricţia calorică ar avea de asemenea efecte asupra funcţiei receptorului de insulină. Cum am menţionat mai sus, în cazul experimentului Biospera 2, în restricţie calorică scade concentraţia insulinei, dar şi a glucozei plasmatice. La om, în condiţii normale, receptorii de insulină sunt foarte activi, şi sunt peste tot, de la nivelul creierului, până la glandele endocrine. Cele mai cunoscute efecte ale insulinei sunt introducerea glucozei în muşchi pentru a fi transformată în glicogen şi în celulele adipoase, pentru a fi transformată în lipide, introducerea aminoacizilor în celule pentru a fi transformaţi în proteine. Receptorii de insulină mediază aceste efecte. La nivelul creierului, stimularea acestor receptori acţionează asemenea leptinei (un hormon implicat în reglarea apetitului), adică suprimă foamea. La nivelul aparatului reproducător, influenţează funcţia reproductivă (Plum et al., 2005).

Conform ipotezei prezentate aici, dacă ar fi să propunem unde ar trebui căutate genele care să ne facă oameni, genele pentru implicare în calea transmiterii insulinei ar fi nişte candidaţi serioşi, ca şi alte gene implicate în adaptarea la restricţia calorică pe termen lung. Dar pe termen scurt, restricţia calorică la mamiferele de laborator (şobolani) scade rezistenţa la insulină (McCurdy, Davidson şi Cartee, 2003).

Glucide pentru creier

Calea de semnalizare a insulinei pare să fie implicată în unele particularităţi biologice ale speciei umane, dar şi de condiţii patologice specific umane (de ex. psihoze) sau cu o incidenţă mult mai mare la om faţă de alte primate. Dacă e vorba de insulină, vom începe cu maladia cea mai legată de acest hormon, diabetul. Omul este mult mai susceptibil la diabet de tip II decât cimpanzeul, fenomen pus în special pe seama modului de viaţă, deşi diferenţa se menţine şi pentru cimpanzeii captivi (Olson şi Varki, 2002). Mai mult, rezistenţa la insulină, care precede diabetul de tip II, este o condiţie frecventă. De ce se întâmplă asta? Ipoteza lui Neel (1962, 1982) avansează ideea unui genotip economic (thrifty genotype), care s-ar afla la originea predispoziţiei la diabet. În condiţii de penurie de alimente (foamete), posesorii acestui genotip, care determină o mai bună utilizare a resurselor în zonele în care penuria de resurse şi abundenţa acestora coexistă, desigur, nu în acelaşi timp (Neel, 1962). Această utilizare mai bună se referă în primul rând la disponibilitatea de a depune grăsimi în perioadele de abundenţă, aparenta hipersecreţia de insulină, care apare la unii indivizi în timpurile moderne, constituind astfel o adaptare pentru astfel de situaţii. Insulina stimulează şi sinteza grăsimilor în ţesutul adipos. În perioadele în care resursele sunt precare, indivizii cu o abilitate mai mare de a stoca grăsimi, „calitate“ predispozantă pentru diabetul de tip II, ar avea mai multe şanse de supravieţuire.

Pe de altă parte, s-a constatat o diferenţă la acelaşi individ în ce priveşte rezistenţa (sensibilitatea) la insulină pentru căile metabolice ale glucozei şi cele ale lipidelor (Neal, 1982). Cu alte cuvinte, din punct de vedere biochimic, nu e neapărată nevoie de menţinerea unei glicemii ridicate (şi risc de diabet) pentru depunerea de grăsimi de rezervă. La fel, rezistenţa la insulină se manifestă diferit la acelaşi individ în cazul căilor metabolismului proteic (rolul antiproteolitic, de stimulare a încorporării aminoacizilor în proteine) şi cel glucidic (Ozanne şi Hales, 1998).

Dar în primul rând, ipoteza lui Neal a fost criticată pentru că pornea de la o presupunere contrazisă de datele existente, aceea că foametea ar fi fost comună în trecutul speciei (Cordain et al., 1998). Cordain aduce numeroase dovezi că în timpurile preistorice, ca şi în cazul societăţilor de vânători actuale, înfometarea era/este mult mai puţin comună decât în cazul societăţilor care practicau agricultura de subzistenţă. Cordain, care a scris numeroase cărţi despre dieta din Paleolitic, susţine mai degrabă ipoteza lui Colagiuri şi Miller pentru explicarea rezistenţei la insulină.

Ipoteza lui Colagiuri şi Miller (1994), profesori australieni, explică incidenţa diferită a diabetului (şi a rezistenţei la insulină) în diverse populaţii umane prin istoria dietei lor. Ei leagă apariţia rezistenţei la insulină de tranziţia în ultimii 2 milioane de ani de la dieta hiperglucidică specifică marilor primate, la dieta cu puţine glucide şi multe proteine. Această tranziţie ar fi condus la nişte modificări metabolice care ar fi generat rezistenţă la insulină. Autorii se bazează pe numeroase studii pe om şi animal care arată că răspunsul fenotipic la o dietă cu un conţinut glucidic scăzut este rezistenţa la insulină. În populaţiile cu o dietă hipoglucidică, rezistenţa la insulină ar fi constituit un avantaj care ar fi fost fixat de selecţia pozitivă, crescând proporţia acestui caracter în aceste populaţii.

Din contră, la populaţiile care au început să practice agricultura, rezistenţa la insulină ar fi fost dezadaptativă, având în vedere că pentru metabolizarea amidonului, bogat în glucide, care se găseşte în cereale, e nevoie de cantităţi mari de insulină. În cazul acestor populaţii, selecţia pentru genele răspunzătoare de rezistenţa la insulină s-ar fi atenuat, proporţia lor ar fi devenit din ce în ce mai mică în populaţie, cu cât expunerea la agricultură ar fi fost mai îndelungată. Pe scurt, populaţiile izolate, supuse foametei, dar şi cele de vânători culegători, care au fost expuse agriculturii foarte recent vor avea o frecvenţă a genelor predispozante la rezistenţă la insulină mult mai mare decât cele care practică agricultura de mii de ani (europenii, de exemplu). Efectul dietei occidentale va fi diferit asupra acestor populaţii în ce priveşte riscul de a dezvolta diabet. Populaţiile de vânători - culegători, exemplul clasic fiind indienii Pima din America, au o incidenţă mai mare a diabetului (50%) şi rezistenţei la insulină decât europenii (2%).

Această ipoteză, susţinută de multe date, este contrazisă de altele. De exemplu, indienii din India, deşi practică agricultura anterior europenilor, au o incidenţă a diabetului de tip II superioară acestora, estimată la 12, 1% în 2000, deşi au un indice de masa corporală inferior (Ramachandran, 2006). Desigur, în cazul indienilor este documentată penuria de resurse în perioadele istorice şi chiar foarte recent, ceea ce ar explica frecvenţa superioară a acestor gene. De asemenea, eschimoşii, spre deosebire de Pima şi de alte populaţii aborigene din America, erau consideraţi până recent foarte rezistenţi la diabet de tip II , având o incidenţă practic nulă până acum 30 ani. În prezent, după renunţarea la dieta tradiţională, diabetul are în aceste populaţii o incidenţă apropiată de cea din populaţiile originare din Europa, dar eschimoşii nu au practicat niciodată agricultura (Ebbesson et al. 1998). Diferenţa dintre eschimoşi şi alte populaţii din America este aceea că perioadele de foamete prin care trecea populaţia Pima din Arizona este documentată în secolul al XIX-lea, eschimoşii sunt recunoscuţi ca o populaţie cu o dietă hipercalorică, de 4000 kcal/zi (Leonard, 2003), constând în principal din produse de origine animală. Atunci unde e răspunsul?

O ipoteză şi mai nouă încearcă să explice această problemă. Jared Diamond, geograf şi biolog evoluţionist de la UCLA, consideră că susceptibilitatea diferită la diabet şi rezistenţa la insulină ar fi urmarea acţiunii selecţiei. Genele „economiei", prezise de teoriile legate de apariţia diabetului, răspunzătoare de menţinerea glicemiei în perioadele de foamete, ar fi reprezentat un avantaj pentru purtătorii lor, şi s-ar fi concentrat în populaţiile care au cunoscut perioade de foamete. Dar în perioadele de relativă abundenţă, acestea ar fi predispus la diabet. Diferenţa dintre ipoteza lui Diamond şi altele anterioare acesteia este că aceasta introduce în ecuaţie epidemiile de diabet, care ar fi modelat zestrea genetică a unor populaţii umane, care în prezent au o incidenţă mai scăzută a diabetului, şi o susceptibilitate mai mică de a se îmbolnăvi de această boală decât altele. Diamond dă exemplul europenilor, cu o incidenţă inferioară a acestei boli (2%) faţă de 13% afro-americani, 17% populaţii latino-americane, şi 50% americani nativi (Pima). După numeroasele perioade de foamete din Evul mediu şi Renaştere, resursele au cunoscut o relativă stabilitate începând din secolul al XVII-lea. Începând de la sfârşitul acestui secol, Europa ar fi fost bântuită de o epidemie de diabet, care ar fi eliminat mulţi dintre indivizii purtători ai acestor gene. J.S. Bach pare să fi căzut victimă acestei epidemii.

Populaţiile, care până în prezent au fost rurale sau paupere, şi sunt expuse pentru prima dată modului de viaţă occidental, cu hrană abundentă şi sedentarism, cunosc o epidemie de diabet, care a modelat deja zestrea genetică a europenilor, cu secole în urmă. Diamond a studiat incidenţa actuală şi istorică a diabetului în 9 populaţii aflate în 24 regiuni. Conform rezultatelor lui, rata diabetului a crescut în aceste populaţii (Pima din Arizona, latino-americanii, populaţiile din insulele Pacificului, aborigenii australieni occidentalizaţi, asiaticii urbanizaţi şi indienii din est). După ce evreii iemeniţi au ajuns în Israel, incidenţa diabetului a crescut de la 4 la 13 procente. La fel, după ce locuitorii din Noua Guinee s-au mutat de la ţară la oraş, incidenţa diabetului a crescut de la 0 la 37%.

Ipoteza lui Diamond explică şi susceptibilitatea diferită la diabet a europenilor faţă de a americanilor şi australienilor de origine europeană, care au o incidenţă superioară a acestei boli de 3 până la 4 ori. Europenii care au migrat, de exemplu după foametea din deceniul al V-lea al secolului al XIX-lea din Irlanda, au fost mai pauperi, cu un acces mai redus la surse de hrană stabile, şi prin urmare nu au cunoscut epidemia de diabet.

Totuşi, ipoteza lui Diamond explică foarte multe, e foarte coerentă, dar omite ceva esenţial: selecţia nu acţionează ulterior vârstei reproductive. Diabetul de tip II este cunoscut ca diabetul vârstei adulte, care apare după 40 ani, deci după perioada reproductivă. Însăşi îmbătrânirea, conform unor ipoteze actuale, este considerată rezultatul acţiunii unor gene avantajoase la tinereţe, care au efecte nocive ulterior vârstei reproductive (pleiotropia antagonistă). Numai foarte recent, diabetul de tip II a început să afecteze tinerii şI chiar copiii. Din contră, indivizii susceptibili la diabet par să prezinte avantaje selective, care se manifestă la vârste reproductive, şI sunt apoi transmise urmaşilor, aşa cum se observă în populaţiile cu o mare incidenţă a acestei boli. În concluzie, epidemia de diabet de tip II, oricât de devastatoare ar fi fost, ar fi avut efecte foarte reduse asupra proporţiei genelor predispozante la această boală.

Atunci cum se explică incidenţa mai mică a diabetului în Europa? Genele predispozante la diabetul de tip II, maladie asociată cu îmbătrânirea, chiar considerată model de îmbătrânire rapidă, ar fi fost supuse selecţiei numai dacă ar fi fost asociate cu un caracter care să confere dezavantaje la tinereţe, de exemplu ar fi determinat o scădere a fertilităţii sau ar fi crescut riscul unei boli infecţioase. Dacă de exemplu, purtătorii genelor care conferă susceptibilitate la diabet ar fi putut fi mai sensibili la tuberculoză sau alte boli infecţioase cu efecte devastatoare în acele timpuri.

Experienţele cu animale supuse restricţiei calorice arată că acestea sunt nu numai mai longevive, dar şi mai rezistente la infecţii. Acest aspect este bine documentat pentru viermele Cenorhabditis (Garsin et al., 2003), dar se pare că nu este real pentru mamifere, cel puţin în cazul infecţiilor digestive (Sun et al., 2001). Pe de altă parte, o glicemie mare, cum apare în diabet, pare să fie asociată cu o susceptibilitate la infecţii. O creştere uşoară a glicemiei subclinică ar fi putut creşte riscul dezvoltării unor maladii infecţioase la tinereţe, care să aibă efect letal sau numai să afecteze fertilitatea. Dar dovezile în acest sens lipsesc. Oricum această ipoteză ar explica diferenţa de susceptibilitate la diabet între europeni şi alte populaţii, de exemplu aborigenii din Africa sau Australia, care nu au fost expuşi unor boli epidemice cu efecte devastatoare în Europa, deşi maladiile aduse de europeni, inclusiv tuberculoza, au exterminat populaţiile de amerindieni mult mai mult decât armele conquistadorilor. Dar efectul unor epidemii (nu de diabet) nu ar explica satisfăcător diferenţa dintre europenii rămaşi în Europa şi cei din America sau Australia.

Explicaţia cea mai simplă ar fi că într-adevăr, genele „economiei" ar avea un efect protectiv foarte puternic faţă de efectele foametei. Cea mai mare parte a europenilor din Statele Unite, Canada şi Australia au emigrat în secolul al XIX-lea, după celebra foamete a cartofului care a afectat Irlanda în perioada 1845-1851, şi într-o măsură mai mică şi alte ţări din vestul şi nordul Europei. Efectele acestei foamete au fost devastatoare, numai în Irlanda numărul victimelor fiind între 500000 şi 1500000) milioane. Dar selecţia nu acţionează numai prin supravieţuirea indivizilor, ci şi mai ales prin supravieţuirea lor prin urmaşi. Inaniţia afectează grav şi fertilitatea, fenomen pus în evidenţă la populaţiile actuale. Prin urmare, în populaţiile care au trecut de mai multe ori prin perioade de foamete, incidenţa genelor predispozante la diabet trebuie să fie mai mare, indiferent dacă practicau agricultura (exemplul irlandezilor) sau nu, decât în cele care au cunoscut într-o măsură mai mică inaniţia.

Interesant este faptul că aceste gene, deşi propuse cu mult timp în urmă, nu au fost găsite. S-au descoperit multe gene legate de susceptibilitatea de a dezvolta diabet, dar riscul pe care îl determină este adesea diferit în diferite populaţii. De cele mai multe ori, caracterele complexe nu sunt determinate de o singură genă, ca în cazul maladiilor genetice „clasice".

Ipoteza noastră încearcă să explice apariţia rezistenţei la insulină, precum şi proporţia ei variabilă în diverse populaţii umane. Probabil rezistenţa la insulină a apărut odată cu primele crize ale resurselor, intervenite după modificarea climei şi prin urmare a mediului în Africa, acum 5-7 milioane de ani. Deşi acestea au apărut gradat, efectele lor asupra biologiei ar fi putut fi semnificative. Experienţele pe şoareci arată că restricţia calorică (60% din aportul caloric normal), aplicată pentru o scurtă perioadă de timp (20 zile), determină o creştere a sensibilităţii la insulină (McCurdy şi Cartee, 2005).

Dar o scădere şi mai mare a aportului caloric, în special al celui glucidic, pe o perioadă şi mai lungă, ar fi avut putut avea cu totul alte efecte. În primul rând, animalele supuse RC cunosc o scădere a glicemiei şi a insulinei, dar în limite normale. Aportul caloric total, dar şi intervalele dintre mese, care nu sunt foarte lungi, nu conduc la o scădere dramatică a glicemiei. În aceste condiţii, creşterea sensibilităţii la insulină chiar reprezintă o modificare adaptativă, animalele respective având astfel un randament superior al metabolizării glucozei, care le parvine oarecum regulat. Nu acelaşi lucru se întâmplă cu animalele în sălbăticie. Atunci când apare o penurie de resurse, siguranţa hranei dispare, intervalele dintre mese cresc, iar glicemia poate scădea mult. În aceste condiţii, menţinerea unei glicemii normale, în condiţiile unui aport alimentar scăzut şi nesigur, reprezintă un avantaj. Studiile pe animale şi om arată că răspunsul fenotipic la scăderea aportului glucidic este rezistenţa la insulină. Riscul pentru indivizii mai susceptibili de a dezvolta rezistenţă la insulină, atunci când aportul alimentar creşte, este diabetul, dar pentru ceilalţi, în condiţii de criză este moartea destul de rapidă şi mai ales scăderea fertilităţii. Aşa cum am precizat, animalele supuse RC cunosc o scădere a fertilităţii (Burks et al. 2000), dincolo de efectele benefice ale acesteia asupra sănătăţii şi longevităţii. În inaniţie, acestea sunt şi mai grave.

În sălbăticie, animalele sănătoase şi longevive, cu tabloul biochimic sangvin care apare în studiile RC ar fi fost dezavantajate faţă de cele care ar fi avut capacitatea de a dezvolta mai uşor rezistenţă la insulină, deoarece ar fi avut un fitness mai redus. Menţinerea unei glicemii în limite rezonabile, în condiţii de foamete, e avantajoasă în primul rând pentru creier, mai ales în cursul dezvoltării. Glucoza e combustibilul preferenţial al tuturor ţesuturilor, dar principal al creierului. Astfel, selecţia pozitivă a rezistenţei la insulină ar fi acţionat în timpul perioadelor de foamete, prin supravieţuirea adulţilor şi conservarea fertilităţii acestora, şi în primul rând prin supravieţuirea puilor.

La om, copiii mai mici la naştere prezintă un risc mai mare de a dezvolta diabet ca adulţi, (dar şi maladii cardiovasculare) desigur, atunci când au posibilitatea de a se supraalimenta după naştere (Ibáñez et al., 2006, Barker et al. 1993). Atunci când în timpul dezvoltării intrauterine apare o penurie de resurse, copiii sunt mai mici la naştere, aşa cum o arată şi studiile pe copiii olandezi născuţi după blocada din al II-lea Război mondial. Probabil la aceşti copii apare rezistenţa la insulină, prin care îşi redirecţionează glucoza destinată muşchilor, ficatului şi eventual ţesutului adipos, spre creier. Dovezi că rezistenţa la insulină apare *in utero* ca răspuns la stresul nutriţional sunt aduse de studiile pe alte mamifere (bovine) (Gluckman & Hanson, 2004). Invers, copiii femeilor care dezvoltă diabet de sarcină, ceea ce indică un risc crescut ulterior de a contracta diabet de tip II, sunt mai mari la naştere decât cei născuţi de mame normoglicemice (Pennison & Egerman, 2001). Copiii mai mari la naştere au mai multe şanse de supravieţuire după naştere (Hone & Benton, 2004).

Probabil, în cursul evoluţiei a intervenit o selecţie la nivelul femelelor. Femelele cu rezistenţă mai mare la insulină aveau mai multe şanse de a aduce pe lume pui viabili decât cele mai sensibile la insulină. Rezistenţa la insulină în cazul mamei în timpul sarcinii (diabetul de sarcină), dar şi al copilului, ar reprezenta forme adaptative la acelaşi fenomen, stresul nutriţional prenatal. Acestea ar maximiza şansele de supravieţuire ale puiului în condiţii de criză.

Când a apărut acest caracter? Probabil odată cu primele provocări ale mediului determinate de schimbările climatice de acum 5-7 milioane de ani. Selecţia pozitivă a rezistenţei la insulină a continuat mult timp, eventual la nivelul australopitecilor. Odată cu apariţia genului *Homo*, şi mai ales a noilor provocări ale mediului, care au dus la noi schimbări ale dietei acestuia, aportul caloric a crescut, înălţimea a crescut exploziv, dimensiunile creierului asemenea (Lewin[i], 2005). De asemenea se pare că dimensiunile puiului la naştere au crescut mult, ceea ce ar fi dus la reducerea dimorfismului sexual, adică, în acest caz, a diferenţelor de talie dintre masculi şi femele (Mayr[b], 2004). Există o ipoteză care explică reducerea dimorfismului sexual tocmai prin faptul că puii au devenit mai grei la naştere şi femelele au devenit mai înalte pentru a putea să-i poarte (Mayr[c], 2004). Chiar dacă secvenţa evenimentelor e greu de reconstituit, probabil fenomenul determinant ar fi fost creşterea dimensiunilor puiului, consecinţă a unui aport caloric superior al mamei. De asemenea, aportul alimentar crescut, şi prin urmare nivelul mai ridicat al glicemiei în timpul dezvoltării intrauterine, ar fi dus şi la creşterea creierului. Puii mai mari ar fi devenit apoi adulţi mai mari, explicându-se astfel creşterea în înălţime. Selecţia ar fi continuat ulterior, puii devenind din ce în ce mai mari, cu creierul din ce în ce mai mare.

La sfârşitul ultimei glaciaţiuni se semnalează o scădere în înălţime, dar şi o scădere a dimensiunilor creierului („Creierul şi foametea" şi „De la foamete la civilizaţie"). La originea acestui fenomen s-au propus schimbările climatice, care au dus la noi modificări ale florei şi faunei şi la noi provocări alimentare (Lewin[j], 2005). Reducerea creierului şi a înălţimii au afectat nu numai agricultorii, dar cele mai multe populaţii de vânători-culegători studiate.

Oamenii arhaici din timpul ultimei glaciaţiuni, dar şi vânătorii-culegători moderni sau din trecut aveau şi au în general o dietă mai bogată în principii nutritive decât populaţiile care practică agricultura de subzistenţă, ceea ce pare a contraveni ideii de foamete în trecut. Dar populaţiile de vânători-culegători moderne reprezintă urmaşii celor care au supravieţuit crizei intervenite după ultima glaciaţiune. Date etnologice arată că unele dintre aceste populaţii sunt eterogene şi provin din supravieţuitorii mai multor grupuri. Un astfel de exemplu îl reprezintă eschimoşii (Eibl-Eibesfeld, 1995). Chiar dacă noi îi surprindem în perioade „fericite", nu putem exclude foametea din istoria lor recentă sau mai puţin recentă.

Pe de altă parte agricultorii, cu toate carenţele lor, şi cu hrana mai săracă în calorii şi principii nutritive, exploatează surse de hrană mult mai stabile. Şansele lor de a ajunge la hipoglicemie gravă sunt mult mai reduse decât ale vânătorilor-culegători. Un alt aspect foarte important este acela că practicarea agriculturii este asociată cu o creştere populaţională rapidă, pe când populaţiile de vânător-culegători au rămas stabile timp de sute de mii de ani (Wilson, 2003). Creşterea populaţională se explică în primul rând prin creşterea şanselor de supravieţuire ale nou-născuţilor.

Diferenţa principală în ce priveşte acţiunea selecţiei între populaţiile de agricultori şi celelalte (moderne sau nu) este la nivelul fertilităţii. Populaţiile de agricultori au o fertilitate (artificială) gigantică faţă de cele de vânători-culegători. Copiii lor se nasc la intervale mai mici, pentru că pot fi înţărcaţi mai repede şi hrăniţi artificial. Aceasta conduce nu numai la creşterea natalităţii, dar şi la creşterea şanselor de supravieţuire după naştere. La eschimoşi, populaţie care nu practică agricultură, copilul mic rămas fără mamă este ucis din motive umanitare, şansele lui de supravieţuire fiind practic nule. Pruncuciderea din motive economice era des întâlnită în Antichitate în special la populaţiile de crescători de animale.

Vânătorii-culegătorii moderni, ca şi oamenii arhaici au/aveau o dietă mult mai nutritivă decât agricultorii, cu condiţia să supravieţuiască după naştere şi în copilărie, ceea ce se întâmpla rar.

În cazul agricultorilor, care după naştere erau într-o măsură mai mică dependenţi de laptele matern, rezistenţa la insulină nu a mai conferit avantaje copiilor din aceste populaţii, şi selecţia pentru acest caracter a slăbit foarte mult, dacă nu au intervenit noi crize, sau acestea au fost slabe sau mai puţin dramatice. Aşa s-ar explica diferenţa dintre incidenţa rezistenţei la insulină în Europa si India. În India, populaţiile rurale au fost şi încă sunt mult mai paupere decât cele din Europa, un factor fiind însăşi creşterea explozivă a populaţiei ca urmare a practicării agriculturii.

Practicarea agriculturii ar fi putut avea şi alte consecinţe pe termen lung. Studiile demografice arată azi cea mai mare creştere a duratei medii a vieţii din Europa în ţările din sudul acestui continent, atunci când acestea s-au dezvoltat. Adoptarea modului de viaţă occidental în aceste zone, multe sărace până de curând, a avut mai puţine efecte nocive decât în altele. Având în vedere că în sudul Europei, agricultura se practică de timpuriu pe acest continent, devansând cu mulţi ani alte zone, e de aşteptat ca proporţia sensibilităţii la insulină în populaţiile care trăiesc în aceste zone să fie mai mare decât în altele. Acest fenotip îl mimează pe cel determinat de restricţia calorică în laborator. Ar putea avea acest fenotip aceleaşi efecte asupra longevităţii şi patologiei de vârstă ca şi restricţia calorică, chiar în absenţa acesteia? Dacă efectele benefice ale RC sunt mediate de semnalizarea insulinică, atunci o sensibilitate mai mare la insulină, care apare în RC ar trebui să fie asociată cu longevitatea. Această idee, sugerată de unele rezultate, este greu de testat, deoarece nu se cunosc modificările asociate cu vârsta asupra căii de semnalizare a insulinei. Dacă supoziţia aceasta va fi susţinută de dovezi, dieta mediteraneană ar putea fi una într-adevăr foarte benefică pentru sănătate, dar în primul rând dacă e vorba de dieta strămoşilor.

Motivul pentru care diabetul şi rezistenţa la insulină au o incidenţă atât de mică în Europa, spre deosebire de alte zone, ar putea fi mai puţin genetic şi în primul rând epigenetic. Ceea ce e sigur este că în această condiţie intervin modificări ale căii de semnalizare a insulinei. Deşi s-au descris mutaţii ale genelor implicate în această cale, asociate cu un risc crescut de a dezvolta maladia, cei mai importanţi factori în apariţia rezistenţei la insulină şi a diabetului ar putea fi epigenetici. Datele statistice susţin această idee (Wren & Garner, 2005).

O descoperire recentă sugerează că rezistenţa la insulină s-ar dobândi relativ rapid. Porcul în general este o specie foarte rezistentă la diabet, care poate ingera cantităţi uriaşe de glucide. Dar există nişte porci sălbatici în Ossabaw Island, Georgia (Statele Unite), care deşi nu au manifestări clinice ale diabetului, prezintă o glicemie crescută timp îndelungat şi un tablou lipidic sangvin asemănător celui întâlnit la oameni în diabet. Interesant este că aceşti porci se hrănesc preponderent cu un anumit tip de fructe, a căror abundenţă variază periodic, atât sezonier, dar şi pe parcursul mai multor ani. În anumite perioade, care pot ajunge până la câţiva ani, aceste fructe pot lipsi. În aceste condiţii, ei trebuie să facă faţă perioadelor de penurie, de aceea s-au adaptat pentru a-şi menţine glicemia la un nivel înalt, consideră I. Lehr Brisbin de la Savannah River Ecology Laboratory, autorul studiului. Acesta crede că porcii sălbatici rămân sănătoşi pentru că sunt foarte activi, sedentarismul, pe lângă supraalimentare fiind considerat un factor de risc foarte important al diabetului. Şi mai interesant este faptul că aceşti porci şi-au dobândit rezistenţa la insulină relativ recent, ei devenind sălbatici acum aproximativ 200 ani.

Probabil porcii obişnuiţi, care au o foarte mare sensibilitate la insulină, şi pot transporta cu uşurinţă glucoza din circulaţie în celule pentru a o transforma în glicogen, proteine şi lipide, sunt adaptaţi pentru a acumula cantităţi uriaşe de grăsime în perioadele în care există resurse. Porcii ar avea acel genotip economic, prezis de ipoteza lui Neal. Dar când resursele lipsesc o perioadă prea lungă, există pericolul hipoglicemiei, cu efectele ei asupra creierului şi fertilităţii. În aceste condiţii, menţinerea unei glicemii normale devine o urgenţă, astfel apariţia rezistenţei la insulină pentru căile metabolice ale glucozei (sinteza de glicogen, afectată în diabet), dar eventual cu prezervarea sensibilităţii pentru căile metabolismului lipidic (sinteza de lipide) devine adaptativă.

Modificările epigenetice care afectează calea semnalizării insulinei ar putea apărea şi în sens invers. Dacă mediul se schimbă, rezistenţa la insulină s-ar putea modifica. Avem dovezi în acest sens? Cazul copiilor olandezi născuţi după blocada din al II-lea Război Mondial ne sugerează că acest lucru s-ar putea întâmpla. Efectele asupra dimensiunilor la naştere, dar şi asupra incidenţei unor boli, printre care diabetul, bolile cardiovasculare s-au atenuat abia după două generaţii, dar s-au atenuat. Ceea ce înseamnă că modificările epigenetice pot fi reversibile în anumite condiţii.

Acest fenomen ar aduce noi explicaţii ale incidenţei foarte mici a diabetului şi a rezistenţei la insulină la europeni faţă de alte populaţii, deşi cel puţin jumătate sunt purtători ai unor gene care ar predispune la această maladie (Colagiuri şi Miller, 1994). Aceştia, inclusiv cei care au emigrat din cauza condiţiilor paupere, au fost expuşi o perioadă mai îndelungată alimentaţiei de bună calitate. Şi nu e vorba numai de perioada postindustrială. În Irlanda, înainte de foametea cartofului, s-a înregistrat secole de-a rândul o relativă abundenţă alimentară şi o creştere considerabilă a populaţiei, tocmai datorită cartofului. Într-adevăr, ar putea exista o legătură între epidemia de diabet care a bântuit Europa începând din secolul al XVII-lea şi incidenţa mică a diabetului de tip II la europeni. De fapt aceste aspecte ar putea fi două consecinţe ale aceluiaşi fenomen. Creşterea calităţii hranei, care a dus la diabet în cazul indivizilor în vârstă, ar fi produs modificări epigenetice la cei mai tineri, care s-ar fi transmis mai departe la urmaşi. În plus, tranziţia de la dietă hipocalorică la abundenţă alimentară s-a produs relativ lent, astfel încât adaptarea a fost posibilă. Dacă această ipoteză se dovedeşte adevărată, ar fi de aşteptat ca efectele devastatoare ale diabetului să dispară în câteva generaţii după ce populaţiile până de curând paupere se vor adapta la noile condiţii de mediu? Dacă tranziţia de la alimentaţia hipocalorică la una hipercalorică ar avea loc într-adevăr lent, ar fi de aşteptat acest rezultat. Dar acum există chiar pericolul unei epidemii de diabet cu efecte selective, deoarece diabetul de tip II a început să afecteze tinerii (aflaţi la vârstă reproductivă) şi chiar copiii.

Din păcate, oamenii, ca şi alte vieţuitoare, nu sunt egali în faţa mediului, zestrea lor genetică, dar şi cea epigenetică având un cuvânt greu de spus.

Maladii specific umane

Diabetul e una dintre bolile cu incidenţă mai mare la om decât la cimpanzeu. Un alt exemplu de astfel de maladie îl reprezintă cancerul, care afectează 20% din oamenii care trăiesc în ţări industrializate, dar numai 2-4 % din cimpanzeii din captivitate. Dar există maladii specific umane, de exemplu malaria, care nu afectează deloc cimpanzeul. Plasmodium falciparum, agentul malariei la om, se pare că a evoluat odată cu omul. Cimpanzeul are alt parazit înrudit cu acesta. Dar pentru ca un parazit sau un virus să poată ataca un organism, trebuie să poată interacţiona cu celulele acestuia. Omul, faţă de cimpanzeu şi oricare alt mare primat, are alt tip de acid sialic, un glucid situat la suprafaţa membranelor celulare, care mediază interacţiunea dintre celule (Martin et al., 2005). Această diferenţă care provine din mutaţia şi inactivarea unei enzime care intervine în sinteza acidului sialic, ar fi apărut după divergenţa genurilor Pan şi Homo (Hsun-Hua et al., 1998), dar înainte de expansiunea creierului (Hsun-Hua et al. 2002). Noua formă de acid sialic, apărută la om, ar avea multiple implicaţii asupra imunităţii şi nu numai. De exemplu, prezenţa sau absenţa acidului sialic ar putea afecta interacţiunea diferiţilor agenţi patogeni cum ar fi virusul gripal de tip A sau B sau Escherichia coli K99. *Helicobacter pylori* (implicată în ulcer) şi *Plasmodium falciparum* utilizează acidul sialic ca situs de legare specifică.

Însă nu mutaţia acestei enzime, care să modifice acidul sialic, ar putea să explice sensibilitatea la malarie, dar ar putea influenţa o mare varietate de procese biologice şi patologice. Acidul sialic este ligant pentru o varietate de lectine endogene, modificarea sa putând avea efecte complexe asupra creşterii, dezvoltării şi funcţionării a multiple sisteme. De exemplu, CD22 de pe limfocitele B, sialoadezina de pe macrofage, şi glicoproteina asociată mielinei de pe teaca de mielină ce înconjoară axonul pot avea preferinţe pentru prezenţa sau absenţa acidului sialic «vechi» (Martin et. al., 2005).

Alte maladii care nu afectează cimpanzeul sunt SIDA şi hepatita B şi C. Toate încercările de a infecta cimpanzeii cu virusul HIV cu scopul îmbolnăvirii de SIDA, bazate pe diverse protocoale de lucru, începând din 1984, au eşuat (Reiss & Lange 1990). Cimpanzeul are un raport mai mic al limfocitelor T4/T8 (Lusso et al., 1990), iar limfocitele B la cimpanzeu sunt mult mai active, produc o cantitate mai mare de anticorpi (Fultz et al., 1989), probabil înlăturând virusul mai repede din circulaţie. Virusul HIV atacă limfocitele T4, dar acestea, odată infectate, le ucid pe cele sănătoase, aşa cum o arată studiile pe culturi de celule. SIDA are la om o componentă autoimună. Cimpanzeul poate fi infectat cu virusul hepatitei B, dar nu dezvoltă simptomele maladiei, cel puţin nu în formă gravă.

Susceptibilitatea diferită la aceste maladii ar putea avea legătură cu noua formă de acid sialic întâlnită la om? Probabil că da, dar date recente sugerează că acesta ar avea legătură şi cu nişte proteine care leagă acid sialic numite siglec. Siglec fac parte din superfamilia imunoglobulinelor, şi intervin în imunitate. La om, spre deosebire de cimpanzeu, bonobo sau gorilă, unele siglec de pe limfocitele T nu mai apar, deşi genele responsabile de sinteza lor există în genom, şi ele chiar sunt exprimate în alte tipuri de celule (Nguyen et al., 2006). Dispariţia acestor siglec de pe limfocitele T ar determina la om o superactivare a acestora, pe când la cimpanzeu prezenţa lor pare a regla nivelul de semnalizare la nivelul receptorilor de pe aceste limfocite, acţionând ca un fel de frâne, consideră autorii studiului. Aceasta ar explica unele diferenţe majore de susceptibilitate la anumite maladii între om şi marile primate. Imposibilitatea dezvoltării SIDA la majoritatea cimpanzeilor după inocularea cu HIV, ca şi raritatea leziunilor hepatice de tipul hepatitei cronice, ciroza sau cancerul consecutiv infectării cu virusul hepatitei B sau C, s-ar justifica în acest fel. De asemenea, la om sunt comune şi alte maladii mediate de limfocitele T, cum ar fi bronşita astmatiformă, artrita reumatoidă şi diabetul de tip I, care deocamdată nu au fost depistate la cimpanzeu.

Lipsa siglec de pe limfocitele T este consecinţa unei modificări epigenetice. Pentru dispariţia unor siglec de pe limfocitele T, autorii studiului speculează că ar fi intervenit selecţia determinată de un microb care ar fi necesitat un răspuns imunitar mai puternic. Altă idee vehiculată de aceştia este că acest fenotip ar fi consecinţa ajustării la noul tip de acid sialic, apărut acum aproximativ 3 milioane de ani. Interesant este că noul tip de acid sialic a apărut prin inactivarea unei gene prin interpunerea unei secvenţe Alu, ceea ce sugerează că acest proces este consecinţa unor recombinări ale materialului genetic. Cu alte cuvinte, aceste modificări ale lectinelor implicate în răspunsul imun şi în susceptibilitatea la unele maladii ar fi consecinţa directă sau indirectă a unor modificări epigenetice (vezi capitolul următor). Pentru a răspunde la întrebarea dacă în acest caz modificările epigenetice au fost determinate de restricţie calorică, e nevoie de noi investigaţii. Ceea ce se ştie însă este că restricţia calorică la viermi (Cenorabditis elegans) creşte rezistenţa la infecţii (Garsin et al., 2003), iar la mamifere (şobolani) determină o încetinire a declinului funcţional asociat cu vârsta al limfocitelor T, ceea ce deasemenea conduce la o creştere a rezistenţei la infecţii la bărâneţe. Dar la şobolanii tineri, restricţia calorică creşte sensibilitatea la infecţii digestive, tocmai din cauza faptului că limfocitele T au o perioadă de învăţare mai lungă (Sun et al., 2001). Restricţia calorică determină o creştere a rezistenţei la numeroşi factori stresanţi de mediu, de la radiaţii ionizante, radicali liberi până la toxice (Frame et al. 1998, Apte el al., 2003). Pe lângă efectele antimitogene, şi stimularea mecanismelor reparatorii, restricţia calorică modifică şi expresia genelor implicate în metabolizarea medicamentelor. Omul este mai rezistent la factorii stresanţi decât alte mamifere, consumul de substanţe de abuz fiind o dovadă în acest sens.

Activarea limfocitelor T ar putea avea o legătură directă cu restricţia calorică, având în vedere că activarea unor căi de semnalizare legate de receptorul de insulină (calea PIK3/Akt) joacă un rol esenţial în activarea, proliferarea şi supravieţuirea limfocitelor T (Kreisel et al., 2002). Restricţia calorică aplicată pe termen scurt (20 zile) la şobolani determină o activare (fosforilare) mai puternică a proteinei Akt ca răspuns la stimularea cu insulină (McCurdy et al., 2003). Aceasta sugerează că în restricţie calorică ar putea avea loc o activare mai puternică a limfocitelor T, fapt sugerat de datele actuale. În condiţiile unui deficit energetic, în care sinteza proteică,. deci şi cea a anticorpilor este afectată, o reactivitate mai mare, chiar mai puţin selectivă a limfocitelor T ar putea fi adaptativă. Într-adevăr, limfocitele B, producătoare de anticorpi sunt mai puţin active la om decât la cimpanzeu (Fultz et al., 1989). Putem specula că pierderea siglec de pe suprafaţa limfocitelor T, care ar facilita activarea acestora, s-ar înscrie în aceleaşi modificări adaptative la restricţie calorică ale speciei umane. Aceasta ar putea explica incidenţa mare a unor maladii autoimune la om. Omul suferă de multe boli autoimune, absente la cimpanzeu, ca artrita reumatoidă, iar altele au componentă autoimună.

O astfel de maladie este psoriazisul, în care ciclul de regenerare a pielii, normal de aproximativ 28 zile, este mai scurt. Celulele din piele se divid înainte de a se diferenţia, în acelaşi timp devenind ţinta sistemului imunitar. S-au descoperit mai multe gene implicate în determinarea riscului pentru această maladie, dintre care unele afectează imunitatea, putând fi implicate chiar în dezvoltarea limfocitelor T (Helms et al, 2003, Nair, 2006). Mulţi dintre pacienţii cu psoriazis au una sau mai multe boli autoimune, ca diabet, lupus sau maladia Crohn. Dar, aşa cum subliniază autorii studiului, aceste gene nu schimbă prea mult înţelegerea acestei maladii. Forme ale acestor gene, care sunt asociate cu un risc crescut de a dezvolta diabet au fost găsite la 37% din pacienţii sănătoşi. Numai 2 % din populaţia generală (occidentală) suferă de psoriazis. Deci ar putea fi implicaţi şi alţi factori. Există o ipoteză, emisă de Gary R. Jackson, care explică psoriazisul ca fiind rezultatul unei forme subclinice de rezistenţă la insulină. Aceasta se bazează pe rezultatele a numeroase studii, datând încă din anii '70. La diabetici se înregistrează o incidenţă mai mare a psoriazisului decât în populaţia generală, iar unele studii au arătat alterări ale numărului receptorilor de insulină în ficat (Jucci et al., 1977). De asemenea, la pacienţii cu psoriazis, dar fără diabet ereditar, s-a constatat o incidenţă mai mare a hiperinsulinemiei cu o rezistenţă la insulină, agravată de obezitate (Fratino, 1979). Dieta hipocalorică are efecte benefice în această maladie, la fel şi unele medicamente folosite în diabet, care cresc sensibilitatea la insulină. Oricum, psoriazisul are legătură cu calea receptorului de insulină deoarece inhibarea acţiunii IGF-1 are efecte terapeutice în această maladie (Wraight et al., 2000).

Ne întrebăm dacă un fenomen similar celui care are loc în psoriazis ar putea avea loc şi în creier în timpul dezvoltării embrionare la om. Cantităţile mai mari de glucoză care rezultă din redirecţionarea destinată muşchilor şi ficatului spre creier ar duce la diviziunea rapidă a neuronilor din creier, chiar înainte de diferenţierea lor, care ar avea loc ulterior.

Obezitatea este factor de risc pentru astm şi alergii (Castro-Rodriguez et al., 2001, Celedon et al., 2001). Acest fenomen a fost pus pe seama leptinei, al cărui nivel creşte în obezitate (Maffei et al., 1995). Leptina, care face parte din categoria citokinelor, mai precis interleukinelor 6 (IL 6), stimulează profilul limfocitelor Th1, printre alte efecte asupra sistemului imunitar (Loffreda et al., 1998).

Obezitatea e asociată cu inflamaţie sistemică (Schachter et al., 2001), pe când malnutriţia şi subnutriţia au efecte imunosupresoare, de asemenea asociate cu un nivel redus al leptinei (Lord et al., 1998).

Dar hiperglicemia influenţează în mod direct apariţia *de novo* a receptorilor de insulină/IGF1 proporţional cu concentraţia glucozei şi timpul de acţiune al hiperglicemiei (Stentz & Kitabchi, 2005). Akt intervine în răspunsul imunitar. Aceste date sugerează că particularităţile răspunsului imunitar la om, incluzând sensibilitatea crescută la alergii, dar şi efectele devastatoare ale infecţiilor virale de tip HIV sau hepatite, ar avea legătură cu calea de semnalizare a insulinei. Riscul de a dezvolta aceste maladii ar proveni din adaptarea la un consum redus de resurse, reprezentând efecte ale modificării mediului de viaţă, cu alimentaţie hipercalorică.

Posibila cale biochimică a umanizării

Dar dintre toate maladiile prezente numai la om, cele mai de notorietate sunt cele psihice. La om, organul a cărui dezvoltare fără precedent îl defineşte ca specie, este foarte vulnerabil, fiind predispus maladiilor în toate etapele dezvoltării începând din copilărie (autism), tinereţe (schizofrenie, psihoze afective) şi terminând cu bătrâneţea (Alzheimer, alte demenţe). Orice teorie care încearcă să explice umanizarea, trebuie să explice apariţia acestor maladii la specia umană.

Ceea ce e surprinzător este faptul că elementul comun al acestor boli ale sistemului nervos central, dar şi al diabetului şi psoriazisului, este afectarea căii de semnalizare a insulinei, mai precis modificarea nivelului de activare cu sau fără mutaţii a unei proteine (enzime) efectoare. Această proteină, numită proteinkinaza B sau Akt are mai multe forme moleculare α, β, γ sau 1, 2, 3. Akt1 este cea mai des întâlnită şi se găseşte în majoritatea ţesuturilor. Deşi Akt2 este exprimată mai puţin decât Akt2, dar ea se găseşte în ţesuturile insulino-sensibile, ca muşchii scheletici, ficatul, inima, rinichiul şi ţesutul adipos (Altomare *et al.*, 1995, citat de Chong et al, 2005). În sistemul nervos central, Akt1 şi Akt2 au niveluri ridicate de activare în timpul dezvoltării, dar activitatea lor scade gradat în timpul dezvoltării postnatale (Owada, Y *et al.*, 1997, citat de Chong *et al.*, 1999). Akt3 este exprimată numai în anumite ţesturi, de exemplu creierul şi testiculele, şi e mai puţin abundantă în muşchiul scheletic (Nakatani, K *et al.*, 1999, citat de Chong et al, 2005).

Akt1 este o proteină citoplasmatică, recrutată în membrană de activarea căii fosfatidilinositolului, legată de receptorul de insulină (Kang et al., 2003). Proteinkinaza B este o serin/treonin kinază, a cărei activitate este reglată de diferiţi factori de creştere. Legarea produşilor fosfoinozitid-3-OH kinazei determină translocarea acestei proteine citoplasmatice în membrana celulară, unde este activată de kinaze, printre care şi kinaza dependentă de kinaza 1 dependentă de fosfoinozitid (PDK1). Akt este o proteină antiapoptotică, care are roluri importante în metabolismul glucidic, transcriţie, proliferarea şi migrarea celulară.

maladia	schizofrenie	manie/ depresie	Alzheimer	diabet	psoriazis	cancer
Forma Akt afectată	Akt1 act. scăzută sau absentă/ mutaţii	Akt1 act. scăzută	Akt1 crescută probabil ca urmare a leziunilor neuronale, beta amiloidul stimulează Akt1	Ak2 scăzută în ţesuturile insulino-sensibile, eventual asociată cu mutaţii	Akt2 probabil scăzută în ţesuturi insulino-sensibile, Akt3 probabil crescută în piele	Akt1, Akt2 şi/sau Akt3 crescute sau activate constitutiv în diverse forme de cancer

Interesant este că această enzimă este elementul cel mai activ din calea de semnalizare a insulinei în răspunsul la restricţie calorică. Stimularea prin insulină sau factori de creştere insulin-like (IGF-1 şI 2), eventual alţi factori de creştere (BDNF-brain derived neutrotrophic factor, VEGF-factor de creştere al endoteliului vascular etc.) determină fosforilarea şi inactivarea glicogen sintaz kinazei (GSK),enzimă reglatoare a sintezei gliocogenului. În restricţie calorică moderată (60% din aportul caloric din obţinut prin alimentarea ad libitum) aplicată pe termen scurt (20 zile) la şobolani, activarea (fosforilarea) Akt total creşte la nivelul serinei, dar şi al treoninei cu 32 respectiv 30%, în muşchiul stimulat cu insulină, comparativ cu enzima de la animalele hrănite ad libitum, prin creşterea dramatică a activării Akt2 cu 94 respectiv 75% la nivelul serinei şi treoninei, dar proteina nu devine mai abundantă (McCurdy et al., 2003). Creşterea activării Akt2 în muşchi după RC este în concordanţă cu datele care arată faptul că RC creşte sensibilitatea la insulină. Alte kinaze ca PDK1 care intervin înainte de Akt în calea de semnalizare a insulinei, nu sunt afectate de RC (McCurdy et al., 2003). În diabet, Akt2 are o activitate mai scăzută, eventual asociată cu mutaţii (George et al., 2004).

În RC aplicată pe termen scurt la şobolani, Akt1 cunoaşte o scădere a abundeţei cu 30%, dar nu şi o creştere a activării (McCurdy et al., 2003). E vorba de enzima din muşchi. Dacă acest lucru se întâmplă şi în creier, aceste rezultate vin de asemenea în concordanţă cu datele conform cărora incidenţa schizofreniei, caracterizată printr-o activitate scăzută a Akt1, creşte după războaie sau în populaţiile sărace (Brown et al., 1996). Copiii olandezi născuţi după blocadă au cunoscut şi o creştere a incidenţei acestei boli (Susser et al., 1992).

Dar activarea Akt este sub controlul unor factori de creştere. BDNF, a cărui sinteză şi activitate creşte în RC (Mattson et al., 2001), are efect stimulator asupra Akt (Emamian et al., 2004). De fapt, dacă restricţia calorică este stres moderat, iar în creierul adult se înregistrează o creştere dramatică a exprimării ARNm pentru Akt1 şi a proteinei în celulele supuse injuriilor (Chong et al., 2005), e de aşteptat să apară asemenea efecte asupra celulelor nervoase în RC. În schizofrenie şi psihoze afective, maladii care au în comun nu numai susceptibilitatea genetică (Berrettini, 2000), dar şi modificările de activitate ale Akt1 şi glicogensintaz kinazei 3β (GSK3β) (Emamian et al., 2004), BDNF este de asemenea afectat (Angelucci et al., 2005). Li şi valproatul, utilizate în manie, acţionează asupra acestor enzime (De Sarno et al., 2002).

Având în vedere mecanismele de răspuns la stres, incapacitatea de a restaura activitatea Akt în aceste condiţii patologice indică fie mutaţii ale acestei proteine, care îi afectează activitatea, documentate în schizofrenie (Emamian et. al., 2004), fie alterarea mecanismelor de răspuns la stres. În schizofrenie şi psihoze afective se înregistrează o creştere a activităţii proteinkinazei C (Birnbaum et al., 2004). Acelaşi studiu arată că stresul determină o creştere a activităţii acestei enzime. Proteinkinaza C reglează activitatea Akt, mai precis are un efect inhibitor asupra activităţii acesteia (Barthel et al., 1998). Insulina stimulează activarea Akt acolo unde nu există o stimulare prealabilă a proteinkinazei C.

Date recente arată că în calea de semnalizare a insulinei intervin diferenţe în ce priveşte metabolismul lipidelor şI ale glucidelor. Proteinkinaza B este esenţială pentru efectele insulinei asupra glucidelor, iar proteinkinaza C pentru cele ale lipidelor (Taniguchi et al., 2006). Aşa s-ar explica faptul că există diabetici cu un nivel normal al colesterolului, iar hipercolesterolemia nu este însoţită în toate cazurile de diabet. Ar fi de presupus ca o alimentaţie bogată în lipide să determine o activare mai uşoară a protein kinazei C. Acest aspect ar explica parţial apariţia schizofreniei în populaţiile de vânători-culegători care au trecut recent la agricultură. Factorul care ar fi la originea apariţiei schizofreniei în populaţiile care au trecut de la vânătoare şi cules la agricultură ar putea fi încetarea timpurie a alăptării copiilor, dacă aceasta s-a produs. Acest fenomen ar determina un deficit de lipide în copilărie. Slăbirea selecţiei pozitive în cazul supravieţuirii copiilor mai rezistenţi la aportul redus de alimente ar avea de asemenea o contribuţie. În cazul în care această ipoteză va fi susţinută de date experimentale, s-ar putea pune la punct strategii de prevenire a maladiilor psihice în populaţiile care prezintă un risc crescut.

Maladia Alzheimer, cel puţin forma cu apariţie tardivă este considerată un fel de diabet al creierului, cu alterări ale receptorilor de insulină. Într-un model experimental al formei sporadice a maladiei Alzheimer se înregistrează o creştere a activării Akt şi GSK (α/β) după o lună de tratament cu streptozotocină, apoi o scădere a acesteia cu 8, respectiv 9% după trei luni de tratament (Salkovic-Petrisic et al., 2004). Acesta confirmă alterarea căii de semnalizare a insulinei şi în forma sporadică a maladiei, deoarece streptozotocina determină rezistenţă la insulină. În schimb, β amiloidul determină o uşoară activare a Akt1 (Sola et al., 2003).

Calea proteinkinazei C este protectivă faţă de apariţia maladiei Alzheimer, deoarece conduce la o degradare a proteinei preamiloide pe o altă cale, care exclude formarea de β amiloid, care este componentul plăcilor senile. Să fie activarea facilă şi a proteinkinaza C şi căii metabolice determinate de aceasta o adaptare la consumul cărnii în cantitate mare? Protecţia faţă de maladia Alzheimer este exclusă, deoarece această maladie apare la bătrâneţe. Dar alte maladii care afectează metabolismul proteic (scindarea şi plierea proteinelor) pot apărea la tinereţe (ex. maladiile determinate de prioni, de exemplu kurú, descris la canibalii din Papua Noua Guinee).

Akt intervine în supravieţuirea celulară direct prin fosforilarea şi inactivarea proteinelor proapoptotice, dar şi prin stimularea pătrunderii glucozei în celule, modulând acţiunea transportorului de glucoză Glut4. Celulele maligne au, cel puţin în unele cazuri, Akt activată cronic, ceea ce permite un metabolism foarte intens, dar le creşte şi rata de supravieţuire. Akt este o proteină antiapoptotică, care este implicată şi în reglarea dimensiunilor celulei. Această proteină ar fi implicată şi în vascularizarea anormală, care apare atât în cancer, cât şi în psoriasis (Ackah et al., 2005).

O alimentaţie hipercalorică creşte glicemia şi nivelul insulinei din sânge, deci creşte activarea Akt. Acest fenomen ar contribui la explicarea incidenţei crescute a cancerelor în populaţiile postindustriale. Alimentaţia bogată, cu efectele ei asupra căii de semnalizare a insulinei, sporeşte şansele de supravieţuire ale celulelor maligne. Cancerul are o incidenţă foarte mică în populaţiile tradiţionale. S-a avansat chiar ideea creşterii incidenţei maladiilor degenerative în societăţile postindustriale prin modificarea dietei (Frame et al., 1998).

Restricţia calorică are o acţiune antiapoptotică în unele tipuri de celule, cum ar, printre altele, cele din creier (Schelke & Leewenburgh, 2003), ceea ce contribuie la efectele pozitive asupra longevităţii, dar proapoptotică în altele (Frame et al., 1998). Expresia unor gene care codifică proteine proaptotice este blocată sau diminuată în RC. Una dintre acestea este cea a proteinei p53, cu activitate antitumorală, pe care stimularea în RC a activităţii SIR2 de la drojdii, cu corespondentul SIRT1 la mamifere, o deacetilează, adică o inactivează (Luo et al, 2001, Langley et al., 2002). SIR2 este o histon deacetilază, al cărei rol în încetinirea fenomenului îmbătrânirii a fost pus pe seama scăderii recombinărilor ARN ribozomal. La viermi, aceeaşi proteină determină activarea stadiului larvar (daf-16). Interesant este că la cimpanzeu, cele 333 gene implicate în cancer la om sunt de asemenea prezente, şi prezintă un grad mare de conservare, în medie identice la cele două specii în proporţie de 99,38%, asemenea întregului genom (Puente et al., 2007). Deşi unele antioncogene ca p53 au devenit polimorfe la om, ceea ce implică o varietate a nivelului activităţii, implicată în unele forme de cancer, sau au suferit unele modificări cu impact asupra reglajului (BRCA1), diferenţa mare de risc de îmbolnăvire între cele două specii înrudite (mai puţin de 2 vs 20 %) s-ar explica în principal prin fenomene reglatorii (Puente et al., 2007). Mai mult, printre genele care au suferit o selecţie pozitivă în perioada care desparte omul de cimpanzeu ar fi unele implicate în apoptoză, care inhibă acest proces, considerate ca având rol în spermatogeneză (Nielsen, 2005). Această descoperire recentă susţine ipoteza prezentată. De asemenea, aceste date sugerează posibilitatea unei incidenţe crescute a cancerelor în populaţiile care au trecut de la o alimentaţie hipocalorică la una hipercalorică prin schimbarea bruscă a statusului economic.

Un alt aspect care ar aduce explicaţii pentru acest fenomen, ar fi creşterea nivelului IGF-1, documentată în cazul urmaşilor olandezilor supuşi înfometării în al doilea război mondial. Aceştia au un nivel mai ridicat al IGF1 decât controlul, ceea ce se corelează semnificativ cu o incidenţă crescută a unor forme de cancer (Elias et al., 2005). Mai mult, riscul de a dezvolta această maladie creşte de câteva ori ca urmare a creşterii nivelului IGF-1, ceea ce arată o corelaţie mult superioară celei reprezentate de prezenţa unor oncogene.

Dar Akt nu este implicată numai în condiţii patologice. Ea ar putea contribui la apariţia unor caractere specific umane, cum este creşterea creierului. În creier, nivelul de activare al acestei enzime este reglat în primul rând de glicemie (Clodfelder-Miller, 2005), în creier neexistând insulină, dar receptori de insulină, pe care acţionează factorii de creştere insulin like, există. În dezvoltarea creierului Akt1 are rolul primordial (Easton et al., 2005), ca şi în dezvoltarea normală a altor organe, dar Akt3 este implicată în creşterea pre- şi postnatală a acestui organ. Şobolanii knock out pentru Akt3 prezintă la maturitate o reducere cu 25% a acestui organ (Easton et al., 2005). De asemenea, Akt3 pare a fi implicată în formarea conexiunilor nervoase de substanţă albă a corpului calos la rozătoare (Tschopp et al., 2005), formaţiune a creierului care face legătura între emisferele cerebrale şi care la om este foarte importantă în vorbire. Dar această formă a protein kinazei B, necesară pentru dezvoltarea postanatală a creierului, nu pare a avea un rol în reglarea glicemiei (Tschopp et al., 2005).

Revenim asupra paralelei creşterii creierului cu psoriazisul, în care se pare că apare o creştere a activării Akt3 pe fondul rezistenţei la insulină (inhibitorii Akt3 au fost patentaţi ca factori terapeutici în psoriasis şi alte maladii proliferative,

Christoph & Jefferson, 2006), deci a afectării activităţii Akt2. O glicemie mărită ca urmare a rezistenţei la insulină determină o creştere a activării Akt1, dar şi a Akt3, ceea ce, cel puţin în timpul dezvoltării intrauterine, ar avea ca urmare creşterea creierului.

Dar pentru aceasta ar fi esenţiale activarea mecanismelor de răspuns la stres, de exemplu cel determinat de restricţie calorică. Stările de stres, care sunt însoţite de o creştere a cortizolului, determină rezistenţă la insulină (Rizza et a., 1982). Inaniţia, în care acest hormon are un nivel ridicat, are acelaşi efect. S-a avansat ipoteza că hipercorticismul ca răspuns hormonal la stresul de nutriţie, conservat la speciile de mamifere, ar fi evoluat ca un mecanism care să asigure supravieţuirea acestor specii în condiţii de foamete (Frame et al., 1998). Stresul prenatal, dar nu numai, de exemplu cel determinat de restricţie calorică, ar conduce la activarea eventual cronică a mecanismelor adaptative la această situaţie, care să poată fi transmise ereditar. În acest sens, trebuie îndeplinite mai multe condiţii printre care apariţia unor modificări epigenetice, pe care restricţia calorică le determină. De asemenea calea de semnalizare a insulinei este legată de reglarea activităţii unor factori de transcripţie (FOXO), deci are implicaţii asupra transcripţiei genelor (Geert et al., 2002).

Deocamdată nu dispunem de date care să ateste o activare facilă la om a căii de semnalizare a insulinei şi a Akt comparativ cu cimpanzeul. Dar diferenţele biologice, dezvoltarea unor caractere specifice, precum şi cele de susceptibilitate la anumite maladii, sugerează acest aspect. De asemenea deocamdată nu sunt cunoscute în totalitate mecanismele de reglare ale acestei enzime.

Akt este o enzimă a supravieţuirii celulare. Supraactivarea ei (a anumitor forme) în restricţie calorică susţine supravieţuirea întregului organism. Această enzimă este stimulată de insulină şi de IGF-1. Numeroase studii pe animale arată că nivelul IGF-1 scade în restricţie calorică (De Cabo et al., 2003), dar după revenirea la o alimentaţie normală, studiile pe oameni arată că nivelul IGF1 creşte comparativ cu controlul şi se menţine ridicat timp îndelungat, chiar pe parcursul următoarele generaţii (Elias et al., 2005). La om este clar că nivelul IGF-1 este mai ridicat decât la cimpanzeu, prin acest aspect explicându-se unele trăsături umane specifice. Printre altele, IGF-1 este responsabil de creşterea oaselor lungi, caracter care diferenţiază cele două specii. Un nivel ridicat al IGF-1 ar putea determina o stimulare a activităţii Akt, ceea ce ar explica mai departe unele caractere biologice tipic umane, dar şi susceptibilitatea crescută la unele maladii sau apariţia unora specific umane.

Apariţia şi dezvoltarea unor caractere biologice specific umane ar putea fi efecte secundare ale mecanismelor implicate în supraviețuirea individului, dar mai ales a speciei în condiții de stres, cel mai probabil restricție calorică. Restricția calorică afectează fertilitatea, reproducerea în aceste condiții devine dificilă. O investiție sporită în dezvoltarea embrionară devine o soluție evolutivă. Umanizarea se pare că nu poate fi disociată de sexualitate, și nu numai de comportamentul sexual specific uman, ci ar putea fi un dar al problemelor reproductive. Caracterele puiului de om arată o suprainvestiție prenatală (v. capitolul Omul, o evoluție unică).

Grăsimi pentru creier

Multe dintre maladiile specific umane par a avea legătură cu adaptarea la restricție calorică. Maladiile cardiovasculare nu sunt specific umane, dar modificări ale activări Akt sunt implicate și în apariția unor astfel de maladii (Ackah et al., 2005). Mai bine cunoscut este însă rolul hipercolesterolemiei în ateroscleroză. O mare surpriză pentru lumea științifică a fost faptul că există o legătură și între hipercolesterolemie și riscul de a dezvolta maladia Alzheimer, corelație în prezent bine documentată. S-a testat chiar efectul statinelor (medicamente hipocolesterolemiante) în tratamentul acestei boli (Wolozin, 2000).

Printre genele care determină o susceptibilitate crescută la Alzheimer există o variantă genetică a apolipoproteinei E, ε4, implicată în transportul lipidelor în sânge (Cheng et al., 2005). Aceasta este asociată cu un risc crescut de a dezvolta ateroscleroză, dar mai ales maladia Alzheimer, atât forma sporadică, dar și ereditară (Finch & Stanford, 2004).

Legătura dintre forma ε4 a ApoE și plăcile senine se pare că există în lumea animală, nu numai în specia umană. Un mic lemurian de 80-100 g, Microcebus murinus, maki-ul șoarece, este homozigot pentru ε4, adică are gena responsabilă pentru această proteină pe ambii cromozomi (Bons, 1994). În cursul îmbătrânirii, acesta dezvoltă plăci senile, despre care nu se știe dacă sunt asociate cu declin cognitiv. Varianta ε4 există şi la macaci (*Maccaca mulata* şi *Maccaca fascicularus*), iar unii autori au descris plăci senile în creierul îmbătrânit al acestor primate, care sunt de asemenea homozigote pentru ea. ε4 este prezentă şi la unele rozătoare de exemplu hamsterul auriu, *Mesocricetus auratus.*

Microcebus murinus are aproximativ 100 g, dar trăieşte aproximativ 12 ani, ceea ce pentru un mamifer care nu zboară (adică liliacul) înseamnă foarte mult. Ca o comparaţie, şobolanul, mamifer de dimensiuni asemănătoare, trăieşte 3 ani. De asemenea, macacii (Maccaca mulata) trăiesc aproximativ 35-40 ani, deşi sunt de dimensiunile unui câine. Dar primatele în general sunt un ordin de mamifere longevive, ceea ce face mai dificilă asocierea duratei maxime a vieţii la aceste specii cu adaptarea la restricţie calorică.

Speciile de primate enumerate mai sus mai au ceva în comun cu omul şi anume, modul de hrănire. *Microcebus murinus* este omnivor, iar macacii, de asemenea omnivori şi cu o dietă foarte variată, adoptă cu uşurinţă dieta din ţările industrializate. Macacii hrăniţi ca în ţările industrializate dezvoltă spontan diabet (aproximativ 1 procent din Macacca fascicularis), dar şi ateroscleroză.

Dar există şi asemănări „ecologice“ dintre aceste specii şi om. Maki-ul şoarece trăieşte în zonele uscate din nordul, vestul si sudul insulei Madagascar. Este cel mai răspândit şi cel mai bine adaptat lemurian, care nu se află în pericol de extincţie. Adoptarea unei diete omnivore, ca şi dimensiunile reduse, sugerează adaptarea la o nişă ecologică cu puţine resurse (vezi mai sus). Cel mai important indiciu în acest sens este faptul că maki-ul şoarece dispune de mecanisme de conservare a energiei de-a lungul perioadelor sale de inactivitate, care ajung la o treime din an. În aceste perioade, ambele sexe depun grăsimi în zona cozii (date de la Duke University).

Despre macaci se ştie că trăiesc în ecosisteme sărace în resurse. Aceste specii sunt foarte adaptabile, având un areal foarte extins, fiind genul de primate cu cel mai întins areal, după cel uman. Ocupă zone terestre, arboricole, din zone aride sau umede, chiar şi în apropierea aşezărilor umane (date de la Duke University). Faptul că aceste primate se îmbolnăvesc spontan de diabet când sunt hrănite cu dieta occidentală (Duke University) sugerează că ele sunt adaptate să facă faţă situaţiilor de criză.

Ca şi în cazul altor proteine, şi în cazul ApoE, există variabilitate genetică. Adică există mai multe gene (alele) care codifică forme moleculare diferite ale ApoE. Alela ε4 are o importanţă clinică deosebită prin riscul pe care îl reprezintă pentru purtătorii ei de a dezvolta maladia Alzheimer şi maladii cardiovasculare.

Interesant este că incidenţa în populaţie a acestor alele nu este cea la care ne-am aştepta. Alela ε2, care este cea mai protectivă faţă de maladia Alzheimer, asociată cu cel mai scăzut nivel al LDL plasmatic („cholesterolul rău"), este cea mai rar întâlnită, incidenţa ei fiind variabilă, de exemplu numai 4% din europeni sunt homozigoţi pentru ε2, iar în Japonia gena se întâlneşte la 0,023 - 0,037% din populaţie (Arai et al., 2001, Hazzard et al., 2001). Aleala ε3, cu un efect protectiv moderat, este de departe cea mai deasă - 65-85%, iar alela ε4 care conferă sensibilitate faţă de boli atât de grave, se întâlneşte la 10-20% din populaţie (Finch & Stanford, 2004). S-a propus că varianta ε2, cea mai protectivă faţă de aceste maladii asociate cu îmbătrânirea, ar afecta fertilitatea. Într-adevăr, există date care sugerează că un nivel scăzut al colesterolului plasmatic ar avea repercusiuni asupra fertilităţii, iar varianta ε4 ar determina o rată mai mică a avorturilor spontane. De asemenea, această variantă ar avea un rol protectiv faţă de infecţiile digestive (Finch & Stanford, 2004).

Propunem că proporţia acestor variante în populaţii ar fi consecinţa acţiunii selecţiei, mai precis a selecţiei pozitive faţă de ε4. Proporţia ei variază în populaţiile umane, dar este notabil mai ridicată la aborigenii din Africa şi Asia, 25-45% (Finch & Stanford, 2004). Aceste populaţii nu au cunoscut agricultura (cele mai multe dintre ele), şi nu au avut o stabilitate a proviziilor alimentare. Luând în considerare aceste date, propunem că varianta ε4 ar fi conferit de-a lungul perioadelor de foamete avantaje purtătorilor ei.

Chiar dacă se elimină complet colesterolul din alimentaţie, organismul poate sintetiza această substanţă lipidică din precursori glucidici, lipidici şi proteici. Dar biosinteza colesterolului este supusă unor reglaje. Inaniţia, dar şi aportul alimentar de colesterol în cantităţi suficiente, inhibă sinteza acestei substanţe (Lehninger[b], 1987). În aceste condiţii, în perioadele de inaniţie erau avantajoase genele care menţineau cât mai mult colesterolul în circulaţie, pentru ca acesta să poată fi extras de către ţesuturi cu consum mare, cum sunt glandele endocrine, dar mai ales creierul.

Apolipoproteina E intră în componenţa chilomicronilor, a VLDL (very low density lipoprotein), dar şi a LDL (low density lipoprotein) şi HDL (high density lipoprotein). Varianta ε4 are o mai mare afinitate faţă de colesterol, afinitatea ε2, variantei celei mai protective faţă de Alzheimer şi ateroscleroză, reprezintă 1% din cea a ε4 (Uterman, 1987). De asemenea, nivelul circulant al ε4 este mult superior celui al ε2. Datorită secvenţei de aminoacizi, varianta ε4 are o afinitate mai mare faţă de chilomicroni şi VLDL, faţă de o afinitate mai mare a ε3 faţă de HDL. La o creştere moderată a ponderii colesterolului în alimentaţie, apare o creştere semnificativ superioară, de 3-4 ori a colesterolului total sangvin, dar mai ales a LDL, la purtătorii ε4 faţă de cei ai ε3 (Finch & Stanford, 2004). Glucagonul, un hormon al inaniţiei, slăbeşte afinitatea receptorilor LDL (legarea) faţă de LDL în hepatocite, pe când insulina şi triiodotironina o cresc.

Varianta ε4 este cea mai aptă pentru aceste scopuri. Este asociată cu un nivel mai înalt al LDL circulant, transportă mai mult colesterol, dar are şi o afinitate mai mare pentru receptorul LDL, numit şi receptor ApoE/ApoB, după proteinele care intră în componenţa LDL şi care sunt esenţiale pentru funcţia acestui receptor. Varianta ε2 are o afinitate mai mică pentru receptor, şi este asociată în stare heterozigotă cu un nivel scăzut al colesterolului şi al LDL, iar în stare homozigotă cu hiperlipidemie, în condiţiile unui aport lipidic crescut, din cauza faptului că determină un nivel mai înalt al resturilor de lipoproteine care nu sunt îndepărtate din circulaţie (Uterman, 1987). De asemenea varianta ε2 este asociată cu un nivel mai ridicat al ApoE faţă de ε4 (ε3 fiind intermediară) ca urmare a reglajelor hepatice determinate de afinitatea mică faţă de receptorul LDL (Reilly &Rader, 2006).

Probabil purtătorii variantei ε4 au fost avantajaţi faţă de purtătorii celorlalte două variante în condiţii de inaniţie, nu numai în ce priveşte reproducerea, dar şi supravieţuirea. Hipocolesterolemia este factor de risc pentru hemoragii cerebrale, care pot fi fatale în câteva ore (González-Duarte et al., 1998). Dar efectele avantajoase ale acestei variante ar apărea în special în timpul dezvoltării creierului, la vârste foarte tinere. Colesterolul intră în componenţa membranelor celulare, iar creierul are o suprafaţă enormă de astfel de membrane. De asemenea, colesterolul este necesar pentru plasticitatea neuronală, iar un deficit al acestuia în timpul vieţii intrauterine ar fi avut efecte nocive asupra dezvoltării creierului.

În sindromul Smith-Lemli-Opitz, caracterizat prin întârziere mentală, pe lângă alte defecte de dezvoltare, gravitatea simptomelor este puternic corelată cu fenotipul ApoE al mamei (Witsch-Baumgartner et al., 2004). Prezenţa variantei ε2 este asociată cu fenotipul cel mai sever. În această maladie, sinteza de colesterol este afectată din cauza unei enzime defective ce intervine în calea de sinteză a acestuia. Astfel, aportul de colesterol pentru făt depinde în mare măsură transportul de cholesterol al mamei. Nu există nici o corelaţie între gravitatea simptomelor şi genotipul tatălui, şi nici al pacientului, ci doar de nivelul postpartum al colesterolului.

Deşi greutatea SNC reprezintă 2% din cea a corpului, la om 1/4 din colesterolul neesterificat există în creier (Dietschy & Turley, 2001). Multitudinea de membrane neuronale necesită o mare cantitate de colesterol. În plus, colesterolul intră în componenţa mielinei, constituindu-se în nucelul solid al acesteia (Björkhem & Meaney, 2004). Cea mai mare parte a colesterolului din creier este produsul sintezei, care are loc în celulele gliale şi într-o măsură mult mai mică în neuroni. Dieta deficitară în colesterol şi alte lipide are efecte pronunţate, legate şi de capacitatea de învăţare, în timpul dezvoltării creierului, pentru ca apoi, la vârsta adultă, importanţa colesterolului în aceste procese să scadă (Finch & Stanford, 2004). La om, cortexul prefrontral, care este implicat în vorbire şi funcţii de execuţie, comunicare, are o dezvoltare mai lentă decât la cimpanzeu, prelungindu-se după vârsta de 20 ani. Mielinizarea la om are loc în unele zone din creier până după 30 ani (Finch & Stanford, 2004).

Dar metabolismul colesterolului în creier este independent sau aproape independent de cel din restul organismului. Colesterolul nu străbate bariera hemetoencefalică. Totuşi, există metaboliţi ai colesterolului care traversează aceasta barieră dinspre creier spre circulaţia generală, 24 hidroxicolesterolul, şi chiar dinspre circulaţia generală spre creier, 27 hidroxicolesterolul (Bohr, 2005). Nivelul colesterolului în creier pare influenţat puţin de cel din circulaţia generală.

Despre transportul cerebral al colesterolului se cunosc puţine date. Unele dintre proteinele implicate în transportul acestuia în circulaţia generală există şi în creier. Dintre acestea, ApoE, care este produsă de celulele gliale, are un rol deosebit. De asemenea, receptorii LDL există şi în creier (Karten et al., 2003).

Date recente arată că în psihozele majore, cum este schizofrenia si sindromul maniaco-depresiv este afectată expresia unor gene implicate in sinteza mielinei şi în dezvoltarea celulelor gliale (Tkachev et al., 2003). Interesant este că printre factorii epigenetici care afectează expresia unei proteine asociate mielinei se află IGF-1 şi insulina, care stimulează expresia acesteia în oligodendrocitele izolate (Saneto et al., 1988). Aceasta ar putea furniza legătura dintre restricţie calorică (insulină, IGF-1 scăzut şi tabloul acestor maladii cu Akt scăzut şi afectarea mielinei şi a celulelor gliale).

De asemenea, cortexul prefrontal este afectat în aceste maladii (Niculescu et al., 2000), care apar la tinereţe. Influenţa mediului este determinantă pentru apariţia acestor maladii, aşa cum arată studiile pe gemeni monozigoţi (identici genetic). În manie nivelul colesterolului plasmatic este scăzut (Swartz, 1990, Caroll & Casidy, 2002), iar în creierele pacienţilor cu psihoze afective, atât depresie majoră, cât şi bipolară, se înregistrează o reducere a cantităţii de colesterol (Beasley et al., 2005). Deşi unele studii sugerează o legătură între schizofrenie şi variantele ε 2 şi 3 ale ApoE la sexul masculin, în această maladie s-a semnalat o concentraţie crescută a apoE plasmatic, fără a exista însă o corelaţie clară între riscul pentru această maladie şi o anumită variantă a apoE (Dean et al., 2003). Totuşi, prezenţa ε4 ar conduce la declanşarea mai timpurie a maladiei.

Un nivel ridicat al apoE simulează din acest punct de vedere prezenţa variantei ε2, care este asociată cu un nivel ridicat al apo E. Riscul sinuciderilor este mai mare la pacienţii depresivi cu niveluri scăzute ale colesterolului (Rybakowski et al.,

1996), deşi gradul de agitaţie şi violenţă la schizofrenici nu pare să fie corelat cu nivelul colesterolului plasmatic, dar refractaritatea la tratament pare să fie (Reveley, 1994). Să fie şi alte fenomene legate de transportul şI sinteza colesterolului implicate în aceste maladii?

Oricum, incidenţa schizofreniei a crescut la copiii olandezi născuţi din părinţi supuşi blocadei din al II-lea Război Mondial, ceea ce sugerează o corelaţie între inaniţie şi riscul de a dezvolta această maladie, susţinută şi de alte date (v. mai sus). Nivelul apo E este reglat de proteinkinaza C, enzimă cheie în metabolizarea lipidelor, care intervine în calea de semnalizare a insulinei. Iar proteinkinaza C are o activitate ridicată în aceste maladii - schizofrenie şi mai ales psihoze bipolare (Birnbaum et al., 2004). Calea de semnalizare a proteinkinazei C este stimulată de diacil glicerol (acizi graşi) şi este implicată în excitabilitatea neuronală. Chiar dacă nivelul proteinkinazei C nu este modificat semnificativ în Alzheimer, calea de metabolizare a proteinei preamiloide care conduce spre β amiloidul (1-40), componentul plăcilor senile asociate cu această maladie, este una alternativă celei determinate de proteinkinaza C. Această enzimă stimulează α secretaza, care mai este stimulată şi de tratamentul cu statine (Kojro et al., 2001), prevenind astfel formarea plăcilor amiloide. S-a propus chiar hiperstimularea proteinkinazei C ca tratament al acestei maladii. Interesant este că şi în diabet, ca urmare a hiperglicemiei celulare poate creşte sinteza de diacil glicerol, care mai departe determină activarea proteinkinazei C (Koya & King, 1998) în unele ţesuturi, cum ar fi cele vasculare din rinichi şi retină, ceea ce ar conduce la unele efecte patologice ale acestei maladii. Interesant este că un nivel ridicat al ApoE pare să aibă efecte protective faţă de formarea plăcilor amiloide, într-un model animal al maladiei Alzheimer (Holtzman et al., 1999).

Aceste date sugerează o oarecare opoziţie între tabloul biochimic al metabolizării lipidelor în Alzheimer faţă de maladiile psihice care apar la tinereţe (unele forme ale acestora), şi care par a fi asociate cu o adaptare defectuoasă la situaţii de criză. Purtătorii variantei ε4 a ApoE, ca şi cei susceptibili la diabet, ar prezenta avantaje faţă de cei ai celorlalte forme ale apoE în condiţii de inaniţie. De asemenea, unii pacienţi care dezvoltă boli psihice la tinereţe ar dispune de o toleranţă superioară la lipide, provenită probabil din adaptarea lor la metabolizarea acestora. În sprijinul acestei ipoteze vine şi faptul că pacienţii cu Alzheimer au un risc crescut de a dezvolta diabet de tip II.

Determinismul genetic al metabolismului colesterolului (incluzând riscul hipercolesterolemiei) este complex, aşa că genotipul ApoE este numai o parte din tablou. Pe de altă parte, copiii care suferă de diabet de tip II (în care metabolismul lipidic, inclusive cel al colesterolului este alterat) prezintă un risc mai mare de a dezvolta boli psihice, de exemplu schizofrenie, sindrom maniaco-depresiv, autism

(Katz et al., 2005), dar slăbiciunea în copilărie, pe lângă greutatea mai mică la naştere şi placenta mai mică, e asociată într-o măsură mai mare cu schizofrenia decât o greutate normală (Wahlberg et al., 2001). Probabil obezitatea, cu o concentraţie mai mare a lipidelor în sânge şi un metabolism lipidic alterat, determină şi în copilărie afectarea metabolismului neuronal în mod similar cu ceea ce se întâmplă în Alzheimer. Incidenţa ridicată a adipozităţii centrale şi a rezistenţei la insulină a fost semnalată şi la pacienţii adulţi cu depresie (Kahl et al., 2005), iar pacienţii adulţi cu schizofrenie prezintă o incidenţă de 3 ori mai mare a diabetului faţă de control, deşi e greu de stabilit dacă efectul e independent de medicamentele utilizate, care uneori pot determina rezistentă la insulină (Zhao et al., 2006).

Unele studii arată un debut mai precoce al schizofreniei la pacienţii purtători ai ε4 (Dean et al., 2003). În sprijinul legăturii dintre apariţia bolilor psihice şi afectarea comportamentului pe de o parte şi hiper - sau hipocolesterolemia pe de alta, vine un studiu care arată că raportul ApoA/ApoB este implicat în agresivitate (Troisi & D'Argenio, 2006) la adulţii tineri de sex masculin. Nivelurile cele mai ridicate ale agresivităţii s-au manifestat în cadrul grupului de control la indivizii cu cele mai scăzute concentraţii ale LDL-C şi ApoB, iar în grupul de subiecţi agresivi, cu deviaţii comportamentale, caracterizat prin nivele mai scăzute ale ApoA-I şi proporţii ApoA-I/ApoB, cele mai înalte niveluri de agresivitate s-au înregistrat la subiecţii cu concentraţii mai scăzute ale ApoA-I şi HDL şi mai ridicate ale LDL-C.

Manifestările bolilor psihice care apar în copilărie şi tinereţe prezintă diferenţe în unele cazuri faţă de cele descrise în urmă cu 100 ani, probabil pentru că în aceste cazuri e vorba de alte boli. Pacienţii nu mai sunt aceiaşi, faţă de perioada în care copiii obezi erau aproape inexistenţi. Hipocolesterolemia era mai puternic asociată cu schizofrenia în prima jumătate a secolului XX decât în prezent (Brice, 1935). Lipidele sunt implicate în rezistenţa la insulină (periferică), de tipul celei din diabet. Dar orice boală psihică, de la cele care apar la tinereţe, până la Alzheimer, poate fi caracterizată drept rezistenţă la insulină sau hipoglicemie în creier, la modul cum diabetul poate fi caracterizat drept rezistenţă la insulină sau hipoglicemie a ţesuturilor insulinosensibile. Adaptarea precară la crize a metabolismului glucidic şi lipidic (colesterolului), dar şi mecanismele de adaptare, pot conduce la fenomene patologice similare.

Predicţia acestei ipoteze ar fi că incidenţa apoE4 ar trebui să fie mai ridicată în populaţiile sărace din Africa şi Asia şi foarte redusă la eschimoşi şi alte populaţii tradiţionale cu dietă hipercalorică. Puţinele date de care dispunem sugerează că populaţiile care au o dietă tradiţională (vânători-culegători şi crescători de animale) care include multă carne şi grăsimi nu au valori mai mari decât cele care se hrănesc aproape strict vegetarian (agricultori), chiar din contră (Leonard, 2003). Aceste date sugerează că între nivelul colesterolului total şi consumul energetic total ar exista o corelaţie negativă. Cu alte cuvinte, populaţiile care mănâncă mai puţin tind să aibă o colesterolemie superioară, indiferent de compoziţia dietei, pe când cele care în mod tradiţional au un aport caloric zilnic mai mare, au valori inferioare ale colesterolului total.

Exemplul clasic îl reprezintă eschimoşii, care consumă cantităţi uriaşe de carne şi grăsime, dar nivelul colesterolului lor este inferior unor populaţii de agricultori sau de vânători-culegători cu o dietă săracă în carne. Un motiv ar fi şi consumul de acizi graşi ω3, existenţi în cantităţi mari în animalele marine consumate de eschimoşi. Totuşi, se pare că există şi un determinism genetic. Deşi la populaţiile de amerindieni, inclusiv la eschimoşi, nu s-a semnalat prezenţa ε2, la eschimoşi frecvenţa ε4 este foarte redusă (Marin, 1997). Efectele ε2 la eschimoşi ar fi într-adevăr grave, având în vedere că hiperlipidemia asociată cu această variantă în stare homozigotă apare la tinereţe la sexul masculin, în cazul adoptării unei diete bogate în lipide. Pentru eschimoşi, ε3 ar fi într-adevăr o genă adaptativă pentru consumul cărnii în cantitate mare, aşa cum sugerează Finch şi Stanford, dar referindu-se la toate populaţiile umane care au consumat carne. Ar putea caracterul paşnic şi echilibrat al societăţilor lor să aibă legătură cu metabolismul lor lipidic? Deoarece trăiau într-un mediu asemănător cu cel în care trăiesc eschimoşii actuali, s-ar putea face predicţia că şi oamenii de Neanderthal ar fi putut avea proporţie asemănătoare a variantelor ApoE. Societăţile lor erau la fel de paşnice?

Un alt aspect interesant este că în sudul Europei, incidenţa alelei ε4 este de 10-15%, dar creşte la 40-50% în nord (Gerdes, 2003). Motivul propus al acestui gradient a fost consecinţa expansiunii demice a agriculturii, dar ar reflecta şi posibilitatea ca purtătorii ε4 să fie protejaţi de deficienţa vitaminei D. Conform ipotezei noastre, agricultura, care a început acum aproximativ 10000 ani, ar fi adus o oarecare stabilitate a resurselor şi ar fi crescut şansele de supravieţuire ale nou-născuţilor. Avantajul pe care îl conferea varianta ε4 în dezvoltare înainte de naştere şi după aceea ar fi dispărut la aceste populaţii, ceea ce ar fi dus la o diminuare a selecţiei pozitive.

Varianta ε4 a ApoE pare mai aptă pentru transportul colesterolului în condiţii de criză, fiind legată de capacitatea de a creşte nivelul colesterolului şi de a-l menţine în circulaţie în condiţiile unui aport alimentar redus. Aceste fenomene ar fi utile în dezvoltarea creierului, dar probabil ar exercita şi un efect protectiv faţă de unele maladii psihice care apar la tinereţe, şi care sunt de asemenea legate de dezvoltarea creierului, şi a căror incidenţă creşte în situaţii de criză. Maladia Alzheimer ar proveni dintr-o pleiotropie antagonistă, fiind asociată cu gene care conferă avantaje purtătorilor la tinereţe, dar care la bătrâneţe, când nu mai sunt supuse selecţiei, ar determina efecte nocive asupra sănătăţii acestora. Această maladie apare dincolo de vârsta reproductivă, aşa că efectele ei nu mai sunt supuse selecţiei.

Care ar fi mecanismul implicării hipercolesterolemiei în maladia Alzheimer? Rezultatele unui studiu efectuat de o echipă de cercetători de la Universitatea din Buffalo, New York, şi prezentat la sesiunea din 2005 a Asociaţiei Cardiologilor din Statele Unite, sugerează că hipercolesterolemia influenţează în mod negativ circulaţia celulelor stem medulare, care contribuie la regenerarea endoteliilor. Statinele cresc fluxul celulelor stem endogene care se localizează în inimă, şi probabil participă la procese reparatorii precum creşterea miocitelor, dar şi apariţia unora noi Pe de altă parte, în ateroscleroză, unele date sugerează că ar interveni o epuizare a celulelor stem endoteliale (Brown, 2003). În mod similar, probabil hipercolesterolemia în creier, cu sau fără genotipul ε4, ar inhiba regenerarea în unele zone prin influenţă asupra celulelor stem neuronale. Semnalizarea intercelulară ar putea fi afectată de hipercolesterolemie.

La cimpanzei există o formă moleculară a Apo E diferită de cele de la om ca secvenţă a aminoacizilor, dar care din punct de vedere al funcţionării poate fi asimilată cu ε3 (Finch & Stanford, 2004).

Varianta ε4 se pare că a apărut în urmă cu milioane de ani, posibil la australopiteci, ceea ce ar fi în concordanţă cu ipoteza prezentată aici, care o asociază cu adaptarea la condiţii de penurie de resurse. De asemenea ε4 ar putea fi o variantă mai veche a ApoE, existentă şi la strămoşii mai îndepărtaţi ai omului, posibil şi ai marilor primate. Varianta ε3 ar fi cunoscut o expansiune acum 0,226 milioane ani.

Unii autori consideră că expansiunea acesteia o dată cu genul *Homo* ar fi legată de avantajele pe care aceasta le conferă în cazul consumului de carne. Finch şi Stanford emit ipoteza că respectiva variantă a ApoE ar determina o creştere a longevităţii, prin riscul scăzut pe care îl conferă purtătorilor ei faţă de maladii asociate cu îmbătrânirea. Longevitatea ar fi fost necesară vânătorilor, a căror instrucţie este îndelungată, extinzându-se chiar în al treilea deceniu al vieţii.

În primul rând, varianta ε4 este asociată la alte primate cu o dietă omnivoră (v. mai sus). Făcând abstracţie de faptul că ateroscleroza apare la vârsta mijlocie, pe care puţini vânători şi culegători o atingeau, iar maladia Alzheimer la homozigoţii ε4 apare în medie la 68 ani, iar la heterozigoţi la 75, varianta ε4 a fost semnalată chiar la unii centenari. În plus, pericolul maladiei Alzheimer este mult diminuat în condiţiile unui aport alimentar redus, iar la populaţiile cu dietă tradiţională se înregistrează o frecvenţă redusă a demenţelor. La populaţiile Yoruba din Nigeria apare o frecvenţă cu 70% mai redusă a demenţelor decât la negrii americani, din cauza dietei sărace în lipide (Finch & Stanford, 2004). La fel, studii mai vechi arată că la japonezi şi singaporezi, varianta ε4 nu este asociată cu o creştere semnificativă a nivelului colesterolului plasmatic, spre deosebire de finlandezi şi germani (Uterman, 1987).

Dacă putem presupune acţiunea unei selecţii pozitive în cazul ε4 în populaţiile care au fost expuse adesea inaniţiei, e greu de explicat incidenţa ε3, cea mai mare în toate populaţiile umane. Riscurile pentru maladiile asociate cu îmbătrânirea sunt puţin probabile, având în vedere că populaţiile actuale din ţările industrializate sau cele care au adoptat dieta occidentală sunt într-o situaţie istorică fără precedent. Deşi varianta ε4 este asociată cu alterarea metabolismului glucidic în creier, care s-ar afla la originea unui uşor deficit cognitiv încă de la vârsta mijlocie, aproximativ 50 ani (Reiman et al., 2005), e greu de presupus că varianta ε3 ar fi fost asociată cu o selecţie pozitivă, deoarece şi aceste fenomene apar după vârsta reproductivă.

Drept posibilă cauză a incidenţei mari a variantei ε3 putem presupune o slăbire (relaxare) a selecţiei pentru ε4, dar mai ales avantaje ale purtătorilor ε3 care să apără la tinereţe, la vârsta reproductivă, astfel încât să fie transmise urmaşilor. Varianta ε3 este asociată cu creştere sporită a prelungirilor neuronale decât ε4, ceea ce ar fi condus la dezvoltarea prefrontalului şi în consecinţă a limbajului (Finch & Stanford, 2004), dar acest avantaj asupra neuroplasticităţii în cazul unei diete hipocalorice ar fi putut fi nesemnificativ. Datele actuale sugerează că în evoluţia umană nu ar fi existat o selecţie a genelor din creier (Nielsen, 2005). Dincolo de criteriile stabilite pentru evidenţierea acţiunii selecţiei asupra unei gene, lipsa acţiunii selecţiei asupra genelor exprimate în creier nu exclude selecţia asupra unor caractere funcţionale ale creierului. Fenomenele epigenetice cu efect asupra dezvoltării şi funcţionării creierului pot fi supuse selecţiei.

Un posibil avantaj al purtătorilor variantei ε3 este adaptabilitatea aerobică a acestora. Capacitatea de efort creşte la purtătorii variantei ε3 şi ε2 ca urmare a antrenamentului, dar nu la cei ai ε4, printr-un mecanism necunoscut care ar afecta muşchii sau nervii (St-Amand, 1999). Probabil respectivul mecanism este legat de sensibilitatea la stres, cu efecte probabile asupra căii de semnalizare a insulinei/IGF1. Adaptarea mai rapidă la efort fizic (probabil acest aspect este valabil şi pentru eforturi intelectuale) în cazul purtătorilor ε3 şi 2, s-ar putea datora capacităţii de regenerare (recrutare a celulelor stem), dar şi semnalizării intercelulare facile (v. mai sus). Protecţia faţă de

Alzheimer s-ar explica de asemenea în acest mod. Dar performanţele maxime, măsurate prin absorbţia oxigenului, nu sunt afectate de genotipul ApoE.

Un alt posibil avantaj al purtătorilor ε3 ar avea legătură tot cu adaptabilitatea, mai precis incapacitatea de adaptare la condiţii de mediu ostile. Probabil purtătorii acestei variante ar fi putut avea anumite avantaje comportamentale tocmai prin faptul de a fi mai sensibili la situaţiile de criză. Şocurile postraumatice au efecte mai puternice la indivizii cu ε2, simptomele afective sunt semnificativ mai grave, ca şi tulburările de memorie (Freeman et al., 2005). Prezenţa ε2 ar determina o mare sensibilitate la stres, inclusiv inaniţie, ceea ce ar explica incidenţa foarte scăzută, şi chiar absenţa acestei variante din anumite populaţii. Dar o diferenţă de reactivitate ar putea exista şi între purtătorii ε3 şi cei ai ε4. Având în vedere faptul că hipocolesterolemia ar putea fi asociată cu (hipo)manie, stare caracterizată prin abilităţi de comunicare, creativitate, dar şi tenacitate, e de presupus că indivizii susceptibili ar fi putut avea reacţii comportamentale mai adaptative la situaţii stresante. De asemenea hipomania este asociată cu abilităţi de lider, ceea ce implică dominanţă, dar şi protectivitate, ceea ce ar fi prezentat un alt avantaj, dar care ar fi putut face obiectul selecţiei sexuale în cazul masculilor.

Varianta ε3 pare a determina o mai mare plasticitate neuronală, ceea ce ar fi încurajat dezvoltarea unor caractere tipic umane, precum gândirea simbolică. Neuroplasticitatea crescută ar fi contribuit la creşterea explozibilă a creierului la genul *Homo*.

Dar aceste avantaje ar fi apărut şi s-ar fi perpetuat numai în anumite condiţii, în care ar fi existat provocări, dar acestea nu ar fi pus grav în pericol existenţa speciei. Cu alte cuvinte, problemele de adaptare existente permiteau o rezolvare comportamentală, nu una neapărat biologică. Comportamentul, atunci când aduce soluţii, implică mai puţine costuri decât modificările biologice. Deşi în Pleistocen (acum aproximativ 1,8-11,5), perioada în care omul a atins forma actuală, nivelul mării a scăzut din cauza perioadelor glaciare, pe continent suprafaţa lacurilor a crescut, ca şi albiile şi debitul râurilor. Dincolo de fauna bogată din unele zone, creşterea rezervelor de apă dulce ar fi creat posibilitatea pescuitului. Vânătorii din societăţile de vânători-culegători sunt adesea şi pescari (când este posibil). Consumul peştilor din apele dulci, aliment bogat în acizi graşi ω 3, i-ar fi ferit pe oamenii preistorici de efectele nocive asupra psihicului ale hipocolesterolemiei, având în vedere că aceşti acizi graşi au o acţiune protectivă asupra instabilităţii afective şi afecţiunilor psihice (Stoll et al., 1999, Stoll, 2001).

Expansiunea variantei ε3 ar putea avea legătură, în aceste condiţii, cu expansiunea geografică a genului *Homo*.

Omul - eternul inadaptat

Din cauza schimbărilor climatice şi apariţiei riftului, unele primate care trăiau la est de acesta a trebuit să se adapteze la un mediu cu mai puţine resurse. Chiar dacă nu au fost strict adaptate la viaţa arboricolă, aşa cum sunt cimpanzeii de azi, primatele care trăiau în această zonă a trebuit să facă faţă reducerii treptate a pădurilor, mediul în care se găsea hrana lor obişnuită (v. mai departe „De la foamete la civilizaţie"). Primele modificări adaptative, de fapt cele care au declanşat procesul umanizării trebuie să fi avut loc la scurt timp după aceste noi provocări impuse de mediu, adică acum aproximativ 6 milioane de ani. În această perioadă, clima a devenit mai rece, mai uscată şi mai variabilă.

Probabil primele adaptări s-au făcut în sensul reducerii metabolismului bazal. Adaptarea în sensul consumului energetic mai redus şi de resurse din mediu a fost procesul care a declanşat şi alte „reacţii" evolutive în lanţ, care au dus apoi la apariţia unor caractere specific umane (vezi capitolele următoare).

O idee foarte vehiculată este aceea că omul are un creier uriaş din cauza hranei cu o calitate superioară, pe care a consumat-o în cursul evoluţiei sale. Conform ipotezei prezentate aici, mai întâi a fost adaptarea în sensul reducerii consumului faţă de mediu. Abia după aceea, în perioadele de relativă abundenţă, a fost posibilă creşterea creierului. Desigur omul a crescut în înălţime, i-a crescut creierul după ce a avut acces la hrană mai bună, deşi şi aici sunt de discutat unele aspecte cronologice (vezi „Creierul şi foamea"). Dar nu faptul că a avut hrană ar fi declanşat procesul creşterii creierului, ci foamea, mai precis restricţia calorică, cu hipoglicemia de rigoare, care a determinat adaptarea pe seama unui consum mai redus de resurse. În aceste condiţii, dezvoltarea unui creier mare a devenit un avantaj, pentru că se înscria în aceeaşi strategie adaptativă. Un creier mai performant, deşi energofag - consumă mai mult decât muşchii în repaos - este economic per total, deoarece conduce la o eficienţă comportamentală superioară, adică un randament superior de găsire a hranei, de apărare etc.

Omul nu a evoluat într-un supermarket. Dacă făcea asta, ajungea un vierme parazit fără creier. Viermii intestinali chiar trăiesc ca într-un supermarket, unde nu e nevoie să plătească. De aceea sistemul lor nervos cunoaşte o involuţie, singurele lor performanţe fiind cele reproductive. Nu hrana abundentă şi de calitate i-ar fi generat omului creierul uriaş, ci necesitatea de a o găsi. Pentru a-ţi creşte masa musculară, nu ajunge să iei suplimente proteice şi hrană hipercalorică, cel puţin în cazul omului. Fără lucrul la sală ajungi obez şi atât cu acest regim, aşa şi cu creierul, mai întâi a fost foamea, care a determinat sensibilitatea şi receptivitatea crescută a acestuia, şi abia apoi a crescut (v. „Creierul şi foamea"). Strămoşii omului şi-au dus milioane de ani creierul „la sală" până au făcut rost de „suplimente nutritive" care să-l ajute să crească.

Şi totuşi, strămoşii omului nu au fost singurele animale care au cunoscut „binefacerile" foamei. Numai în acest capitol am menţionat mai multe specii şi clase de animale care au găsit soluţii pentru a se adapta la penuria de resurse din mediu. *Microcerebus murinus*, cimpanzeii bonobo, leneşii, unele feline au adoptat diferite strategii pentru a face faţă acestor probleme de mediu. De ce nu s-au umanizat şi ele? Pentru că au avut mai mult noroc decât omul. Toate aceste specii au reuşit să se adapteze şi sunt bine, chiar strict adaptate la mediul în care trăiesc. A fost un moment în care şi-au găsit nişa ecologică, unde trăiesc „fericite" de milioane de ani. Cu omul (primatele din care a evoluat acesta) lucrurile au stat altfel. Timp de milioane de ani, acum 5-1,8 milioane de ani, pădurile s-au redus continuu, adică peisajul s-a modificat permanent până a ajuns ceea ce este azi. Primatele din savană probabil nu apucau bine să se adapteze puţin la mediul existent, că acesta se şi schimba. În aceste condiţii au avut câştig de cauză cele care s-au adaptat prin... inadaptare. Mai mult, Pleistocenul a adus noi variaţii climatice, o alternanţă de perioade glaciare şi calde.

Omul nu şi-a găsit un mediu, o nişă ecologică, el a căutat întotdeauna şi continuă să caute şi în prezent să se adapteze la diferite medii. A fost şi continuă să fie un inadaptat, care nu şi-a găsit încă locul (nişa ecologică), atunci când şi-o va găsi, când va fi „mulţumit" din punct de vedere evolutiv, probabil nu va mai fi om.

În loc de concluzii

Specia umană întruneşte anumite criterii metabolice, biochimice şi ecologice, care sugerează adaptarea în sensul unui consum redus al resurselor din mediu:

- *Homo sapiens* are rata metabolică foarte apropiată de a cimpanzeului, *Pan troglodytes*, dar creierul uman este de trei ori mai mare decât ar trebui să fie raportat la masa corporală, dacă ar fi cimpanzeu;
- Nivelul hormonilor tiroidieni, care scade în inaniţie, este mai scăzut la om decât la cimpanzeu; aceştia influenţează consumul energetic al celor mai multe ţesuturi, cu excepţia creierului;

- Comparativ cu cimpanzeul, la om se observă o tendință superioară de a acumula lipide subcutanat, dar şi glicogen în muşchi, substanţe de rezervă a căror acumulare creşte în restricţie calorică la alte specii;
- Reducerea masei musculare, consumatoare de energie, asociată cu creşterea dimensiunilor ţesutului adipos ar reprezenta caractere de adaptare la un consum redus de resurse, strategie existentă şi la alte specii, leneşul, respectiv primate primitive, lemurieni;
- Rezistenţa crescută la stres (radicali liberi, noxe, temperaturi extreme) a speciei umane ar proveni din adaptarea la restricţie calorică, în care rezistenţa la stres creşte;
- Un criteriu ecologic (introdus aici), care vine în sprijinul ipotezei adaptării umane la un mediu sărac în resurse este faptul că *Homo sapiens* este omnivor; dieta omnivoră prezintă avantaje în cazul speciilor care nu pot exploata surse stabile de resurse;
- În maladiile specific umane sau cele cu o incidenţă superioară la om faţă de cimpanzeu este afectată activitatea unor enzime din calea de semnalizare a insulinei (proteinkinaza B şi/sau C); calea de semnalizare a insulinei şi a factorului de creştere insulin-like reprezintă principala ţintă a restricţiei calorice;
- Incidenţa maladiilor specific umane (psihice), dar şi unora cu incidenţă mai mare la om decât la cimpanzeu (diabet de tip II, maladii cardiovasculare, cancer) a crescut la copiii supuşi inaniţiei dar şi la urmaşii acestora;
- Unele dintre aceste maladii (diabetul de tip II şi maladia Alzheimer) ar fi consecinţe ale adaptării la restricţie calorică, având avantaje în timpul dezvoltării; riscul acestor maladii este mai ridicat în populaţiile postindustriale în care selecţia determinată de inaniţie a fost mai puternică;
- Varianta moleculară ε4, a ApoE, o proteină implicată în transportul colesterolului, care la om este asociată cu un risc crescut de a dezvolta maladia Alzheimer, ar conferi un avantaj în perioadele de inaniţie, când sinteza colesterolului este afectată;

- Varianta ε4 are ponderi diferite în diferite populaţii umane, fiind mai ridicată în zonele mai sărace în resurse sau care au fost expuse mai târziu la agricultură, dar varianta cea mai frecventă în cele mai multe populaţii umane este ε3, care determină o adaptabilitate mai mare la eforturi fizice, dar probabil are şi efecte comportamentale.

2. Omul - o evoluţie unică

Evoluţia via mutaţii şi selecţie naturală

Evoluţia înseamnă că speciile, indiferent de regn se schimbă, corolarul acestei idei fiind că speciile apar din alte specii, adică se transformă unele în altele sub influenţa factorilor de mediu. Evoluţionismul, lansat de Charles Darwin în secolul al XIX-lea (1859) prin cartea sa de mare succes „Originea speciilor" („On the origin of species by means of natural selection", titlul original) se opune creaţionismului, care spune că speciile au fost create aşa cum sunt acum, deci sunt eterne. Teoria evoluţionistă, aşa cum a fost în starea originală, dar şi cu numeroasele îmbunătăţiri ulterioare, are încă multe neclarităţi, nu răspunde la unele întrebări. Dar cel mai important este că întreaga evoluţie, nu doar a speciei umane, e plină de verigi lipsă (missing links). Creaţionismul, mai ales cel modern, care a mai „evoluat" între timp, se leagă tocmai de aceste verigi lipsă, mai precis de lipsa de probe în sprijinul transformării unei specii în alta. Cu alte cuvinte, creaţionismul nu aduce probe care să susţină creaţia, mai precis pleacă de la prezumţia de creaţie în cazul oricărei specii, evoluţionismul fiind obligat să aducă probe pentru a dovedi evoluţia acestei specii.

Dincolo de lacunele teoriei evoluţioniste, e greu de crezut în ziua de azi, în care nimic nu e imuabil, că speciile rămân neschimbate pentru totdeauna. Teoria lui Darwin a prins într-o perioadă a schimbărilor în societate, în plină Revoluţie industrială. O altă idee adusă de evoluţionismul darwinist, despre care s-a spus că ar fi fost inspirată de realitatea socială a epocii este aceea a „selecţiei naturale". Capitalismul epocii lui Darwin era într-adevăr unul foarte selectiv, cu o concurenţă foarte dură. „Originea speciilor" a fost o lucrare foarte actuală în epocă. Sintagma „supravieţuirea celui mai apt" (survival of the fittest), care de fapt nu aparţine lui Darwin, ci unui lamarkist, Herbet Spencer, a fost repede adoptată în societate furnizând argumente ştiinţifice pentru duritatea şi reglementarea precară a concurenţei economice. Francis Galton, vărul lui Darwin, părintele eugeniei, a propus chiar ca oamenilor înzestraţi să le fie permis să aibă cât mai mulţi copii, pentru că acest lucru ar fi fost în spiritul naturii şi benefic pentru specie (Galton, 1892). Dar dincolo de toate acestea, secolul al XIX-lea a fost poate secolul selecţiei, în care numai oamenii cu adevărat înzestraţi aveau şanse să traverseze barierele sociale, şi să aibă succes.

Din fericire, natura nu respectă şi nu reflectă întocmai regulile din societatea secolului al XIX-lea, aşa cum nu respectă nici regulile secolului nostru. În natură nu supravieţuieşte doar cel mai apt, adică doar cel mai adaptat individ într-un anumit mediu. Specia ar fi în mare pericol dacă s-ar întâmpla aşa. O mică schimbare a mediului ar duce la extincţia speciei respective. Dinozaurii stăpâneau Pământul acum 65 milioane de ani, iar timidele specii de mamifere erau insignifiante în ecosistem pe lângă reptilele gigant.

Celor mai mulţi biologi din epoca lui Darwin, şi chiar prietenilor lui apropiaţi, care i-au impus practic teoria, dar şi celor ulteriori, le-a fost cel mai greu să accepte ideea de selecţie în evoluţie (White & Gribbin, 2004). Dar ideea de selecţie provine din ideea de populaţie. De fapt, lui Darwin îl revine marele merit de a privi evoluţia la nivel populaţional. Populaţiile sunt formate din indivizi între care există variabilitate a caracterelor. Indivizii sunt obiectul selecţiei, dar numai populaţiile evoluează. Până la Darwin, gândirea evoluţionistă nu era populaţională, ci tipologică. Pentru evoluţioniştii predarwinişti exista un tip de oaie, de porumbel, de exemplu, nu populaţii de oi sau porumbei, între care existau variaţii individuale (Mayr[a], 2004).

Selecţia în natură înseamnă mai degrabă mai mulţi urmaşi pentru cei mai apţi şi mai puţini pentru cei mai puţin adaptaţi. Natura nu îşi permite să distrugă variabilitatea din cadrul unei specii prin supraviețuirea exclusivă a celor mai dotați la un moment dat. Pentru că la un moment dat, caracterele care acum par mai puțin utile sau par să nu aibă nici o valoare, ar putea deveni salvatoare pentru specie.

Cum se face însă că speciile se schimbă atât de mult prin evoluție? Dacă selecția lucrează doar prin menținerea și creșterea ponderii unor caractere într-o populație și îndepărtarea sau scăderea ponderii altora? Dacă ar fi să considerăm succesul material și social ca factor de selecție la om, o populație umană nu s-ar putea schimba prea mult prin selecție, cel mult ar crește numărul contabililor și al avocaților, pe când numărul hippioților ar scădea dramatic. Modificările spectaculoase ar fi însă excluse.

O nouă știință, genetica, apărută ulterior epocii lui Darwin, a încercat să aducă soluții pentru mecanismele evoluției. Tradus în termeni genetici, evoluționismul sună cam așa: selecția naturală acționează prin perpetuarea genelor care dau caractere favorabile la un moment dat. Faptul că o specie, în cursul evoluției, suferă modificări spectaculoase s-ar datora mutațiilor, adică modificării genelor, care duce la schimbarea informației conținute de genă, deci a proteinei codificate de aceasta. Prin mutație, o genă se transformă într-o altă genă, *alelă*, care determină același caracter. De exemplu, culoarea ochilor și forma aripilor la musculița de oțet *Drosophila melanogaster*, sunt date de diferite gene care au apărut prin mutații. Diferitele culori ale ochilor oamenilor sunt date de o genă care a suferit diverse mutații, la fel și grupele de sânge.

Descoperirea mutațiilor a dus la revirimentul darwinismului și la impunerea sa definitivă prin faptul că oferea material selecției naturale. Calculele matematice complexe au demonstrat acțiunea selecției și modul de răspândire al mutației în cadrul unei populații. În cartea sa, apărută în 1930 „The Genetical Theory of Natural Selection" (Teoria generală a selecției naturale), R.A. Fisher a calculat că dacă o alelă conferă un avantaj de numai unu la sută indivizilor care o poartă față de cei care nu o poartă (presupunând că în populaţie sunt doar două alele, deşi pot fi şi câteva zeci), în o sută de generaţii ea se va răspândi în întreaga populaţie. Descoperirea mutaţiile a condus la un nou tablou al evoluţiei numit „sinteza modernă" sau „noua sinteză", în care acţiunea mutaţiilor mici este esenţială. De atunci, predicţiile lui Fisher au fost confirmate prin mai multe experimente, în care s-au obţinut musculiţe de oţet mai mari sau chiar mai longevive prin intermediul selecţiei (Rose, 1989).

O genă poate suferi diferite tipuri de mutaţii, de la unele foarte subtile, care duc la schimbarea unui singur aminoacid în proteina codificată, până la unele care să ducă la modificări mai importante ale acestei proteine. Dar şi aşa, tot sunt întrebări fără răspuns. În primul rând incidenţa mutaţiilor spontane este foarte mică în natură, 1 la 100000/per locus/per generaţie. În afară de asta, cele mai multe mutaţii sunt silenţioase, nu se manifestă în nici un fel, unele sunt letale, adică nu sunt compatibile cu supravieţuirea organismului şi sunt rapid înlăturate, altele sunt indiferente, adică nu conferă nici un avantaj evolutiv, şi doar o mică parte sunt utile şi au şanse să se impună în evoluţie.

Ca şi când rata scăzută a mutaţiilor nu ar fi de ajuns, pentru ca o mutaţie să fie transmisă la urmaşi, trebuie să fie una care să afecteze celulele linei germinative, nu pe cele somatice. De exemplu, dacă cineva a suferit o mutaţie a ADN-ului din celulele din piele, care îi afectează numai pigmentarea tegumentelor, nu are şanse să o transmită urmaşilor.

În plus, mutaţia e oarbă, poate afecta orice genă la întâmplare, apoi vine selecţia şi fixează numai ceea ce conferă avantaje într-un anumit mediu. Cum spunea biologul Julian Huxley, mutaţia e ca o maimuţă care bate la maşină. Ce şanse are să scrie un text coerent? Tot aşa, ce şansă au mutaţiile, adică modificările pur aleatorii ale genelor să conducă la adaptări spectaculoase la mediu, cum ar fi mimetismul unor specii de insecte care se confundă cu frunzele arborilor pe care trăiesc? Sau extraordinarele arme de luptă ale unor prădători? Câte mutaţii i-au trebuit leului pentru colţi, gheare, şi mai ales comportament? Câte elefantului pentru trompă şi pentru comportament? Dacă facem un calcul simplu, pe bază de probabilităţi, mai ales în cazul animalelor cu ciclu reproductiv lung, ajungem la concluzia că rezultatele evoluţiei, aşa cum le observăm azi, nu aveau cum să apară chiar în milioane de ani, numai pe baza mutaţiilor. Acestea sunt unele dintre întrebările puse frecvent nu numai de profani, dar şi de creaţioniştii moderni sau mai nou de susţinătorii designului inteligent.

Lamarckismul modern şi evoluţia organismului prin interacţiune cu mediul

Dar tot natura ne mai oferă un indiciu: evoluţia convergentă. Aceasta se referă la faptul că animale îndepărtate filogenetic, cu alte cuvinte total neînrudite între ele, care aparţin unor linii evolutive total diferite, dar se adaptează în mod asemănător la un anumit mediu. De exemplu, rechinul şi delfinul seamănă ca aspect, uneori se pot confunda, ceea ce nu e de dorit, dar rechinul e un peşte primitiv, cu schelet cartilaginos, pe când delfinul este un mamifer inteligent. De asemenea, păsările colibri au aspect de insecte care se hrănesc într-un mod asemănător, cu nectar din flori. Aripile liliacului şi ale insectelor au structuri foarte diferite, dar au acelaşi rol. Evoluţia convergentă este explicată la ora actuală tot prin selecţie, care a dus în timp la optimizarea unor caractere, apărute din nou prin mutaţii aleatorii. Dar la prima vedere, evoluţia convergentă sugerează că mediul ar influenţa cumva predispoziţia unor gene la mutaţii.

Această idee, desigur, nu în această formulare, este veche de peste 200 ani. Jean Baptiste Lamarck (1744-1829), un savant francez din secolul al XVIII-lea, a emis această ipoteză a evoluţiei. Mediul ar determina într-un fel adaptarea organismului prin acţiune directă sau „funcţia creează organul" (deşi această formulare nu îi aparţine lui Lamarck, a cărui concepţie era mult mai complexă). Pe scurt, Lamarck considera că modificarea mediului determină modificări comportamentale ale speciei, care mai departe duc la creşterea sau scăderea gradului de utilizare al unor structuri sau organe, care din acest motiv, în decurs de generaţii se măresc sau degenerează, eventual dispar. Aceasta reprezintă prima lege a evoluţiei, exprimată în *Philosophie zoologique*. A doua se referă la faptul că toate aceste caractere modificate sunt ereditare.

De exemplu, în cazul delfinului, întoarcerea acestuia în apă, şi implicit noul mod de locomoţie prin înot, a determinat cu timpul modificarea formei corpului unui animal patruped spre o formă hidrodinamică. Lamarck însuşi a dat exemplul girafei, care s-a întins spre frunzele arborilor înalţi, ceea ce a condus la alungirea gâtului. Dar exemplul acesta nu a fost considerat foarte inspirat de către savanţii epocii sale, ceea ce a dus, printre altele, la căderea totală în desuetudine a lamarckismului.

Până acum câţiva ani, teoria lui Lamarck era amintită la cursurile de evoluţionism doar pentru a fi combătută, sau în cel mai bun caz cu titlu istoric. Dar o descoperire recentă a readus în discuţie această idee. După blocada de la sfârşitul celui de-al doilea Război Mondial, instituită de germani unei regiuni din vestul Olandei, copiii născuţi din mame care supravieţuiseră acestor evenimente (30000 de oameni au murit de foame la propriu) s-a constatat că erau mai mici la naştere, iar ca adulţi sufereau într-o măsură mai mare de diabet, obezitate, maladii cardiovasculare, diferite tipuri de cancer, şi chiar după aceea înregistrau o creştere mai lentă, decât copiii născuţi în condiţii normale (Lumey, 1992). Efectele erau observabile nu numai asupra copiilor expuşi *in utero*, dar şi în cazul nepoţilor. De asemenea, un alt studiu, care nu se referă la efectele perioadei numite „iarna foametei" corelează accesul la hrană al bunicilor din perioada prepubertală cu un risc crescut de diabet şi maladii cardiovasculare la nepoţi (Kaati, 2002).

Se puteau pune aceste modificări pe seama mutaţiilor? Nu, fenomenul nu este genetic, adică nu implică modificarea unor gene, ci doar blocarea sau activarea unora. Se numeşte epigenetic (epi= pe, peste, gr.), deci este un fenomen care nu implică modificări profunde ale materialului genetic, ci modulează doar expresia genelor, fără a afecta şi secvenţa ADN-ului. Uneori, modificările epigenetice se pot transmite ereditar. Ereditatea epigenetică reprezintă transmiterea informaţiei ereditare care nu implică secvenţe de ADN, prin meioză sau mitoză. Modelele de metilare la nivelul ADN sunt cel mai bine studiate la markeri epigenetici, dar grupările etil, acetil, fosforil, dar şi alte modificări ale histonelor, proteinelor care înfăşoară ADN-ul, sunt alţi factori de reglaj epigenetic.

În cazul părinţilor olandezi supuşi blocadei, ca să reziste foamei, unele gene au suferit o modificare a expresiei pe termen lung. Inactivarea aceasta s-a transmis şi la urmaşi. Dacă foametea ar fi continuat, aceşti copii ar fi fost mai adaptaţi la noul mediu. Copiii de dimensiuni mai mici au şanse să devină adulţi mai mici, care au necesităţi de hrană mai reduse. Dar ei se pare că dispuneau şi de alte modificări adaptative la aceste condiţii (v. „Urmele foamei").

Acest nefericit eveniment din istoria recentă e un exemplu de adaptare la mediu într-o singură generaţie. Dar efectele acestei adaptări nu s-au oprit după o generaţie. După 2 generaţii, efectele asupra urmaşilor indivizilor supuşi blocadei se menţin, dar încep să se atenueze.

În această situaţie, lamarckismul revine în discuţie, dar sub forma modernă, care conţine explicaţii la nivel genetic ale adaptării la mediu. Această teorie face posibilă evoluţia sub aspect temporal. Modificările epigenetice apar repede şi se transmit la fel de repede. În plus, lasă loc adaptărilor spectaculoase. În primul rând inactivarea sau activarea unor gene se face ţintit, sub influenţa unor anumiţi factori de mediu, nu la întâmplare, cum se întâmplă în cazul mutaţiilor spontane. Apoi inactivarea unei gene în aceste condiţii se poate transmite la genele adiacente în ambele direcţii pe distanţe destul de lungi (4Mb), inactivând chiar şi genele care nu suferă metilări, probabil prin modificări ale histonelor (Frigola et. al., 2006). Totuşi, la organismele superioare, spre deosebire de bacterii, genele care sunt implicate în codificarea enzimelor care controlează o anumită cale metabolică, adică au o „funcţie" comună, nu sunt aşezate aproape unele de altele sau chiar vecine. Uneori şi la eucariote (Cenorhabditis) se întâmplă acest fenomen, adică mai multe gene care se exprimă într-un anumit ţesut sunt situate în acelaşi „ciorchine" de 2-5 gene de-a lungul unui cromozom (Roy el al., 2002). În plus există gene cu efecte reglatoare, a căror funcţie are implicaţii profunde asupra expresiei genelor pe care le controlează, care se pot afla pe cromozomi diferiţi (Spilianakis et al., 2005). Aceasta înseamnă că în anumite condiţii de mediu, un bloc întreg de gene responsabile nu de o reacţie metabolică (o genă înseamnă de multe ori o enzimă, adică un catalizator al unei reacţii metabolice), ci de un întreg lanţ metabolic poate dispărea sau apărea după ce n-a mai fost activ mult timp în cadrul acestei specii. Dacă ne gândim că aceste reacţii pot contribui la formarea unui ţesut şi deci pot influenţa dezvoltarea unui organ, adaptările spectaculoase de tipul modificării unui organ sau apariţiei sau dispariţiei altuia sunt posibile incomparabil mai rapid decât ar fi presupus teoria evoluţionistă a mutaţiilor.

Evoluţie spectaculoasă şi verigi lipsă

Dovezi că aşa se întâmplă în realitate? Un exemplu în privinţa posibilităţii evoluţiei rapide şi spectaculoase îl reprezintă o specie de peşte marin *Gasterosteus aculeatus*, care timp de 10 milioane de ani a rămas neschimbat, ceea ce nu e ceva neobişnuit pentru o specie de peşte marin, cunoscute ca fiind omogene genetic şi cu un grad mare de conservare. Peştele respectiv a migrat recent în apă dulce, cel mai devreme acum 20000 ani. Aceşti peşti se reproduc în apele dulci şi unii dintre ei rămân captivi în acest mediu. Dacă cei mai mulţi dintre peştii marini au o armură osoasă de la cap la coadă şi ţepi în regiunea pelviană, peştii de apă dulce sau cei mai mulţi dintre ei şi-au pierdut aceste mijloace naturale de apărare din cauza lipsei prădătorilor. Prin încrucişări între peştii marini cu platoşă şi a celor de apă dulce fără, s-a evidenţiat zona din genom responsabilă de acest caracter. Ceea ce e interesant este că diferenţa dintre peştii cu armură şi cei fără nu constă într-o genă care să fi suferit o mutaţie, mutaţiile fiind la nivelul unor gene reglatoare, adică gene care controlează exprimarea altora. Zona din cromozom care pare să fie implicată în determinarea acestui caracter conţine o genă *Pitx1*, care la şoarece e responsabilă de simetria stânga - dreapta şi de dezvoltarea membrelor posterioare (Shapiro, 2004). Ca şi şoarecii knockout pentru această genă, peştii hibrizi din a doua generaţie prezentau asimetrie a spinilor din regiunea pelviană, dar nu şi mutaţii ale acestei gene. Aceasta, ca şi ţinta ei, *Tbx4*, erau însă exprimate diferit la peştii cu armură faţă de cei lipsiţi de ea (Cole et al., 2003). Aceste rezultate arată că pentru apariţia sau dispariţia unui caracter atât de complex este nevoie doar de alterarea unei singure gene reglatoare, care de această dată are o funcţie-cheie în dezvoltare. Conform teoriei, pentru asemenea efecte fenotipice dramatice, ar fi trebuit să fie nevoie de multe modificări mici ale multor gene.

Ceea ce e mai interesant este că în laborator, peştii au reînceput să-şi recapete platoşa care era complet absentă în urmă cu 10 ani, după ce în teritoriul lor a fost introdus artificial păstrăvul, o specie de prădător (Foster &Baker, 2004). Mike Bell, profesor de ecologie şi evoluţie la Stony Brook University, New York chiar suspectează această specie de a evolua atât de rapid, astfel încât poate fi studiată în timpul activității profesionale a unui investigator. Dar probabil nu numai această specie evoluează atât de rapid, ci doar metoda utilizată este aptă de a o pune în evidență.

Există date care sugerează faptul că evoluţia ar face paşi uriaşi în timp scurt sau oricum, nu ar avea un ritm constant. Fosilele arată că au existat perioade geologice cu o explozie de specii noi (speciaţie), dar şi de extincţie a altora, pe când alte perioade se caracterizează printr-o stagnare a evoluţiei. În biologie, catastrofismul anterior epocii lui Darwin revine. Această idee presupunea că modificările dramatice ale reliefului ar fi consecinţa unor catastrofe naturale. Darwin era adeptul uniformitarismului în evoluţie, preluat din geologie, adică schimbările organismelor au loc foarte lent, cu paşi mici, imperceptibili. Mutaţiile mici erau modelul ideal pentru a explica acest fenomen. Catastrofismul „modern", numit de fapt teoria echilibrului intermitent (punctuated equilibria) a fost iniţiat de Stephen Jay Gould, paleontolog la Harvard, şi Niles Eldredge (1972). Conform acesteia, perioade lungi de stabilitate evolutivă sunt întrerupte de scurte explozii de evoluţie, cu speciaţie şi extincţie intense. Desigur, această teorie se bazează mai mult pe dovezi paleontologice. Avem şi dovezi biologice că se întâmplă aşa?

Determinarea arborilor filogenetici pentru cazurile când nu există fosile, s-a încercat cu ajutorul „ceasului molecular". Cu câteva decenii în urmă, s-a propus că dacă ADN-ul acumulează mutaţii cu o rată constantă, atunci este posibil să se măsoare diferenţele dintre ADN-ul de la două specii actuale, şi prin extrapolarea rezultatelor la timpul când ADN-ul a fost identic, să se determine momentul când o specie s-a scindat în două.

Când sunt fosile disponibile, e oarecum simplu. Se datează rocile din jurul fosilei strămoşului a două specii, sau pur şi simplu se datează cu carbon radioactiv fosila însăşi. Mai întâi s-a calculat rata schimbărilor pentru vertebrate, utilizând fosile de vertebrate pentru a calibra scala, dar aceasta conduce la ideea că evoluţia progresează cu viteze diferite la diferite grupe de organisme, aşa că rata evoluţiei vertebratelor dă indicii slabe atunci când se aplică la orice altceva. Şi nu era clar cât de constantă era rata mutaţiilor de-a lungul timpului pentru fiecare grup de organisme. Cel mai interesant însă, datele oferite de „ceasul molecular" sunt în dezacord puternic cu cele oferite de fosile, tinzând să dea estimări mult mai vechi, de până la câteva sute de milioane de ani (Douzery et al., 2004). Chiar dacă nu dispunem de cele mai vechi urme fosile ale unei specii, adică e greu ca tocmai cei mai vechi reprezentanţi ai acesteia să-şi fi conservat urmele, diferenţa de sute de milioane de ani dintre calcule şi realitate fiind prea mare, atunci ipoteza de la care s-a pornit poate fi falsă, adică rata mutaţiilor nu e constantă de-a lungul evoluţiei. Într-un timp relativ scurt pot apărea multe mutaţii, iar în timp îndelungat, acumularea acestora poate fi lentă. În plus, există date care sugerează că rata mutaţiilor nu este constantă pentru orice genă sau regiune ADN. Există gene care suferă mutaţii mai rapide, iar altele mai lente, într-o anumită perioadă de timp (Lewin[a], 2005).

În plus, mutaţiile nu reprezintă întotdeauna un indicator al saltului evolutiv. Specia noastră are numai aproximativ 1% ADN diferit faţă de cimpanzeu. Dacă aceste mutaţii afectează gene reglatoare, care controlează funcţionarea mai multor gene, atunci efectul mutaţiilor e important. Dar, dacă afectează o serie de proteine şi enzime care îndeplinesc aceeaşi funcţie, poate apărea doar o altă populaţie cu caractere uşor diferite faţă de prima.

De asemenea, evoluţia prin mutaţii cu consecinţe fenotipice majore sau prin modificări epigenetice transmise ereditar ar putea explica în parte aparenta absenţă a verigilor lipsă, completând explicaţiile de ordin geologic şi de păstrare a fosilelor darwiniştilor. Sub acţiunea mutaţiilor spontane era de aşteptat un proces aproximativ linear şi foarte lent al evoluţiei, dar modificările epigenetice fac loc scurtăturilor şi surprizelor. De exemplu, tranziţia de la forma cu armură la cea fără a peştelui *Gasterosteus aculeatus*, care a avut loc în ultimii 20000, nu are cum să lase urme fosile.

Un alt exemplu în sprijinul faptului că mediul ar putea avea efecte dramatice asupra expresiei genelor în generaţia următoare este cel al şoarecilor *agouti*. Aceştia au blana în nuanţe de galben până la maron. În funcţie de dieta mamei, mai bogată sau mai săracă în acid folic, deşi puii au aceeaşi genă care le determină culoarea blănii, aceasta poate fi într-o proporţie mai mare galbenă sau cafenie. Şoriceii cu blana galbenă sunt mai susceptibili la diferite boli, ceea ce sugerează că dieta mamei are efecte profunde asupra dezvoltării acestora (Waterland et al., 2003). Rezultatele acestea, care sfidează şi transmiterea mendeliană a caracterelor ereditare, demonstrează posibilitatea modificărilor fenotipice rapide, în decurs de o generaţie.

Dar acest lucru e posibil şi la oameni, care arată diferit faţă de acum 200 ani. Revoluţia industrială a condus la creşterea mediei de înălţime în toate ţările în care a pătruns, indiferent de grupul etnic. Deşi orice om de pe stradă ar spune că „de vină“ pentru această creştere în înălţime este valoarea superioară a hranei consumate în copilărie, antropologii adepţi ai darwinismului invocă tot felul de fenomene în care acţionează selecţia naturală precum spargerea izolatelor, în care oamenii au trăit timp de milenii şi avantajul la naştere al copiilor mai mari în ceea ce priveşte supravieţuirea. Ar fi interesant dacă oamenii care continuă să trăiască în izolate au o medie de înălţime superioară generaţiilor anterioare, cu condiţia ca în respectivele izolate să fi pătruns prosperitatea materială şi progresul tehnologic, deşi o diferenţă faţă de cei care nu trăiesc în izolate ar trebui să existe. De asemenea, selecţia la naştere şi în primii ani de viaţă e mult mai slabă acum decât în trecut. Ar fi interesant de ştiut care ar fi fost efectele unei selecţii care să acţioneze în aceeaşi perioadă de timp şi număr de generaţii, presupunând că cei mai înalţi 25% din oameni să fi avut un avantaj reproductiv de 25%, ceea ce e enorm. Un calcul matematic poate da un răspuns.

De obicei suntem tentaţi să privim fenomenele naturii, inclusiv evoluţia, în mod linear. De aceea căutăm verigi lipsă pe care noi ni le imaginăm într-un anume fel. Dar fenomenele în natură rareori sunt lineare. Biologia nu face excepţie, de la creşterea unei populaţii bacteriene, până la dinamica răspunsului imun.

Probabil nu descoperim unele verigi lipsă pentru că ele nu există sau nu arată aşa cum credem noi. Noi am creat portrete-robot pentru aceste verigi lipsă, dar e posibil ca acestea să nu corespundă realităţii. Coelacanthul (*Latimeria chalumnae*), un peşte fosilă vie, despre care se credea că a dispărut cu mai mult de 70 milioane de ani în urmă, şi care a fost descoperit în viaţă în secolul al XX-lea (1938), s-a regăsit cu fidelitate în portretul-robot propus de zoologi ca verigă-lipsă între vertebratele acvatice şi cele terestre. Totuşi, deşi avea multe caractere care îl recomandau ca strămoşul tetrapodelor, este un peşte de mare adâncime. Un alt peşte-fosilă, descoperit în 2006, *Tiktaalik roseae,* este noul candidat la funcţia de verigă-lipsă între peşti şi tetrapode (Daeschler et al., 2006). Urmează ca studiile ulterioare să-l valideze sau nu. Evoluţia oferă surprize.

Dar aici era vorba de un proces evolutiv mai puţin spectaculos decât cel de trecere de la maimuţă la om. Caracterele subtile care îl diferenţiază în mod esenţial pe om de maimuţă nu se află în oasele, fie ele implicate în modul de locomoţie, ci în creierul său. În aceste condiţii, este posibil ca predicţia lui Darwin, conform căreia veriga lipsă a evoluţiei de la maimuţă la om se va descoperi în următorul secol, să se fi împlinit deja. Poate unele dintre cele mai puţin convingătoare fosile de primate descoperite în estul Africii sunt verigi lipsă importante ale evoluţiei de la maimuţă la om, numai că noi încă nu ştim.

Funcţia creează mutaţii

O întrebare frecventă legată de evoluţie este aceea dacă acele modificări aduse de mutaţii şi/sau de fenomenele epigenetice descrise mai sus pot duce la apariţia unor noi specii (speciaţie, cladogeneză), nu numai la schimbări fenotipice care eventual pot fi transmise ereditar. Urmaşii olandezilor supravieţuitori ai „iernii foametei" sunt tot oameni, ca şi liniile de musculiţe mari sau longevive. Se poate spune că e vorba doar de microevoluţie, adică de fenomene evolutive care ajung cel mult până la speciaţie (formarea de noi specii). Apariţia unui nou taxon este macroevoluţie. Conform teoriei sintetice a evoluţiei, între microevoluţie şi macroevoluţie nu există discontinuităţi, adică microevoluţia poate conduce în timp la macroevoluţie (Mayr[b], 2004), dar teoria echilibrului intermitent (punctual) face o diferenţă clară între aceste procese. Mai precis aceasta consideră evoluţia numai de la nivelul speciaţiei, şi în consecinţă neagă efectul selecţiei în evoluţie. Considerăm că efectul selecţiei, care poate fi considerată un fel izolare reproductivă *in situ* nu poate fi negat, aşa cum nu poate fi nici cel al izolării geografice, care conduce la izolare reproductivă.

Dacă proteinele şi enzimele prezintă mici diferenţe, dar fac acelaşi lucru, nu putem vorbi de speciaţie, chiar dacă în acest proces sunt implicate multe mutaţii. Să ne imaginăm două populaţii umane care au o mie de gene diferite, dar aceste gene să fie alele. Sunt o mie de mutaţii care au transformat genele iniţiale, dar nimeni nu se îndoieşte că e vorba tot de oameni, chiar dacă genele lor sunt diferite. Deocamdată nu dispunem de criterii clare de definire a unei specii, mai ales când e vorba de o specie fosilă. Presupusa istorie a speciei umane este plină de perioade când urmele fosile descoperite erau atribuite unor noi specii, ceea ce ducea la o inflaţie de noi specii fosile, şi de perioade când specialiştii erau mai puţin entuziaşti în crearea de specii, cum este cea pe care o traversează paleontologia actuală (Lewin[b], 2005).

E greu de tratat diferenţa dintre o populaţie şi o specie fără a lua în calcul aspectul reproductiv, adică posibilitatea schimbului de gene, din care să rezulte urmaşi fertili. Specia ar trebui să presupună dezvoltarea unor noi funcţii, care să permită adaptarea la noi nişe ecologice. De exemplu între cal şi măgar, specii înrudite, între care poate exista schimb de gene, dar nu dau urmaşi fertili, există mai multe asemănări decât deosebiri, dar specializarea lor adaptativă este diferită, deşi pot trăi în acelaşi mediu. Dar nu numai interfertilitatea, dar şi nişa ecologică, nu pot fi verificate în cazul speciilor fosile sau pot fi presupuse eronat (ex. *Latimeria chalumnae*). Pe de altă parte, specii care aparent sunt foarte diferite, precum macacii şi babuinii, sunt interfertile în laborator, deşi datele de biologie moleculară indică o distanţă de 15 milioane de ani între aceste două specii, mult mai mare decât între om şi cimpanzeu (Duke University).

Ideea e că nu există o corelaţie directă între timpul scurs de la izolarea a două populaţii şi numărul de mutaţii pe care le-au suferit, iar pe de altă parte, un număr mai mare de mutaţii nu duce neapărat la speciaţie. Din punctul de vedere al oamenilor, inclusiv al evoluţioniştilor, speciaţia e un mare prag evolutiv, dar de fapt reprezintă izolare reproductivă, care poate fi determinată uneori de factori obscuri, precum mici modificări ale dansurilor nupţiale la insecte sau perioade diferite de înflorire la arbori. Pentru acestea e nevoie de puţine mutaţii/modificări de expresie a genelor. Dar speciaţia poate da ea însăşi un impuls evoluţiei prin faptul că blochează schimbul de gene între populaţii, care acumulează mutaţii în mod diferit.

Pe de altă parte, e incontestabil rolul mutaţiilor în evoluţie. Dar nu toate mutaţiile sunt egale în faţa evoluţiei. În ce priveşte adaptarea prin blocarea sau activarea pe termen lung a unor gene, e de reţinut faptul că heterocromatina, adică acea parte din ADN-ul nuclear noninformaţional, care conţine şi genele blocate pe termen lung, suferă mai multe mutaţii decât eucromatina. Heterocromatina are altă arhitectură faţă de eucromatină, regiunea de ADN nuclear informaţional, cu gene active. Genele inactive nu sunt supuse selecţiei, pentru că mutaţiile nu au efecte fenotipice. Dar genele implicate în adaptarea la un mediu nou suferă adesea mai multe mutaţii. Activarea sau dezactivarea pe termen lung a unor gene le-ar putea expune factorilor nocivi, făcându-le mai sensibile la acţiunea factorilor mutageni. Sau pur şi simplu, modificările chimice implicate în activarea sau dezactivarea acestor gene le-ar face pe acestea mai greu reparabile în cazul apariţiei unor mutaţii spontane. Dar mutaţiile cu cele mai importante efecte fenotipice apar la nivelul genelor reglatoare. Aşa s-a întâmplat şi în cazul prezentat mai sus cu armura peştilor, şi aşa pare să se fi întâmplat şi în evoluţia speciei umane.

Organismele vii au mecanisme speciale pentru a repara mutaţiile. Pentru cele mai multe dintre efectele ADN-ului care apar prin mutaţii există „chei" specializate, adică enzime, care le repară cu un randament destul de bun. De exemplu, există o teorie care descrie îmbătrânirea ca pe o acumulare a mutaţiilor care afectează funcţia celulelor. Dar există date care sugerează că fenotipul îmbătrânirii nu ar fi dat de mutaţii aleatorii, aşa cum ar fi de aşteptat. Genotipul progeriei (mai multe sindroame de îmbătrânire rapidă), dar şi studiul genelor implicate în restricţie calorică, arată că există gene care au o pondere foarte mare în determinarea îmbătrânirii, acestea fiind cele implicate în stabilitatea genomului. Gena SIR2 de la drojdii are acest rol.

Mutaţiile ar putea avea tendinţă de a apărea în anumite zone ale genomului, adică a afecta anumite gene. Această tendinţă ar rezulta din incapacitatea de reparare a erorilor apărute la nivelul ADN, cât şi din recombinări cromozomiale. Recombinarea înseamnă transferul unei bucăţi mai mari sau mai mici dintr-un cromozom pe altul. Aceste recombinări determină nu numai mutaţii, dar şi modifică activitatea altor gene prin influenţarea unor gene reglatoare. De exemplu, dacă o bucată dintr-un cromozom cu gene blocate pe termen lung este deplasată pe alt cromozom, acolo acestea pot intra în sfera de influenţă a unei gene reglatoare active, care astfel poate duce la activarea acestora. Modificările epigenetice, activarea sau dezactivarea unor gene, conduc la modificarea arhitecturii cromatinei. Zonele bogate în ADN care a suferit metilări, de exemplu, ocupă anumite locuri specifice la nivelul cromozomilor, subtelocentric sau pericentromeric. Heterocromatina, greu de deosebit prin structură de zonele cu gene blocate pe termen lung, este situată de asemenea în apropierea telomerilor şi centromerelor. Heterocromatina influenţează expresia genelor la *Drosophila* (exemplul clasic), şi pare a fi formată în mare parte din elemente genetice transpozabile la Arabidopsis, acestea având un rol în reglarea epigenetică a expresiei unor gene, dar numai când se află foarte aproape sau în interiorul lor (Lippman et al., 2004).

Dacă metilarea, apărută ca răspuns la un factor de mediu, se extinde şi la genele învecinate, stabilitatea cromozomilor ar putea fi afectată, şi ca urmare ar putea avea loc recombinări cromozomiale. Experimentele efectuate de Barbara McClintock cu elemente genetice transpozabile sugerează astfel de fenomene. Elemente genetice transpozabile, bogate în grupări metil, reprezintă peste 35% din genomul uman, şi sunt considerate un model clasic de ereditate epigenetică. La om se înregistrează o rată mult mai mare de inserţie a elementelor genetice transpozabile decât la cimpanzeu (The Chimpanzee Sequencing and Analysis Cornsortium, 2005).

Într-adevăr, zona subtelocentrică din cromozomii umani a suferit foarte multe recombinări în cursul evoluţiei primatelor, în ultimii 40 milioane de ani, aproximativ jumătate dintre secvenţele subtelocentrice din cromozomii umani au apărut în ultimii 7 milioane de ani, după despărţirea de cimpanzeu (Linardopoulou, 2005). Se pare că mecanismele reparatorii sunt responsabile de recombinările din aceste zone. Zonele subtelomerice au prezintă o rată superioară de duplicare a genelor faţă de media genomului. Duplicarea are un rol deosebit în evoluţie, deoarece reprezintă mecanismul apariţiei de noi gene . Zonele pericentromerice au cunoscut de asemenea schimbări rapide a structurii genomului în cursul evoluţiei, chiar dacă rata lor a variat în timp (Horvath et al., 2005).

În evoluţia reală, mutaţiile nu sunt întotdeauna oarbe, cum par în laborator. De exemplu, un caracter nou apărut la om, cum este pigmentarea pielii, total deosebită faţă de alte primate, este controlată de cel puţin 4 gene, aflate pe cromozomi diferiţi, cu mai multe alele fiecare (adică variante apărute prin mutaţie). Funcţia creează nu numai organul, dar şi mutaţiile. Evoluţia are loc prin întâmplare, dar întâmplarea uneori e ajutată.

Fenomenul blocare-deblocare (reprogramare) a genelor apare în decursul dezvoltării embrionare. De aceea clonarea are un randament atât de scăzut. Nucleul celulei donatoare adulte, ca aceea din care a fost clonată Dolly este deja programat, adică are genele activate sau dezactivate asemenea nucleului unei celulele specializate de la un organism adult, făcând reprogramarea spre totipotenţă (capacitatea embrionului de a forma orice ţesut) foarte dificilă. Din acelaşi motiv clonarea la om este practic imposibilă, având în vedere complexitatea reglajelor epigenetice. În cazul omului, fenomenele epigenetice, care se află la originea diferenţelor fenotipice dintre gemenii monozigoţi, absolut identici genetic, ridică şi probleme de bioetică. Eventuala reuşită a unei clonări umane nu ar însemna nici pe departe „renaşterea" unei anumite persoane, ci doar descărcarea informaţiei genetice a acesteia. Orice om e unic nu numai din punct de vedere genetic, dar şi epigenetic.

Dar blocarea sau deblocarea unor gene (fenomene epigenetice) apare în cursul îmbătrânirii normale, dar şi în cazul unor maladii - cancerul, în care se observă modele aberante de metilare (Feinberg & Vogelstein, 1982). Aceste condiţii sunt însoţite de recombinări cromozomiale. Mutaţiile pot fi şi ele prezente, rolul factorilor mutageni fiind binecunoscut în acest proces. Faptul că fenomenele epigenetice ar fi cauza, şi nu consecinţa malignizării este sugerat de prezenţa modelelor aberante de metilare din ţesuturile învecinate tumorii. Dincolo de faptul că metilarea anormală ar putea duce la activarea unor oncogene sau la blocarea unor gene supresoare ale tumorilor, aceasta poate duce la recombinări, mutaţii sau activarea unor gene embrionare, fenomene specifice acestei maladii.

Un marker biochimic al malignizării este alfa fetoproteina, o proteină care apare în condiţii normale doar în cursul dezvoltării embrionare, dar pe care malignizarea o reactivează. Unele gene sunt active doar în perioada embrionară, apoi îşi încetează activitatea pentru totdeauna. De exemplu, există o hemoglobină a fătului şi o hemoglobină a adultului. Cancerul oferă legătura dintre blocarea pe termen lung a genelor (fenomene epigenetice) şi recombinare, care conduce la aberaţii cromozomiale, adică prezenţa unor cromozomi cu lungime, aspect şi număr anormal.

Dacă modificările epigenetice via malignizare ar putea conduce la activarea unor gene care funcţionează doar în timpul dezvoltării embrionare, de ce nu ar face acelaşi lucru modificările epigenetice via evoluţie? Acest mecanism ar putea contribui la explicarea neoteniei (v. mai jos).

Mutaţiile sunt implicate în evoluţie, dar conform teoriei sintetice a evoluţiei, nu ele sunt cheia (cel puţin după ultimele date), adică nu în primul rând asupra lor acţionează selecţia şi alte fenomene populaţionale, ci asupra recombinărilor (Mayr[c], 2004). Recombinările creează variabilitate, iar variabilitatea e baza selecţiei naturale. Conform teoriei sintetice a evoluţiei, care împleteşte ideile lui Darwin cu datele noi de biologie moleculară, cea mai mare sursă a variabilităţii o constituie recombinările, nu mutaţiile. Fabrica de recombinări a evoluţiei este considerată la ora actuală meioza. Recombinările apar însă şi ca urmare a fenomenelor epigenetice, apărute în condiţiile patologice prezentate mai sus. Regiunile din cromozomii umani care conţin gene imprimate (programate pe timpul dezvoltării embrionare), fenomen epigenetic, reprezintă surse de recombinare (Sandovici et al., 2006). Foamea (restricţia calorică) determină modificări epigenetice (e demonstrat), de unde rezultă că foamea poate fi factor de evoluţie. Conform teoriei sintetice a evoluţiei, nu mai e nevoie de nimic până la macroevoluţie, adică evoluţia dincolo de speciaţie. Prin prisma teoriei echilibrului intermitent, acest lucru ar fi de asemenea posibil, deoarece recombinările reprezintă unul dintre mecanismele evolutive propuse de aceasta. Prin urmare, foamea ar putea nu numai să creeze condiţii pentru naşterea unor specii noi, adică izolare reproductivă, dar şi apariţia unor noi caractere definitorii pentru o specie (cum ar fi umanizarea).

Comparaţia între cancer şi evoluţie nu e hazardată. Cancerul reprezintă un fenomen care are loc rapid, cu dezechilibre. Evoluţia pare un proces lent, perfect echilibrat. Comparaţia aceasta este similară aceleia dintre denaturarea ADN la temperatură înaltă şi apoi renaturarea în condiţii de răcire rapidă respectiv lentă.

O altă observaţie e aceea că prin aceste date nu se susţine transmiterea ereditată a caracterelor dobândite în cursul vieţii, cel puţin nu în sensul clasic. De fapt aceasta este o falsă problemă a evoluţiei. Fenomenele care acţionează asupra expresiei unor gene care există şi în celulele somatice, dar şi în cele germinale nu înseamnă „transmiterea caracterelor dobândite în timpul vieţii". Există date recente în sensul că unele dezechilibre hormonale „se transmit ereditar". Hormonii pot influenţa transcripţia genică în celulele somatice, eventual şi reprogramarea zigotului. La fel, un factor de mediu poate determina modificări ale expresiei unei gene într-un ţesut specializat, dar şi în celulele germinale, cu condiţia ca ea sa fie activă.

Darwiniştii neagă orice influenţă directă şi dirijată a mediului în evoluţie. Dacă acest lucru ar fi posibil, atunci ar fi trebuit să se fi descoperit un ARN care să fie vehiculul informaţional al noilor caractere apărute prin interacţiunea cu mediul. Cel puţin la prima vedere, acest lucru nu pare că se întâmplă. Pentru că evoluţia nu foloseşte întotdeauna mecanismele la care se aşteaptă evoluţioniştii. De exemplu s-a descris implicarea unor proteine în modificarea caracterelor la urmaşi, fără legătură cu mutaţiile (Rutherford & Lindquist, 1998). Astfel de proteine sunt aşa-numitele proteine de şoc termic (şaperoni), care apar în şoc termic şi în alte situaţii stresante. În restricţie calorică, care reprezintă de asemenea o situaţie stresantă, se modifică proporţia acestor şaperoni, care au un rol în asistarea plierii proteice. Proteina de şoc termic Hsp90 determină schimbări fenotipice la musculiţele de oţet Drosophila, modificări epigenetice care alterează cromatina (Sollars, 2003). Chiar după ce nivelul ei a fost readus la valori normale, fenotipul s-a menţinut peste 10 generaţii de selecţie. De asemenea, la drojdii, „prionii" de drojdie determină nişte caractere specifice, utile de asemenea în situaţii stresante, care se transmit la generaţiile următoare, deci sunt implicaţi în evoluţie (Krishnan & Lindquist, 2005). Prionii, chiar şi cei de mamifer, sunt tot şaperoni.

Dar nici ARN-ul nu e exclus din jocul evoluţiei. Recent s-au descris numeroase specii de ARNi (ARN de interferenţă). Acestea sunt bucăţi mici sau foarte mici de ARN care se ataşează la o anumită secvenţă de ARN mesager (ARNm care are informaţia pentru sinteza unei proteine), blocându-i acţiunea. Fenomenele epigenetice descrise mai sus nu implică apariţia unui ARNm nou, ci intervenţia unui ARNi (Volpe et al., 2002). ARNi intervine nu numai în reglaje postranscripţionale (inactivarea unor ARNm, care astfel nu mai conduce la sinteza de proteine). 20% dintre genele umane sunt reglate de ARNi, mai precis microARNi, o formă de ARNi (Xie et al., 2005). ARNi se regăseşte şi în nucleu în celulele umane (Robb et al., 2005). Acesta intervine în fenomenele epigenetice descrise mai sus, adică în reglarea transcripţiei unei anumite gene, cel puţin la viermele *Cenorhabditis* elegans, unde un singur episod de ARNi produce modificări transcripţionale care apoi se transmite ereditar pe o perioadă nedeterminată (Vastenhouw et al., 2006). Transmiterea unor modificări epigenetice este mediată de un ARN şi la şoareci (Rassoulzadegan et al., 2006). La fel la planta *Arabidopsis thaliana*, ARNi este implicat în blocarea genelor, pe lângă metilarea ADN şi a histonelor, prezenţa unui ARNi (small interfering RNA) fiind esenţială atât în menţinerea cât şi iniţierea blocării (Zilberman& Henikoff, 2004).

Acesta ghidează modificările cromatinei (de fapt ale histonelor), care apoi influenţează metilarea ADN-ului, adică blocarea unor gene. O genă dim 5, care codifică o H3 Lys9 metiltransferază, la *Neurospora crasssa*, este necesară pentru metilarea ADN-ului. La rândul ei, e influenţată de modificările histonei H3. Chiar când metilarea ADN-ului este ghidată de o ADN metiltransferaza codificată de dim-2, depinde în continuare de cromatină (Tamaru & Selker, 2001). Studiul blocării genelor la plante (Arabidopsis) sugerează că ARN polimerazele, enzime implicate în transcriţie intervin atât în sinteza siARN, cât şi în metilarea ADN cu formare heterocromatinei (Herr et al., 2005).

Date recente arată că ARN-ul noninformaţional (non coding RNA, care are lungime mai mare decât ARNi), care nu codifică proteine, poate avea rol în modificarea cromatinei şi influenţa expresia genelor chiar la distanţă, pe cromozomi diferiţi (Rinn et al., 2007). Mai mult, ncARN ar putea demarca zonele cu gene blocate la distanţă, având un rol important în dezvoltare şi în patologie. Aproape jumătate din ARN-ul copiat în celule este noninformaţional, ceea ce sugerează un rol funcţional al acestuia.

Evoluţia înseamnă schimbare, iar schimbarea la organismele complicate ar putea avea loc în multiple moduri. Prin cele prezentate mai sus nu negăm faptul că mutaţiile mici, întâmplătoare, pot avea efecte extraordinare, putând conduce chiar la speciaţie, dar ele nu reprezintă singurul mecanism şi probabil nici cel mai frecvent al evoluţiei.

Ipoteza prezentată mai sus avansează un factor de mediu (restricţia calorică) care să fie condus la cele 3 tipuri deja propuse de diferenţe genetice între om şi cimpanzeu: diferenţe cromozomiale, deferenţe mici de secvenţe care rezultă în diferenţe de expresie a genelor şi modificări biochimice datorate inactivării unor gene. În urmă cu peste 30 ani, King şi Wilson au propus că evoluţia umană se datorează mai mult modificărilor de reglaj genetic decât de structură a genelor, dar deşi argumentele lor teoretice erau solide, studiile empirice nu au ţinut pasul cu acestea (King & Wilson, 1975). Ipoteza noastră oferă direcţii de căutare a acestor modificări.

Mutaţii şi selecţie în umanizare

În general, la nivel de ADN, omul este în proporţie de 98,7% identic cu cimpanzeul. Similitudini foarte mari există şi la nivelul expresiei genelor. O comparaţie a nivelelor expresiei genelor active din diverse ţesuturi (inimă, rinichi, ficat, creier, testicule), dar şi al secvenţelor acestora, între cimpanzeu şi om, arată cele mai mari diferenţe în ficat, iar cele mai mici în creier. Aceste date sugerează o evoluţie neutră, cu selecţie negativă în cele mai multe ţesuturi, cu posibilă selecţie pozitivă în testicule. Dar genele active în creier au acumulat mai multe schimbări pe linia evolutivă care a dus la om faţă de cea care a dus la cimpanzeu (Khaitovich et al., 2005). Date recente sugerează că dincolo de modificări epigenetice, mutaţiile în regiunile cu funcţie reglatorie ar fi avut un rol important în evoluţia umană.

Vânătoarea de mutaţii care au contribuit la evoluţia umană a început relativ recent. Conform ipotezei lui King şi Wilson, cele mai multe diferenţe dintre om şi cimpanzeu ar trebui să se regăsească la nivelul ADN reglator, care nu codifică proteine. Din cele 35000 de fragmente de ADN suficient de lungi care au un grad mare de conservare în cursul evoluţiei de la şobolan şi şoarece până la cimpanzeu, 202 dintre acestea, în numai aproximativ 6 milioane, timp care ne desparte de cimpanzeu, au înregistrat un proces accelerat de mutaţii. Dintre acestea, 49 (HAR1–HAR49, human accelerated regions) au evoluat foarte încet la vertebrate, dar au suferit modificări semnificative la om (s-a urmărit substituţia nucleotidelor). Un aspect foarte interesant este că în afară de 2, aceste fragmente sunt situate în afara regiunilor care conţin gene, iar cele mai rapide 5 se află în regiunile din apropierea telomerelor. Un astfel de fragment, HAR1, care este prezent şi la păsări, dar nu la amfibieni şi peşti, diferă prin 2 mutaţii între păsări şi cimpanzeu, dar cu 18 între acesta şi om, dar este identic la diverse populaţii umane. Una dintre cele două gene ARN codificate de acest fragment, HAR1F, este exprimată în creier între a 7-a şi a 19-a săptămână a vieţii intrauterine, în neocortex, ceea ce a condus la ipoteza implicării acestui fragment şi a modificării sale rapide în creşterea creierului la om (Pollard et al., 2006). Totuşi, HAR1F este exprimată la adulţi în ovare şi testicule, şi prin urmare ar fi putut fi supusă selecţiei sexuale. De asemenea fragmentele HAR sunt situate în apropierea zonelor supuse recombinărilor în timpul meiozei, ceea ce ar explica parţial rata schimbărilor (Ponting & Lunter, 2006). Fragmentele HAR sunt rare în regiunile codificatoare de proteine, dar un sfert dintre ele sunt situate în apropierea unor zone conţinând gene care codifică proteine implicate în dezvoltarea creierului, ceea ce le-ar putea conferi un rol în reglarea activităţii acestor gene (Pollard et al., 2006).

Dacă selecţia este mecanismul principal al evoluţiei, atunci în evoluţia umană ar trebui să se înregistreze cea mai puternică selecţie. Datele actuale nu sugerează acest fapt, deşi există o rezervă în criteriile stabilite pentru decelarea acţiunii selecţiei. Evoluţia cimpanzeului pare să fi decurs cu mai multe gene care au suferit selecţie pozitivă decât cea a omului (Bakewell et al., 2007). În ce priveşte selecţia pozitivă în evoluţia umană, aceleaşi date vin doar în sprijinul rolului adaptativ al genelor pentru maladii genetice transmise mendelian, dar nu aduc dovezi pentru ipoteza speciaţiei cromozomale şi nici a accelerării modificării genelor în creierul uman. În schimb, o comparaţie între genomul de şoarece şi cel de om a arătat un grad de conservare uneori mai ridicat în zonele noninformaţionale în care se află elemente transpozabile vechi decât în zonele cu ADN informaţional (exoni, partea care codifică proteine), datorate selecţiei purificatoare, ceea ar sugera un rol funcţional al acestui tip de ADN (Lunter et al., 2006). Acest aspect a fost pus în evidenţă prin căutarea modificărilor suferite în cursul evoluţiei a zonelor cu inversii-deleţii (indel), care au fost neglijate până acum, studiile concentrându-se pe mutaţiile punctiforme.

Totuşi, genele care diferenţiază omul de cimpanzeu şi care au fost supuse selecţiei pozitive în timpul evoluţiei sunt legate surprinzător în număr mare de dezvoltarea şi supresia tumorilor, apoptoză, imunitate şi olfacţie (Nielsen, 2005). Unele dintre aceste gene implicate în progresia şi controlul tumorilor ar putea fi legate de spermatogeneză, pentru că se exprimă exclusiv în testicule. Dar e de notat că restricţia calorică are un efect antiapoptotic în anumite ţesuturi, prin care se pare ar contracara efectele îmbătrânirii (Schelke & Leewenburgh, 2003), dar şi proapoptotic în altele (Frame et al., 1998). Acesta sugerează că multe dintre aceste gene ar putea să fi fost modificate în cursul evoluţiei prin adaptare (răspuns) la restricţia calorică.

Economie de cromozomi la om

Deşi diferenţa la nivelul ADN-ului între om şi cimpanzeu este de aproximativ 1%, omul are 46 cromozomi, ceea ce îl deosebeşte nu numai de cimpanzeu, dar şi faţă de celelalte primate mari, care posedă o pereche de cromozomi în plus, adică în total 48. Cromozomul 2 de la oameni rezultă din fuziunea cromozomilor 12 şi 13, dar inversii mari sunt şi pe cromozomi1 1 şi 18, rearanjamente mici, ca şi segmente de heterocromatină sunt distribuite diferit la cele două specii pe mai mulţi cromozomi (Olson şi Varki, 2002)

Ipoteza care explică reducerea numărului de cromozomi la om faţă de alte primate dă drept soluţie pentru aceasta trecutul incestuos al omului (Ridley, 1993). Fenomenul respectiv într-adevăr şi la alte specii de mamifere sociale, corelat cu un grad mare de consangvinizare. Dacă o pereche de cromozomi dispare la un anumit individ, există o probabilitate mare să apară şi la o rudă apropiată, din cauza similitudinii genetice. Incestul ajută la fixarea acestui caracter, care poate ajunge să se impună în populaţie. Speciile sociale, la care consangvinizarea poate fi mai frecventă, prezintă un grad mai mare de speciaţie.

Trecutul cu o bogată promiscuitate sexuală al speciei noastre, care să includă şi incestul frecvent, e o explicaţie plauzibilă pentru fixarea acestui caracter. Unele specii de cabaline prezintă şi ele acest fenomen, dar reducerea numărului de cromozomi nu este generalizată, adică există variabilitate genetică în cadrul speciei în ce priveşte numărul de cromozomi, cu mai multe variante „normale" (Chandley et al., 1975). Dar la om abaterea de la numărul de 46 cromozomi este asociată cu maladii genetice mai mult sau mai puţin grave. Acest fapt sugerează că numărul de cromozomi reprezintă un optimum, favorizat de modificările suferite de această specie la nivel (epi) genetic. Condiţia de om este din acest punct de vedere foarte îngustă.

Dacă fenomenele epigenetice pot determina recombinări cromozomiale şi restructurări cromozomiale, şi dacă restricţia calorică poate avea efecte epigenetice, atunci în reducerea numărului de cromozomi ar putea fi implicată, cel puţin în parte, tot adaptarea sau răspunsul evolutiv la foamete. A avut reducerea numărului de cromozomi o importanţă evolutivă? Reducerea materialului genetic ca factor de evoluţie rapidă a fost deja semnalată la o specie de procariot (Dufresne et al., 2005). A fost însoţită reducerea numărului de cromozomi la om de o reducere a informaţiei genetice? Este posibil. Funcţiile mai complexe nu sunt corelate întotdeauna cu mai multe gene.

În anumite condiţii, unele dintre aceste gene inactivate pe termen lung s-ar putea reactiva, în prezenţa sau nu a unui cromozom suplimentar. Trisomia 21, cea mai frecventă boală genetică umană, care constă în prezenţa unui cromozom 21 suplimentar, se distinge prin prezenţa unor modificări biochimice asemănătoare maladiei Alzheimer. Printre altele, trisomia 21 sau sindromul Down se caracterizează prin prezenţa unor plăci amiloide, dar şi printr-o activitate crescută a superoxiddismutazei (Benzi & Moretti, 1995). Sindromul Down este citat ca sindrom de îmbătrânire accelerată. Invers, proteina beta amiloidă, care intră în componenţa plăcilor amiloide specifice maladiei Alzheimer, este codificată de o genă de pe cromozomul 21. Unele condiţii de mediu atât din timpul meiozei, dar şi din timpul îmbătrânirii biologice, conduc probabil la alterarea activării sau dezactivării normale a genelor de pe acest cromozom, ceea ce poate genera o meioză anormală şi apoi naşterea unor copii cu sindromul Down, respectiv declanşarea maladiei Alzheimer.

Cromozomul 21 la om, care la cimpanzeu corespunde cromozomului 22, ar fi putut avea un rol deosebit în umanizare, iar maladiile specific umane în care sunt implicate genele de pe acest cromozom ar fi o consecinţă a adaptării incomplete şi a unui proces evolutiv încă neîncheiat la o specie atât de tânără ca a noastră. Acest cromozom, deşi este de dimensiuni foarte reduse, are unele trăsături interesante, cum ar fi genele funcţionale, inserţii şi deleţii, inclusiv Alu şi alte elemente repetitive. Acesta pare să fi suferit numeroase modificări în timpul evoluţiei divergente a celor două specii, având în vedere că 83% dintre proteinele codificate de cromozomul 22 de la cimpanzeu sunt diferite de cele umane (International Chimpanzee Chromosome 22 Consortium, 2004).

Acţiunea selecţiei se detectează prin metode care urmăresc modificările genetice suferite. Dar dincolo de acestea, ar putea apărea modificări epigenetice în evoluţie, al căror efect ar putea fi cel puţin la fel de important. Proteina proamiloidă, implicată în Alzheimer, codificată de cromozomul 21, are un efect antiapoptotic, dar este implicată şi în diferenţierea celulară (Wang et al., 2004).

Asemănarea dintre mongoloizi (asiatici) şi copiii cu sindromul Down, remarcată de doctorul Down în secolul al XIX-lea, considerată progresistă la acea dată, pentru că vorbea de unitatea raselor umane, ar putea aduce progrese în continuare în înţelegerea şi tratarea acestei maladii genetice. Mongolizii sunt consideraţi rasa cea mai neotenă (Montagu [b], 1989) deci rata dezvoltării lor ar trebui să fie cea mai lentă. La fel, sindromul Down poate reprezenta o afectare a ritmului dezvoltării. Probabil, la un moment dat, la copiii cu sindrom Down, diferenţierea neuronală şi neuroplasticitatea normală este afectată. Pacienţii cu sindrom Down au şi un tablou biochimic cu hipercolesterolemie, factor de risc pentru Alzheimer, deşi ApoE este codificată de cromozomul 19.

Restricţia calorică şi neotenia

În biologie, menţinerea caracterelor embrionare la adult se numeşte neotenie (în greceşte neo - nou, tinein - a extinde). Neotenia a fost observată prima dată la uranguntan de către Saint Hillaire, dar termenul este introdus de Kollman (1885) descriind reproducerea unor amfibieni în stadiul larvar. La ora actuală este acceptat faptul că neotenia este un factor important al umanizării, după unii autori cele mai multe dintre caracterele specific umane s-ar explica prin neotenie. Omul are o serie de caractere embrionare, printre care lipsa părului de pe corp, unele aspecte legate de dentiţie, poziţia marelui foramen, orientarea organelor sexuale, grosimea stratului grăsimii de rezervă etc. Asemănarea dintre puiul de cimpanzeu şi om este frapantă, în primul rând în ce priveşte scheletul craniului, lipsa prognatismului, gracilitatea oaselor feţei.

Edward D. Cope, un neolamarckist american, a introdus ideea neoteniei în psihologie, considerând că docilitatea, sociabilitatea crescută a omului, superioare cimpanzeului, sunt caractere neotene, deoarece puiul mamiferelor este mai cooperant decât adultul. Dependenţa îndelungată a puiului de om de adulţi este considerată neotenie. Se consideră că neotenia ar fi contribuit la domesticirea animalelor, selectate pentru comportamentul lor, deci şi pentru neotenie. De neotenie, în afară de unele nevertebrate şi unele vertebrate inferioare, sunt suspectate şi felinele, al căror schelet al craniului seamănă cu cel puilor de mamifere carnivore.

La ora actuală, neotenia la om este destul de controversată (Shea, 1989). Unele dintre caracterele neotene, cum ar fi poziţia marelui foramen, dar şi ortognatismul şi alte aspecte legate de scheletul feţei, ar fi de fapt caractere adaptative, utile pentru mersul biped, respectiv legate de specificul dietei. Termenul corect ar fi de fapt heterocronism, adică alterarea timpilor dezvoltării ontogenetice. Pentru că deja este consacrat, vom folosi în continuare termenul de neotenie.

Pe scurt, neotenia la om este de fapt o încetinire a dezvoltării. Puiul de om se naşte prematur, dezvoltarea sa în primul an de viaţă ar trebui să aibă loc intrauterin, pentru a atinge independenţa la naştere a puiului de cimpanzeu, dar cel mai probabil din cauza canalului de naştere, care nu ar permite naşterea unui pui mai mare, acesta are o perioadă de gestaţie asemănătoare puiului de cimpanzeu (Mayr[d],

2004). Neotenia permite dezvoltarea lentă şi creşterea creierului, care face posibilă învăţarea timp îndelungat. Omul are o viaţă lentă, dar la întrebarea ce anume încetineşte ritmul dezvoltării umane, ştiinţa actuală nu răspunde.

Considerăm că în categoria neoteniei ar putea intra şi prezenţa enzimelor proteolitice din intestin la om. Puii mamiferelor, care se hrănesc cu lapte, au şi ele în intestin asemenea enzime, pe care omul le-ar exprima un timp mai îndelungat.

Dar neotenia ar putea fi şi la originea capacităţii de regenerare a omului mai mare decât a altor mamifere. Vârful degetului creşte din nou dacă este tăiat, părul creşte din nou după chimioterapie. Regenerarea este o caracteristică a embrionului, care are o capacitate deosebită în acest sens, chiar la mamifere.

Un animal campion al regenerării, un fel de salamandră, prezintă de asemenea caractere embrionare ca adult (neotenie). Desigur, el face parte dintr-o clasă de vieţuitoare mult mai apte de regenerare decât mamiferele, dar chiar pentru clasa sa, acest animal are o capacitate de regenerare uimitoare. Acest animal, deloc aspectuos, axolotul, (*Axolotus mexicanus*) trăieşte într-un lac din Mexic, foarte frecventat de turişti, ceea ce îl face să fie victimă a numeroaselor accidente. Dar astfel de incidente nu constituie o problemă pentru el, pentru că îşi reface cu uşurinţă multe părţi ale corpului.

Neotenia, de fapt pedomorfoza (metamorfoză incompletă, care omite ultimele stadii) la axolot şi la alte specii de amfibieni şi reptile depinde de nivelul hormonilor tiroidieni. Temperatura scăzută afectează de exemplu nivelul tirotropinei (tyroid stimulating hormone, TSH) care stimulează eliberarea de hormoni tiroidieni, ceea ce conduce la pedomorfoză la unele specii de *Ambystoma* (*A. tigrinum*), dar în unele cazuri aceeaşi specie poate suferi o metamorfoză completă sau nu, în funcţie de condiţiile de mediu. La axolot, neotenia este determinată de un nivel scăzut al TSH, deşi funcţionarea glandei tiroide este normală (Gould[a], 1977).

Interesant este că la om hormonii tiroidieni au un nivel mai scăzut decât la cimpanzeu, triiodotirenina T3 este cu 60% mai redusă, tiroxina T4 cu 30%, iar transtiretina, o proteină care leagă hormoni tiroidieni, este de 2 ori mai mare la cimpanzeu în plasmă şi lichidul cefalorahidian (Finch & Stanford, 2004). Nivelul hormonilor tiroidieni, care afectează metabolismul bazal al tuturor ţesuturilor (cresc consumul de oxigen) cu excepţia creierului, scade în inaniţie (Lehninger, 1987).

Dar modificarea ratei metabolice ar putea determina neotenie (pedomorfoză) direct, nu numai prin intermediul hormonilor tiroidieni. Exemplu este al viermelui Cenorhabditis. Dacă putem vorbi de neotenie la spongieri şi corali, atunci putem vorbi şi la viermi. Dacă acestuia I se aplică restricţia calorică sau altă situaţie stresantă cum ar fi aglomerarea, I se activează o genă numită o daf 16, care îi dublează durata vieţii (Kenyon, 1993). Partea mai puţin plăcută este că gena respectivă îl face longeviv, dar îi stopează dezvoltarea într-o fază larvară numită *dauer*. Viermele Cenorhabditis are 4 faze larvare, dar în condiţii precum restricţia calorică, după a doua fază, dezvoltarea sa se opreşte, ciclul de viaţă normal revenind doar după încetarea acţiunii restricţiei calorice. Aceleaşi rezultate de creştere a longevităţii se obţin cu ajutorul unei mutaţii care inactivează o genă care la mamifere corespunde unui receptor de insulină, numită daf 2. În condiţii normale de viaţă, daf 2 controlează dezvoltarea normală şi „maturizarea" viermelui. Mutaţia aceasta face ceea ce face restricţia calorică. Interesant este că Akt1 şi 2 la vierme sunt implicate în menţinerea fazei dauer (Hertweck et al., 2004).

Restricţia calorică, singurul mecanism care creşte durata maximă a vieţii de la insecte până la mamifere, funcţionează şi la viermi. Mutaţia descrisă mai sus practic îi încetineşte dezvoltarea viermelui, ceea ce din unele puncte de vedere putem spune că reprezintă un fel de neotenie. Efectele acestei mutaţii s-au observat în procesul căutării genelor care controlau longevitatea. La insecte, restricţia calorică şi alte condiţii stresante (frigul) determină intrarea într-o stare numită diapauză. Această stare este însoţită de multiple modificări biochimice şi hormonale, care fac posibil un consum energetic mai redus şi o viaţă mai lungă. De asemenea, în această stare, capacitatea reproductivă este mult redusă. În diapauză sunt muştele pe care iarna le surprinde oarecum încălzite, în case de exemplu. Ele nu mai zboară, mănâncă mai puţin, dar trăiesc cu câteva luni mai mult, până când condiţiile le permit să iasă din diapauză şi să-şi reia ciclul normal de viaţă, şi să se reproducă din nou.

Şi restricţia calorică, de fapt orice mecanism care creşte durata de viaţă este însoţit de o scădere a capacităţii reproductive. De notat este şi faptul că omul are cea mai mică fertilitate dintre toate mamiferele. De ce se întâmplă acest lucru?

Leonard Guarante, un genetician care studiază îmbătrânirea consideră că restricţia calorică ar reprezenta un factor care ar declanşa un mecanism adaptativ pentru perioadele în care reproducerea nu ar fi posibilă, şi ar asigura astfel supravieţuirea organismului care să poată traversa aceste perioade. Dar datele prezentate sugerează că blocarea dezvoltării în faza dauer la viermi, diapauza la insecte sau neotenia la vertebrate, pe scurt formele de heterocronism, ar putea fi mecanisme prin care ar lucra, cel puţin în anumite condiţii sau la anumite specii, restricţia calorică şi alte forme de stres.

Putem indica unele căi metabolice care au contribuit la neotenia omului? Da. Calea receptorului de insulină/IGF este şi aici implicată. Înainte de naştere, de creşterea întregului organism şi a creierului este responsabil IGF-2, pentru ca apoi nivelul acestuia să scadă, pentru creşterea postnatală fiind responsabil IGF-1, care răspunde de acţiunile la nivel celular ale hormonului de creştere. Nivelul IGF-1 este corelat la unele specii de amfibieni, dar şi mamifere cu dimensiunile la maturitate (McKinney & McNamara, 1990). Neotenia e responsabilă pentru atingerea unor dimensiuni mai mari ale organismului la maturitate, corelată cu o creştere mai lentă. Dar nivelul IGF-1, reglat în mod normal de nivelul glucozei, deci de accesul la hrană, creşte după perioade de restricţie calorică, aşa cum s-a întâmplat în cazul olandezilor care au supravieţuit „iernii foametei", şi al urmaşilor acestora (Elias et al., 2005). Acest lucru se întâmplă însă numai dacă perioadele de penurie alternează cu cele de abundenţă relativă. S-ar putea ca efectul să se accentueze de la o generaţie la alta până la un punct.

Media de înălţime la om a alternat de-a lungul istoriei. Ne puteam aştepta ca în viitorul apropiat această să crească semnificativ în populaţiile care au trecut de la un regim hipocaloric la unul hipercaloric, dar creşterea înălţimii să fie lentă şi chiar să stagneze în populaţiile care au cunoscut abundenţa în urmă cu câteva generaţii. În Pleisocen (acum 1,8 milioane - 11, 500 de ani), perioadă în care au alternat glaciaţiunile cu perioadele calde, deci şi disponibilitatea resurselor, pe toate continentele a fost semnalată megafauna. Probabil efectul de stimulare a secreţiei acestui hormon ar fi fost implicat în acest proces.

IGF-1 răspunde de efectul (asimilat neoteniei) al dezvoltării lente de după naştere. Dar efectele asupra căii metabolice a IGF-1 ar putea începe foarte timpuriu în dezvoltare. Şoarecii născuţi în urma fertilizării *in vitro* cunosc o scădere a nivelului ligandului IGF-1 în timpul dezvoltării embrionare (8 zile şi faza de blastocit) din cauza exprimării tardive a ARNm pentru această proteină existente în zigot (Stojanov, 2006). Fertilizarea *in vitro* produce numeroase modificări în exprimarea genelor implicate în dezvoltarea normală şi supravieţuirea embrionului. Aceasta, ca şi clonarea, pot fi considerate stres prenatal. Insuficienţa uteroplacentară determină întârzieri în dezvoltarea intrauterină, iar la adulţi (oameni, dar şi alte specii de mamifere-rozătoare), rezistenţă la insulină, tot prin modificările epigenetice (Fu et al., 2006). Stresul prenatal ar putea determina încetinirea dezvoltării, fenomenul care se află la originea a ceea este considerat neotenie la om.

Mecanismele exacte sunt puţin cunoscute. Cum se ştie, mamiferele clonate sunt mai mari. Un posibil motiv ar fi faptul că acestea, ca şi animalele născute prin fertilizare *in vitro* au defecte de exprimare a genei pentru receptorul IGF-2, nivelul acestei proteine fiind cu 30-60% mai mic decât la animalele născute în condiţii naturale (Young et al., 2001). Gena pentru IGF-2 este un exemplu clasic de imprimare (imprinting) al unei gene. Imprimarea reprezintă inactivarea prin metilare a unei gene în timpul dezvoltării prenatale, în funcţie de provenienţa ei de la mamă sau de la tată. Majoritatea genelor imprimate apar în ciorchini (clusters) (de exemplu pe cromozomii 7, 11 and 15) şi au roluri importante în creşterea fetală, a sistemului nervos central şi dezvoltarea unor funcţii comportamentale, dar şi în susceptibilitatea la unele maladii (Reik *etal*, 2003). Imprimarea a evoluat cam în acelaşi timp cu apariţia mamiferelor placentare şi coincide cu dimensiunile mărite ale creierului (Killian *et al*, 2001).

La cele mai multe specii de mamifere, numai gena IGF-2 de provenienţă paternă este activă. La animalele clonate, imprimarea este alterată, se pare că se activează şi gena maternă. IGF-2 are rolul de a limita creşterea prenatală, un deficit al proteinei putând conduce la dimensiuni mari ale fătului. Primatele sunt o excepţie, celulele lor fiind mozaicuri în care gena paternă sau maternă poate fi activată. Totuşi, şi la om, modificările epigenetice care conduc la o activare a genei de IGF-2 de la mamă pot fi asociate cu sindromul Beckwith-Wiedermann, care determină un risc crescut de a dezvolta macroglosie (limbă mărită), defecte ale peretelui abdominal şi diverse tipuri de tumori maligne. De asemenea, copiii născuţi cu ajutorul tehnicilor de reproducere asistată au un risc mai mare de a dezvolta sindromul Beckwith-Wiedermann, ca şi alte sindroame în care sunt implicate erori de imprimare, care sunt asociate cu întârzieri în dezvoltare şi disfuncţii ale sistemului nervos central, microcefalie (sindromul Angelman). De asemenea, inactivarea genei IGF-2 de la tată determină creştere fetală redusă şi rezistenţă la insulină la maturitate (Ozanne & Hales, 1999).

Chiar dacă nu acesta ar fi mecanismul exact al întârzierilor în dezvoltare pe care le determină la mamifere fertilizarea *in vitro* (unele mamifere clonate au un nivel al IGF-2 normal, dar sunt totuşi mai mari), sigur este că aceasta produce modificări epigenetice care afectează dezvoltarea normală. Ceea ce putem spune este că un mediu deficitar de creştere, implantare şi dezvoltare a embrionului determină ceea ce se numeşte heterocronism. Nu avem dovezi directe că un astfel de deficit ar fi la originea ritmului dezvoltării umane, dar problemele pe care le ridică în prezent reproducerea umană, caracterizată drept plină de riscuri şi probleme, pot fi dovezi indirecte. Problemele de implantare a embrionului, care reprezintă numai unul dintre factorii fertilităţii umane reduse, sunt un exemplu în acest sens.

Timpii dezvoltării intrauterine se dilată foarte mult la om, fenomen care se intensifică în ultimele stadii ale acesteia (Gould, 1977). Dacă primele stadii ale acesteia, ritmul creşterii este de 3-4 ori mai lent decât la şobolan, în ultimele ajunge la 15 ori. În ultimul trimestru de sarcină, fătul îşi dublează dimensiunile, de la aproximativ 25 cm la aproximativ 50 cm. În aceeaşi perioadă, creierul creşte foarte mult, dar înainte de naştere, are loc o acumulare accentuată de grăsime în stratul adipos subcutanat, care se continuă şi după naştere. Având în vedere că tegumentul provine din aceeaşi foiţă embrionară ca şi creierul, între aceste două fenomene ar putea fi o legătură, subliniată şi de faptul că unele sindroame neurocutanate afectează creierul, dar şi tegumentele (neurofibromatoza, scleroza tuberoasă, sindromul Sturge-Weber). Puiul de om este mai mare la naştere decât al primatelor foarte înrudite, deşi este imatur.

Dezvoltarea umană prenatală la om nu are numai o viteză mai mică decât a altor mamifere, dar viteza aceasta nu este constantă. Ca urmare, apare o investiţie inegală în diverse structuri biologice. Ultimele stadii ale dezvoltării intrauterine, răspunzătoare de creşterea creierului, dar şi de acumularea de grăsime ar avea un numitor comun. Fenomenul adaptativ, care ar fi determinat o selecţie pozitivă ar fi fost acumularea de grăsime, utilă în supravieţuirea puiului în condiţii ostile, şi nu un creier mai mare. Lipsa părului de pe corp ar fi o consecinţă a aceleiaşi alterări a dezvoltării care a modificat şi structura tegumentelor. Legătura dintre dezvoltarea normală a creierului după naştere şi grosimea stratului adipos în copilărie este susţinută de numeroase studii (Wahlberg et al., 2001).

Factorul determinant care ar fi condus la alterarea dezvoltării prenatale, considerăm că este IGF-1. Acesta nu intervine direct în creşterea embrionului, cel puţin nu în primele faze, dar este implicat în dimensiunile placentei. IGF-2 este de asemenea implicat în creşterea placentei. Un nivel superior al IGF-1 conduce la o placentă mai mare. O placentă mai mare, documentată în cazul omului (Gibbons, 1998), are drept efect un făt mai mare. Dacă nivelul glucozei creşte, creşte şi nivelul IGF-1, deci apare un feed-back pozitiv, având ca urmare o creştere şi mai accentuată a fătului. Relaţia dintre nivelul IGF-1 (variaţiile lui sezoniere) şi mărimea la naştere a puiului a fost deja pusă în evidenţă la oi (Jenkinson *et al*, 1995).

Fenomenul este iniţiat de nivelul scăzut al ligandului IGF-1, care apare la animalele născute prin fertilizare *in vitro*, probabil şi în alte situaţii stresante din timpul vieţii embrionare. Un nivel mai mic al ligandului determină un nivel mai mare al IGF-1 liber. Acesta duce la o proliferare crescută în anumite stadii ale dezvoltării şi la întârzierea diferenţierii, de fapt „a maturizării". Privit din alt unghi, heterocronismul reprezintă alterarea jocului diferenţiere-proliferare din timpul dezvoltării prenatale. În funcţie de abundenţa relativă a resurselor, are loc o creştere în dimensiuni sau doar o întârziere în dezvoltare. Pentru apariţia fenotipului neoten uman, probabil 2 factori au fost esenţiali: stresul în primele faze ale dezvoltării embrionare, care a dus la întârzierea dezvoltării, şi ulterior abundenţa relativă în resurse, responsabilă de creşterea explozivă a creierului şi de modificările tegumentului. Dar şi acestea sunt consecinţe ale adaptării la stres prenatal. Suprainvestiţia în ultimele faze ale dezvoltării provine tot din strategia de supravieţuire în condiţii stresante. E ca şi cum natura a vrut să ia 5, adică să facă puiul de om să supravieţuiască în timpul dezvoltării prenatale şi după aceea, dar s-a întâmplat să obţină o notă mult mai mare, atunci când condiţiile s-au schimbat.

Această ipoteză este susţinută de datele paleontologice. Creşterea în înălţime, creşterea substanţială a creierului, dar şi gradul mărit de dependenţă a puiului par să fie corelate temporal, în mare parte coincid cu apariţia genului *Homo*.

Alternanţa perioadelor de lipsă şi abundenţă relativă a resurselor, documentată în istoria speciei umane, ar fi infuenţat nivelul şi sensibilitatea la IGF, care ar fi modelat apoi expresia unor gene. IGF-1 este implicat în creşterea creierului, mielinizare, creşterea oaselor lungi, deci a raportului membrelor, a taliei, dimensiunilor ţesutului adipos, deci a caracterelor tipic umane. În prezent traversăm o perioadă în care în multe zone ale lumii nivelul IGF-1 trebuie să fie ridicat, ceea ce nu are numai efecte pozitive.

Dar aceeaşi alternanţă în condiţiile de mediu, disponibilitatea resurselor, dar şi temperatură, ar putea explica legea lui Cope, care arată că pe parcursul evoluţiei, în cadrul unei specii de animal sau a speciilor descendente din aceasta, se manifestă tendinţa creşterii taliei. De asemenea, legea lui Bergman, care descrie corelaţia pozitivă dintre climatul rece şi talia populaţiilor din cadrul aceleaşi specii, ar putea avea aceeaşi explicaţie. De fapt, aceste reguli ar reprezenta manifestări în timp şi spaţiu ale aceluiaşi fenomen. Între modificarea dimensiunilor în cadrul aceleiaşi specii sau a speciilor cu descendenţă comună şi a temperaturii există o strânsă legătură (Hunt & Roy, 2006). Legea lui Cope se manifestă numai odată cu modificarea temperaturii.

Neotenia repetă filogeneza

Mecanismele heterocroniei nu exclude însă activarea în unele cazuri la adult a unor gene active numai la embrion. Restricţia calorică, acţionând pe termen lung, ar fi declanşat blocarea sau deblocarea unor gene, urmată de recombinări cromozomiale, care ar fi dus la reactivarea unor gene active în mod normal doar în perioada dezvoltării embrionare. De fapt, pentru a înţelege mai bine mecanismele genetice descrise mai sus, să ne imaginăm o emisiune în care telespectatorii au telefon şi pot fi sunaţi de către realizatorii emisiunii pentru a li se spune că au câştigat ceva. Genele sunt spectatorii, iar enzimele care deblochează genele sunt realizatorii. Nimeni nu ştie cine va fi sunat la un moment dat, dar în anumite condiţii, oricui i se poate întâmpla acest lucru. Astfel pot fi reactivate gene a căror expresie a fost de mult blocată. Aşa se reactivează gene care au fost active în perioada embrionară, apoi au fost inactivate pe termen lung. Dar cum ontogeneza repetă filogeneza (deşi în realitate lucrurile sunt mai nuanţate), se pot activa gene care au funcţionat la animale aflate anterior pe scara filogenetică.

Aici este menţionată o teorie a evoluţiei omului care susţine adaptarea acvatică a omului într-o anumită perioadă a evoluţiei, acum aproximativ 8 milioane de ani. În sprijinul acestei ipoteze, emisă de Sir Alister Hardy, biolog marin şi de Elaine Morgan, care a făcut o mare reclamă printre altele, naşterilor acvatice (deşi ideea aceasta datează dintr-o perioadă anterioară), sunt câteva caracteristici ale omului mai ales faptul că nou-născutul de om „înoată" (mişcă membrele în apă), ceea ce nu fac alte primate înrudite, dar multe specii de mamifere o fac (McGraw, 1939). Alte argumente: dispoziţia firelor de păr, grosimea stratului adipos de sub piele, mai gros decât la primate, asemănător animalelor acvatice, reflexul închiderii nărilor în apă (care de fapt e la toate vertebratele), dar şi orientarea nărilor în jos, prezenţa sprâncenelor etc. O perioadă această teorie a fost în vogă, dar autorii ei nu au reuşit să aducă suficiente dovezi, printre altele pentru că nu au reuşit să facă rost de fonduri pentru a săpa pentru a găsi fosile de primate în apropierea litoralului. Deşi în cele din urmă această ipoteză a fost ridiculizată de oamenii de ştiinţă consacraţi, aceasta a pus o problemă importantă. Omul poate semăna din anumite puncte de vedere cu animalele acvatice, dar nu din cauza adaptării la mediul acvatic, ci din cauza mecanismelor evoluţiei.

Pentru un biochimist, omul seamănă ca metabolism cu şobolanul şi cu porcul. Dar aceasta nu înseamnă că omul a evoluat din mistreţ. Faptul că omul seamănă la metabolism cu şobolanul şi cu porcul reprezintă un fel de evoluţie convergentă. Omul s-a adaptat la modul de alimentaţie omnivor, de aceea are un metabolism asemănător porcului. Cineva poate spune foarte uşor că omul ar fi evoluat din rozătoare. Rozătoarele înoată şi o fac bine, din instinct, nu ca omul. Dispoziţia firelor de păr de pe corp e asemănătoare omului. Unele rozătoare care hibernează au un strat adipos considerabil. Şobolanul are şanţul de deasupra gurii, spre deosebire de primatele antropoide, iar nările sale sunt dispuse în jos, şi în apă se pot închide, ca la animalele acvatice. Omul seamănă mai bine, luând în considerare aceste aspecte, cu şobolanul decât cu foca. Probabil unele dintre genele exprimate în mod normal la rozătoare, au fost active în cursul umanizării. Datele de biologie moleculară arată că omul (fiind primat) e mai înrudit cu şobolanul decât cu felinele, de exemplu (Thomas et al., 2003).

De aceea nu prea există atavisme la om care să amintească de feline sau canide. Aşadar, sunt puţine şanse de a ne aştepta la apariţia în anumite condiţii a unor vârcolaci. Evoluţia carnivorelor este mai îndepărtată de cea a primatelor, dar primatele au evoluat la rândul lor dintr-un fel de rozătoare. Reactivarea genelor prezente la animalele aflate în filogeneza umană a avut în unele cazuri un rol adaptativ, iar în altele a reprezentat un produs secundar al evoluţiei. Genele respective, probabil cum sunt cele responsabile de disponibilitatea de „a înota" la nou-născut, nu au rol în umanizare, dar au fost probabil „linkate", adică transmise împreună, cu gene adaptative. Sau s-ar fi putut afla în sfera de influenţă a unor gene reglatoare activate.

Faptul că nou-născutul de om îşi păstrează instinctul de „a înota" pe care îl are şi şobolanul adult ar putea fi o consecinţă a neoteniei. Comportamentul înnăscut e controlat de gene. Instinctul de a înota dispare ulterior în viaţă, ceea ce înseamnă că genele care îl controlează ar putea fi blocate ulterior, adică ar fi vorba de un reglaj epigenetic.

Autorii teoriei acvatice ar mai putea face legătura dintre un creier mare şi o inteligenţă superioară (delfinul), grosimea stratului adipos şi lipsa blănii la mamiferele acvatice. Probabil numitorul comun al acestor fenomene este suprainvestirea în dezvoltarea prenatală a puiului. Mamiferele acvatice se supraalimentează în perioada sarcinii, de cantitatea de grăsime depinzând supravieţuirea puiului. Probabil există o legătură între creşterea prenatală a creierului şi cantitatea de grăsime la naştere. Dacă grăsimea se acumulează într-o măsură postnatal, legătura dintre aceasta şi dimensiunile creierului este mai slabă (ex. porcul).

De ce n-are omul blană

O altă ipoteză, în afară de cea acvatică, propune faptul că dispariţia blănii ar fi fost o adaptare legată de protecţia faţă de paraziţii corporali. Conform acesteia, dispariţia părului de pe corp ar fi fost ulterior fixată prin selecţie sexuală. Partenerii lipsiţi de podoaba corporală ar fi fost mai atractivi decât cei cu blană (Pagel & Bodmer, 2003).

Paraziţii au în general un rol important în evoluţia unei specii, deci nu ar fi ceva neobişnuit ca paraziţii să determine apariţia (sau dispariţia) unui nou caracter. Marile primate suferă de paraziţi corporali. Omul nu este imun la atacurile paraziţilor care îşi pot găsi în continuare adăpost în vestigiile blănii de altădată, cum ar fi părul de pe cap. De ce la un moment dat în evoluţie, paraziţii ar fi devenit atât de deranjanţi încât să fie nevoie de dispariţia unui caracter definitoriu pentru un mamifer? Oricât de puţine resurse ar fi avut la dispoziţie strămoşii omului pentru supravieţuire, soluţia dispariţiei blănii ca protecţie faţă de paraziţi pare puţin avantajoasă. Din punct de vedere energetic, paraziţii sunt mai puţin nocivi decât pierderea blănii.

Aceasta funcţionează ca un izolator termic, fiind utilă atât la frig, cât şi la cald, deci şi în savană, dar şi în cucerirea noilor areale. Probabil, dacă omul ar fi apărut într-o zonă cu climă rece, i-ar fi fost mai greu să se dispenseze de ea. Animalele pierd (iradiază) căldură prin suprafaţa corpului. Diferenţa dintre căldura pierdută în prezenţa şi absenţa blănii este semnificativă, e ca şi cum am compara căldura pierdută de o clădire de tablă şi una cu structură metalică izolată cu materiale speciale. În lipsa blănii, animalele sunt nevoite să-şi mărească consumul energetic pentru a contracara pierderile de căldură.

Într-adevăr, prin reducerea sau pierderea blănii se pierde mai multă căldură prin suprafaţă. Aceasta înseamnă că se şi cedează mai multă, ceea ce ar fi avantajos nu atât pentru mediu, cât pentru unii membri ai speciei: puii. Puiul de om se naşte foarte debil şi uneori termoreglarea poate deveni o mare provocare pentru el. În savană uneori temperatura poate scădea mult, ceea ce îi poate pune în pericol supravieţuirea în absenţa căldurii (la propriu) materne. Unii autori au propus că stratul de grăsime al noului născut a apărut pentru a-l feri pe acesta de frig, ceea ce a făcut posibilă dispensarea sa de blană (Mayr, 2004). Dacă ziua, lipsa părului de pe corp ar fi fost un avantaj în savană, pe timpul nopţii ar fi devenit o problemă. Cultura ar fi fost cea care ar fi ţinut cald noaptea strămoşilor omului, consideră autorii acestei ipoteze, adică posibilitatea lor de a-şi fabrica haine şi adăposturi. Din acest motiv, pierderea blănii nu ar fi fost posibilă pentru cimpanzei şi alte primate. În schimb, una dintre puţinele specii de mamifere fără blană, din cele peste 3000, orbeţii heterocefali (*Heterocephalus glaber*), au putut recurge la această soluţie evolutivă datorită faptului că trăiesc într-un mediu cu temperatură aproximativ constantă. De asemenea, din cauza supraaglomerării, paraziţii pot fi o mare problemă.

Orbeţii heterocefali (*Heterocephalus glaber*), acei şobolani fără păr care trăiesc în galerii subterane, în Africa, au o organizare socială foarte complexă, asemănătoare unor insecte sociale (de exemplu furnici). Reproducerea îi este rezervată reginei, care se împerechează cu mai mulţi masculi din grup, dar ceilalţi membri ai grupului se implică foarte mult în creşterea puilor. Întâmplători, ei sunt mai longevivi decât alte rozătoare cu care sunt înrudiţi, longevitatea maximă depăşind 27 ani, ceea ce pentru un mamifer de 40 g e extraordinar. De asemenea, rata lor metabolică este mai redusă decât ar trebui să fie pentru dimensiunile lor (O'Connor, 2002). S-ar putea spune şi că orbeţii şi-au pierdut părul pentru a avea contacte sociale mai bune, ceea ce le-a permis supravieţuirea în mediul lor. Blana este un vehicul al mirosului, important în comunicarea între membrii speciei. Lipsa blănii este neimportantă când distanţele între aceştia sunt mici. Contactele sociale mai complexe şi mai specifice se reflectă într-o recunoaştere superioară a membrilor grupului, care conduce la reducerea agresivităţii în cadrul acestuia şi la creşterea coeziunii.

Dar cel mai probabil, orbeţii ar putea fi tot un caz de heterocronism (neotenie), rezultată din cauza adaptării la restricţie calorică. Orbeţii seamănă frapant cu puii de şobolan. Rata metabolică redusă, fertilitatea redusă şi controlul reproducerii, longevitatea, organizarea socială complexă ar fi dovezi în acest sens.

Pierderea părului de pe corp, fixată apoi prin selecţie, ar putea fi un caracter secundar al adaptării la restricţie calorică.

Paralela dintre evoluţia orbeţilor şi cea a spiţei umane a fost deja avansată, dar legată de dietă. Orbeţii trăiesc în savana africană, mai precis la subsolul acesteia. Sunt subterani pentru că se hrănesc cu rizomi, care ar fi intrat şi în dieta strămoşilor omului, în aceleaşi zone din savana africană. Fie că sunt exploataţi din galeriile subterane, fie de la suprafaţă, rizomii nu sunt o opţiune prea comodă. E puţin probabil ca primatele să fi migrat din pădure în savană în căutare de rizomi, aşa cum s-a propus (Laden & Wrangham, 2005).

În ordine cronologică, prima ipoteză legată de pierderea blănii a fost cea legată de neotenie. Puii primatelor celor mai înrudite omului se nasc fără păr pe corp, eventual doar cu păr pe cap (Gould, 1977). Observarea mai atentă a acestor specii sugerează că alterarea blănii ar putea preceda cu milioane de ani apariţia omului şi chiar a genului *Homo*. Ce dovezi avem în acest sens? Din nou cimpanzeii bonobo. Aceştia pot fi recunoscuţi şi deosebiţi cu uşurinţă de cimpanzeii comuni prin aspectul podoabei capilare. „Coafura" standard a cimpanzeilor pigmei este cărarea pe mijloc. Această pieptănătură coincide cu coafura naturală a multor oameni. La oameni, părul de pe cap poate creşte mai mult decât la alte primate, dar este în acelaşi timp şi mai rezistent. Părul de cap al cimpanzeilor bonobo este mai lung, şi probabil are o altă structură şi o altă durată a ciclului de creştere decât cel de pe corp, asemănător cu ceea ce se întâmplă la oameni. Cimpanzeii bonobo, care duc „o existenţă precară" pe malul vestic al fluviului Congo, sunt deja consideraţi o specie cu caractere neotene (Shea, 1983). Nu se ştie dacă neotenia lor e paralelă cu cea umană sau ei ar fi suferit mai puţine transformări decât cimpanzeul comun, dar şi decât omul, fiind mai asemănători cu strămoşul comun al acestor specii, ca urmare a unei continuităţi ecologice. Ei trăiesc în pădure, aşa cum se presupune că a trăit şi specia genitoare a omului şi cimpanzeului (comun şi bonobo). În anii '30, Harold J.Coolidge, anatomistul american care a stabilit locul taxonomic al cimpanzeului bonobo, a sugerat că această specie ar fi cea mai apropiată de specia care a dat naştere liniilor evolutive ale omului şi cimpanzeului, deoarece anatomia sa este mai puţin specializată decât a cimpanzeului (de Waal, 1995).

Capacitatea mai mare de regenerare a organismului ar putea avea legătură cu neotenia. Embrionul de mamifer are o capacitate foarte mare de regenerare, care se pierde la animalele adulte. Probabil din cauza neoteniei, omul are o piele mai fină şi mai puţin ridată (la tinereţe) decât ruda sa apropiată cimpanzeul. Dar şi în ce priveşte capacitatea de regenerare a pielii, specifică omului, sistemul poate da erori. O astfel de eroare se numeşte psoriazis, o maladie specific umană în care ciclul de diviziune al celulelor bazale din epidermă este şi mai mult scurtat, ceea ce le afectează diferenţierea. La vertebrate, pe scurt, regenerarea presupune de diferenţiere, proliferare şi rediferenţiere. De fapt în psoriazis apare o proliferare mai rapidă, fără diferenţiere, adică specializare celulară clară. Posibila legătură dintre psoriazis şi hiperglicemie (rezistenţă la insulină) a fost deja discutată („Urmele foamei").

Cauza celei mai frecvente forme de calviţie la om (alopecia androgenă) este reprezentată de proliferarea mai rapidă (ciclul mai scurt) a foliculilor piloşi sub influenţa unor androgeni (5 α dihidrotestosteronului, un metabolit al testosteronului, de 30 ori mai activ). Această condiţie este asociată cu sindrom metabolic, un nivel scăzut al testosteronului total şi al proteinei plasmatice care îl leagă (sex hormone binding globuline, SHBG), prin urmare cu un nivel ridicat al testosteronului (Kupelian et al., 2006). SHBG de fapt previne disponibilitatea dihidrotestosteronului. Tabloul biochimic al alopeciei androgenice seamănă cu cel al sindromului polichistic ovarian la femei (Stárka, 2004[1]). Acest sindrom conduce la o accelerare a diviziunii ovocitelor, cu afectarea ovulaţiei normale şi a fertilităţii (v. „Sexul şi foamea"). Interesant este că există o corelaţie pozitivă între nivelul IGF-1 şi prezenţa alopeciei androgene (Signorello et al., 1999).

În alopecia androgenă, părul de pe cap se transformă în păr de tipul celui de pe corp, mai subţire şi mai scurt. De fapt în alopecia androgenă, părul de pe cap suferă aceeaşi transformare pe care a suferit-o cea mai mare parte a părului de pe corp în cursul umanizării. Părul de pe corp (vellus hair) are o altă dinamică de creştere decât cel de pe cap (terminal hair), precum şi o perioadă mai scurtă. Pe de altă parte, hirsutismul este determinat de gene care prelungesc perioada de proliferare a celulelor din folicul pilos, adică au efect invers (Finch & Stanford, 2004). La om există un număr de foliculi piloşi pe suprafaţă similar cu cel aşteptat la un primat de asemenea dimensiuni, problema este de ce atât de mult păr este subţire, scurt şi depigmentat (vellus hair). Răspunsul ar fi în calea de semnalizare a insulinei/IGF1. Mamiferele mari au tendinţa de a avea mai puţin păr (o densitate mai mică a foliculilor piloşi). IGF-1 influenţează creşterea organismului, nivelul acestui hormon este corelat cu dimensiunile organismului. Creşterea organismului are loc în primul rând prin proliferare celulară, diferenţierea fiind în unele cazuri întârziată. IGF-1 ar putea influenţa şi diferenţierea celulelor din derm, având ca efect reducerea numărului de foliculi piloşi, dar şi afectarea transformării părului vellus în păr terminal, ca la alte primate. Densitatea părului de pe corp, ca şi gradul de transformare la maturitate a părului vellus în păr terminal, variază la diferite populaţii umane. Aceste variaţii se corelează cu gradul de neotenie al diverselor populaţii (Montagu[a], 1989).

Neotenia (mai precis investirea preferenţială în anumite etape ale dezvoltării prenatale) ar fi la originea pierderii blănii, dar acest caracter ar fi fost util în noul mediu de viaţă. Conform ipotezei

1. http://www.ncbi.nlm.nih.gov/sites/entrez?Db=pubmed&Cmd=Search&Term=%22Stárka%20L%22%5BAuthor%5D&itool=EntrezSystem2.PEntrez.Pubmed.Pubmed_ResultsPanel.Pubmed_RVAbstract

avansate mai sus, restricţia calorică, care s-ar afla şi la originea neoteniei, ar fi condus la modificări epigenetice, care mai departe ar fi generat recombinări şi mutaţii mici, cu efecte asupra expresiei genelor. Deocamdată trei gene alterate au fost descoperite la om, 2 fiind active în piele: exonul 34 din gena tropoelastinei, probabil prin intermediul Alu, (35 fusese deja pierdută la catarine), gena keratinei de tip I şi a treia gena CMP-N-acid acetilneuraminic hidroxilaza, tot prin intermediul Alu (Hayakawa et al., 2001). Tropoelastina, proteină prezentă în fibrele elastice din piele, dar şi alte ţesuturi, diferă de la om la cimpanzeu prin pierderea exonilor 34 şi 35, şi ar fi apărut acum 6-8 milioane de ani, aproximativ în divergenţa celor 2 specii. De asemenea, omul are o pseudogenă *hHaA*, pentru o keratină de tip I, care ar fi apărut acum 0,25Mya, când a fost inactivată de o mutaţie, şi care la cimpanzeu codifică o proteină din păr.

MC1R (melanocortin-1 receptor) singura genă care intervine în variaţia pigmentării la oameni, ar fi apărut acum aproximativ 1,5 milioane ani, după apariţia lui *H. ergaster*. Lungimea părului este reglată de diferiţi factori de creştere implicaţi în maladii genetice. De exemplu, gena *go,* asociată cu hirsutism, întârzie încetarea proliferării celulelor din foliculul pilos (Finch& Stanford, 2004).

Posibil ca blana să fi suferit modificări de la Australopithecine, de tipul celor de la bonobo. Dar primul strămoş nud al omului pare să fi fost un primat gigant, *Homo ergaster,* numit şi Turkana boy, a cărei înălţime la maturitate se pare că putea depăşi 1,90 m, care a trăit acum aproximativ 1,6 milion de ani în savana africană, de unde ulterior ar fi migrat şi pe alte continente. Peter Wheeler de la John Moores University din Liverpool, Marea Britanie consideră că problema acestui primat se pare că era aceea a supraîncălzirii, dată de dimensiunile sale uriaşe, dar şi de deplasarea pe distanţe lungi, a cărei soluţie evolutivă era un număr mai mare de glande sudoripare şi păr mai puţin (Jablonski & Chaplin, 2003). Dacă datele actuale avansează vechimea dispariţiei blănii, de fapt a pigmentării de tip uman care a decurs din aceasta, având aproximativ 1,5 milioane ani, acest fapt sugerează că pierderea aproape completă a blănii ar fi avut loc la această specie. Avantajul evident în cazul acesta ar fi salvarea de la supraîncălzire, prin sporirea pierderilor de căldură.

Dar homininele trebuie să mai fi avut un avantaj prin această pierdere. Atingerile corporale sunt mult mai bine simţite şi, prin urmare, mult mai plăcute, decât atunci când efectul lor nu este atenuat de blană. La om, lipsa blănii nu numai că are un efect pozitiv asupra atingerilor corporale cu conţinut sexual, dar dezvăluie trăsăturile specifice ale sexualităţii umane (Morris, 1967). Însuşi Darwin observa în 1871 că însăşi pielea goală a femeii are un puternic conţinut sexual (Willson, 2004). Cu alte cuvinte, dispariţia părului de pe corp ar fi avut un rol în stimularea plăcerii sexuale. Cum la om, şi probabil şi la strămoşii lui apropiaţi, sexul are o importantă funcţie socială, în schimbul renunţării la blană, s-ar fi obţinut o creştere a coeziunii sociale. O specie evoluează prin caracterele indivizilor ei, cu condiţia ca acestea să le fie utile lor, dar în primul rând speciei. Omul este o specie socială, şi caracterele genetice care fac grupul social să funcţioneze mai bine au şanse să fie fixate.

Părul de pe cap a supravieţuit extincţiei părului pe alte zone din cauza faptului că rolul de protecţie nu numai termică, dar şi mecanică al acestuia, a persistat.

Ar fi fost posibilă umanizarea împreună cu prezervarea blănii specifice unui primat? Renunţarea la blană pare să fi avut repercusiuni asupra sexualităţii şi vieţii sociale specific umane, dar, prin creşterea sensibilităţii, şi asupra dezvoltării creierului. Dacă umanizarea a urmat scenariul propus aici, o planetă a „maimuţelor" ar fi fost puţin probabilă.

În loc de concluzii

Pentru a demonstra că acţiunea pe termen lung a restricţiei calorice (foametei în natură) ar fi intervenit în umanizare, trebuie să demonstrăm mai întâi că restricţia calorică este factor de evoluţie. Conform teoriei sintetice a evoluţiei, aceasta ar trebui să crească rata recombinărilor în meioză, fenomen care reprezintă principala sursă a variabilităţii, obiectul selecţiei naturale.

- Experimentele de restricţie calorică pe animale de laborator arată că aceasta determină masive modificări epigenetice, care afectează până la o treime din genom;
- Inaniţia determină modificări epigenetice şi la om, care se transmit la urmaşi, chiar peste două generaţii;
- Modificările epigenetice, care apar în cursul îmbătrânirii sau al unor condiţii patologice determină recombinări şi chiar reactivarea unor gene implicate în dezvoltarea embrionară, ceea ce se asimilează neoteniei;
- Neotenia (de fapt heterocronismul) este acceptată ca factor important al umanizării, care explică unele caractere specific umane, printre care dezvoltarea creierului şi lipsa părului de pe corp;
- Restricţia calorică determină heterocronism (alterări ale timpilor dezvoltării) majore la nevertebrate (viermi şi insecte), dar mai slabe la mamifere (maturizare tardivă);
- Omul are o longevitate şi o capacitate regenerativă superioară altor mamifere, caractere care ar fi legate tot de neotenie, embrionul având şi la mamifere o capacitate regenerativă nelimitată; capacitatea de regenerare crescută este asociată şi la alte specii (*Axolotus mexicanus*) cu neotenie şi alterări ale metamorfozei;
- Omul trăieşte o viaţă lentă, reflectată în dezvoltare, reproducere şi chiar longevitate; afectarea dezvoltării, a reproducerii şi a creşterii longevităţii sunt consecinţe ale restricţiei calorice la numeroase specii, de la viermi şi insecte, la mamifere;
- Hormonii tiroidieni intervin în metamorfoză la batracieni şi reptile, dar

nivelul lor scade în inaniţie; la om, nivelul hormonilor tiroidieni este mai redus decât la cimpanzeu;

- Nivelul IGF-1 scade în restricţie calorică, dar după revenirea la o dietă normală creşte faţă de perioada anterioară aplicării restricţiei calorice, fenomen demonstrat şi la oameni;
- Unele caractere morfologice tipic umane, printre care creşterea în înălţime, ar fi consecinţa alterării nivelului IGF-1; creşterea nivelului IGF-1 ar conduce la o activare superioară a căii receptorului de insulină/IGF-1;
- Dezvoltarea disproporţionată din cursul dezvoltării embrionare a unor caractere ar fi la originea neoteniei; selecţia determinată de creşterea şanselor de supravieţuire a puiului la naştere şi în primii ani de viaţă ar conduce la suprainvestirea în energie în perioada prenatală.

3. Creierul şi foamea

Creierul uman este un campion al mărimii într-o clasă de campioni ai mărimii. Omul este un mamifer şi mamiferele se disting faţă de alte clase de vertebrate prin dimensiunile creierului. Mamiferele au o organizare particulară a creierului, care cuprinde, în afară de ganglionii nervoşi vechi, care există la toate vertebratele, o structură nouă numită neocortex (scoarţa cerebrală). Neocortexul este format din 6 straturi celulare, situate concentric, spre exteriorul cutiei craniene, deasupra ganglionilor primitivi. La om această structură a cunoscut o dezvoltare fără precedent, a cărei consecinţă este plierea la exterior, cu formarea de şanţuri mai mari sau mai mici (girusuri). Prin aceasta, suprafaţa scoarţei s-a extins foarte mult. Omul a dus la extrem cele două particularităţi ale creierului de mamifer-volumul mare şi dezvoltarea neocortexului.

Simţire şi raţiune

Care ar fi fost factorii de mediu care ar fi determinat dezvoltarea structurilor nervoase specifice mamiferelor? Mamiferele au apărut ca animale nocturne, care, de aceea, cu excepţia primatelor, care au devenit între timp diurne, nici nu văd prea bine. Nici primatele nu sunt campioni ai văzului. Recordul în domeniul văzului îl deţine *Odontodactylus scyllarus*, un crustaceu, numit şi „crevetele păun", care are cei mai performanţi ochi din lumea animală. Acesta trăieşte în recifurile de corali, şi are o vedere diurnă inimaginabilă pentru oameni. Ochi surprinzător de sofisticaţi au şi coelenterate (Nilsson, 2005). Dacă primatele au trei tipuri de conuri, adică celule din retină pentru vederea diurnă, acesta se pare că are 8 tipuri diferite de conuri. Celelalte mamifere au două tipuri de conuri, spre deosebire de cele mai multe specii de peşti, păsări, dar şi ţestoase, reptile, care au 4, aşa cum se pare că aveau şi dinozaurii.

Prelucrarea imaginii începe din ochi, deci ochiul însuşi este un organ foarte sofisticat, de aceea pentru văz nu este nevoie de atât de mulţi neuroni în structurile superioare ale sistemului nervos. Într-o oarecare măsură, faptul că primatele au creierul mai mare decât celelalte mamifere, poate fi pus pe seama simţului vizual mai dezvoltat (Lewin[a], 2005). Totuşi speciile diurne de lemurieni şi alţi prosimieni sunt mai puţin dotate din punct de vedere al mărimii creierului.

Dar mamiferele sunt mamifere, adică se caracterizează în primul rând prin faptul că au pui vii, pe care îi îngrijesc până devin independenţi, adică mult timp, de exemplu în cazul primatelor, ani de zile. Toate mamiferele îşi hrănesc puii şi eventual îi toaletează, adică îi spală cu limba sau îi deparazitează. Nucleul mamă - pui există şi la mamiferele solitare. Atingerile, ca şi mirosurile au un mare rol în comunicarea dintre mamă şi pui la această clasă de animale. Puii de mamifere sunt obişnuiţi cu atingerile, probabil de aceea corpul lor devine atât de sensibil la atingere. Simţul lor tactil prin asta se antrenează, ei învaţă sensul acestor atingeri pe care apoi îl asociază cu o anumită stare interioară. A văzut cineva şarpe care să se întoarcă cu burta în sus să fie scărpinat? Nu, dar toate mamiferele cunosc acest comportament, care are o semnificaţie socială bine determinată. Faptul că mamiferele au comportamente sociale atât de complexe şi flexibile, nu ca ale insectelor sociale de exemplu, mult mai stereotipe, ar putea avea legătură şi cu disponibilitatea lor la contacte fizice, prin care îşi transmit mesaje despre posibilele relaţii între ele.

Simţul tactil al mamiferelor e incomparabil cu al oricărei clase de animale. Acest simţ e unul foarte nespecific, de aceea prelucrarea informaţiilor venite pe această cale e foarte dificilă. Corpul mamiferelor e „tapetat" cu receptori de tact şi presiune, care au semnificaţie doar prelucrate împreună. La sensibilitatea tactilă a imensului organ de simţ numit piele se adaugă cea termică şi dureroasă. Aceste tipuri de sensibilitate nu sunt prin ele însele cu nimic mai specifice decât sensibilitatea tactilă.

Toate aceste informaţii brute, care fiecare prin ea însăşi nu spune mare lucru, trebuie să fie prelucrate undeva. Pentru ca sensibilitatea tactilă, termică şi dureroasă să fie „eficientă", trebuie să conţină mulţi receptori distribuiţi pe toată suprafaţa corpului şi prin urmare să fie legaţi la mulţi neuroni.

De ce ar fi apărut neocortexul şi de ce sensibilitatea ar fi devenit atât de divergentă? Probabil din cauza implicării mai multor simţuri puţin consistente. Pentru ca, de exemplu, sensibilitatea tactilă să poată furniza date care să aibă o semnificaţie adaptativă, era nevoie de o prelucrare mai îndelungată a lor. Trebuia să se ia în calcul nu numai zona din care provin, dar şi asocierea lor cu alte informaţii obţinute prin intermediul simţului olfactiv, de asemenea foarte dezvoltat la mamifere, dar şi a celui auditiv şi vizual. Pentru aceasta, informaţiile trebuia să ajungă în zone specifice unde să rămână un anumit timp, pentru ca apoi, luate împreună cu celelalte, să capete un anume sens. Creierul mare (scoarţa) ar fi putut apărea pentru ca informaţiile să aibă o anumită latenţă. Scoarţa ar fi apărut pentru ca informaţiile multe, dar nesemnificative, să rămână acolo o perioadă ceva mai lungă pentru ca numai împreună cu altele, de natură uneori foarte diferită, să fie apte să determine un răspuns adecvat. Latenţa senzaţiilor gustative (aproximativ 1 secundă), pe lângă a celor vizuale (pe care se bazează cinematografia, dar care implică retina), sunt deja descrise.

Datele de neurobiologie vin în sprijinul acestei ipoteze. În scoarţa mamiferelor, neuronii (corpi neuronali) sunt aşezaţi în coloane suprapuse peste substanţa albă, formată din prelungirile neuronilor mielinizaţi (Buxhoeveden & Casanova, 2002). De mult se ştia că neuronii din cadrul unei astfel de coloane au legături funcţionale, de exemplu răspund la acelaşi tip de sensibilitate, eventual care provine dintr-un singur sens. Experimentele recente arată însă în aria vizuală 18 a cortexului vizual de pisică, că aceste coloane de neuroni nu numai că răspund stimulilor din aceeaşi direcţie, dar coloanele vecine sunt responsabile de prelucrarea informaţiei vizuale din zone foarte apropiate ale retinei, precizia fiind de una-două celule (Ohki et al., 2005).

În creierul mamiferelor există hărţi virtuale ale diferitelor sensibilităţi. Dacă în cazul sensibilităţii auditive şi vizuale, hărţile se bazează pe direcţia stimulilor, în cazul sensibilităţii generale a corpului (tactilă, termică, dureroasă şi proprioceptivă), hărţile conţin părţile corpului deformate.

Creierul mamiferelor ar putea fi un dar la vieţi nocturne, pe care din cauza dominanţei dinozaurilor pe timpul zilei, se presupune că ar fi fost obligate s-o ducă. Asemenea orbilor, primele mamifere au fost nevoite „să-şi ascută" celelalte simţuri, şi să le dezvolte la maximum. Mirosul şi auzul mamiferelor au atins într-adevăr cele mai mari performanţe din lumea animalelor. În plus, mamiferele dispun de sensibilitate proprioceptivă (care dă informaţii despre poziţia corpului, dar şi despre starea de tensiune a muşchilor) şi interoceptivă (care se referă la viscere). Acestea fac posibile comportamentele complexe ale mamiferelor, care presupun coordonarea unui mare număr de muşchi. „Expresivitatea" mamiferelor, agilitatea şi graţia lor vine de fapt din marea lor sensibilitate.

Dacă scoarţa a apărut pentru a stoca o perioadă informaţiile nespecifice şi fără prea mare semnificaţie, ar fi o explicaţie pentru capacitatea foarte mare de învăţare a mamiferelor. Aceste animale nu sunt nici pe departe nişte campioane ale promptitudinii. Experimentele de învăţare cu diferite clase de animale arată că păsările de exemplu după ce au învăţat o „lecţie" răspund instantaneu, pe când mamiferele sunt mai ezitante, mai puţin rapide, dar mai flexibile. Dacă datele se schimbă, ele se adaptează mai repede la noua situaţie. Această flexibilitate vine probabil din faptul că creierul lor e făcut să lucreze cu date în schimbare pentru că informaţiile disponibile la un moment dat sunt insuficiente pentru un răspuns adaptativ. De fapt, creierul primitiv reptilian ia mai multe „probe" din mediu, adică primeşte mai multe informaţii (probabil câteva sute pe secundă) decât creierul de mamifer (probabil 30-80 pe secundă). Creierul mamiferelor face economie în prelucrarea informaţiilor.

O ipoteză legată de inteligenţa primatelor explică acest caracter prin faptul că acest ordin de mamifere, în special marile primate, iau în considerare în acelaşi timp informaţii vizuale şi auditive, pentru a elabora un răspuns (Wilson, 2003).

E drept că în cazul oamenilor, mai bine de 90% din informaţiile din mediul exterior sunt obţinute prin intermediul văzului, dar probabil nu sunt atât de inteligenţi pentru că văd atât de multe, ci pentru că strămoşii lor, mamiferele, au simţit mult mai multe prin simţuri mult mai puţin performante decât văzul. Primatele şi delfinii sunt într-adevăr mamifere foarte inteligente, care au şi un simţ vizual mai dezvoltat. Dar simţul vizual dezvoltat se suprapune peste un creier deja mare, generând o multitudine de legături noi.

Pentru alte ordine de mamifere, primatele se disting prin mărimea creierului în raport cu corpul. Surprinzător, o definiţie concisă a primatelor, prin intermediul caracterelor lor specifice, e greu de dat (Lewin[b], 2005). Alisson Jolly de la Universitatea din Sussex, Marea Britanie, nota „dacă există o definiţie a faptului de a fi primat, aceasta este evoluţia progresivă a inteligenţei ca mod de viaţă". Conform ipotezei prezentate, primatele sunt mamifere cu o mare versatilitate a simţurilor. Deşi majoritatea primatelor sunt diurne, şi au o vedere relativ bună, există şi primate cu miros dezvoltat.

Un caracter comun tuturor primatelor, a cărui origine este foarte controversată, este reflexul de apucare. La om, copilul mic are instinctual de a apuca, care se presupune că ar fi un atavism al puiului de primat, cu ajutorul căruia se prindea de părul mamei. Reflexul de apucare al primatelor, necesar puiului, ar fi contribuit la dezvoltarea creierului, direct, prin accentuarea simţului tactil, dar şi indirect, prin creşterea complexităţii vieţii sociale. O definiţie şi mai bună a primatelor ar fi aceea de mamifere cu un reflex de apucare.

Inteligenţa - produs al mărimii creierului

Mamiferele au creierul atât de mare pentru că sunt foarte sensibile, adică au foarte mulţi receptori. Multitudinea de fibre care conduc aceste informaţii până la urmă trebuie să ajungă în structuri nervoase voluminoase. Un ac uriaş nu poate avea decât o gămălie uriaşă. Acesta este un fenomen pur fizic, care se poate observa şi la nivelul neuronilor individuali.

Neuronii motori din coarnele anterioare ale măduvei, ca şi cei din cerebel, sunt mult mai mari decât neuronii senzitivi să zicem tot din măduvă sau neuronii intercalari (de legătură) din aceeaşi structură nervoasă. De ce? Pentru că aceşti neuroni primesc multe aferenţe, adică dendritele lor fac sinapsă cu mulţi alţi neuroni care îi controlează. Dacă mişcările sunt fine, aceşti neuroni fac şi mai multe sinapse pentru o coordonare a mişcărilor şi mai bună. O celulă nervoasă este mare pentru că face sinapse cu multe alte celule.

Dar este inteligenţa o funcţie a mărimii creierului? La mamifere pare a exista o relaţie directă, dar există o clasă de animale inteligente care aparent au un creier foarte mic: păsările. Păsările sunt cunoscute pentru dimensiunile reduse ale creierului lor, totuşi se pare că lucrurile nu stau chiar aşa. Relativ la dimensiunile corpului, creierul de cioară, animal foarte inteligent, este la fel de mare ca şi cel de cimpanzeu. Mai mult, s-au semnalat animale „vechi" din punct de vedere filogenetic_ caracatiţa, care posedă inteligenţă. Creierul de caracatiţă este unul nu numai mare, având în vedere vechimea ei şi locul pe care se află pe scara evolutivă, ci şi eficient. Inteligenţa caracatiţei este bine cunoscută, ea fiind capabilă de a învăţa sarcini de o dificultate apreciabilă, unele la nivelul celor accesibile vertebratelor. Caracatiţa are o vedere bună, creierul ei fiind trei sferturi vizual, şi este un prădător talentat.

Pentru cei care consideră că inteligenţa este un produs al materiei evoluate, prin urmare a materiei care a făcut multe experimente în decurs de multe milioane de ani, pare cel puţin straniu ca un nevertebrat, o moluscă, adică o rudă a melcului de grădină, să fie inteligent. De fapt ce este inteligenţa? Aceasta reprezintă reacţii comportamentale complexe ca răspuns la factorii de mediu, care provin dintr-o discriminare fină a stimulilor percepuţi. Pentru reacţiile comportamentale complexe, e nevoie de mişcări complicate, deci de un control complex al muşchilor. Animalele capabile de mişcări complicate ale unor organe sunt în general mai inteligente decât cele înrudite, dar care nu posedă asemenea abilităţi.

Este o legătură între inteligenţa caracatiţei şi faptul că e capabilă să-şi controleze cele 8 braţe lipsite de schelet osos (Sumbre et al., 2005). La fel, se poate spune că elefantul e inteligent pentru că-şi controlează trompa, de asemenea lipsită de schelet, iar primatele datorită „mâinii" sensibile. Manifestarea inteligentă poate rezulta din prelucrare performantă a datelor obţinute prin organe de simţ, ceea ce determină un control al muşchilor performant. Dacă animalul prezintă un simţ specific dezvoltat (văzul) creierul lui nu trebuie să fie foarte mare pentru a-i conferi inteligenţă. De asemenea, dacă mişcările sunt complexe, dar stereotipe, nu e nevoie de un creier mare.

Creier pentru unelte

Pe lângă alte structuri nervoase, cerebelul a cunoscut variaţii în ponderea pe care a ocupat-o în volumul total al creierului, ceea mai mare din cursul umanizării fiind cea întâlnită la omul recent, iar cea mai mică dintre toate primatele a fost cea atinsă în Pleistocenul târziu, la omul de Cromagnon şi cel de Neanderthal (Weaver, 2005).

Mai mult, se pare că dezvoltarea sa este independentă de cea a cortexului cerebral. La om, cerebelul mai are un rol important pentru că este implicat în simţul echilibrului, mai important în cazul mersului biped. Primul simptom după îndepărtarea cerebelului este ataxia, adică imposibilitatea de a sta în picioare. Mersul biped necesită un simţ al echilibrului mai dezvoltat decât mersul tetraped, pentru că presupune doar două puncte de sprijin.

Cerebelul intervine în învăţarea activităţilor motorii complexe care devin cu timpul automatisme parţial sau total (Sakai et al., 2004). Fabricarea şi mânuirea uneltelor sunt astfel de activităţi. Dezvoltarea cerebelului, probabil consecutivă adoptării mersului biped, ar fi contribuit probabil în timp la capacitatea fabricării uneltelor sofisticate. Strămoşii omului mai întâi au mers biped, acum aproximativ 4 milioane de ani, după cele mai multe surse, dar abia acum 2,5 milioane de ani au produs unelte sofisticate.

Păsările, animale care deţin supremaţia fabricării uneltelor, chiar în faţa primatelor (excluzând omul), nu au cortex, creierul lor, care are încă multe mistere pentru specialişti, fiind cu totul altfel organizat. Ele, în afară de ganglionii bazali, care formează creierul primitiv reptilian, şi-au dezvoltat un nou nivel de ganglioni, ca şi când creierul motor primitiv (ganglionii bazali la mamifere au un rol motor de ajustare a mişcărilor) s-a extins. La păsări, creierul constă din mai multe aglomerări de celulele, numite ganglioni. Aceste aglomerări (ciorchini de neuroni) există şi la mamifere, dar numai în etajele inferioare ale creierului, implicat mai ales în comportamentele înnăscute (instincte). La păsări, în afară de ganglionii inferiori, existenţi la mamifere, au apărut alţii superiori, care ar avea rolul cortexului de la mamifere, care este organizat în 6 straturi. La mamifere, neuronii senzitivi din talamus fac sinapsă în stratul al IV-lea al cortexului. Ganglionii superiori de la păsări ar corespunde funcţional cortexului. O altă ipoteză este aceea că ganglionii superiori de la păsări corespund claustrumului şi amigdalei, structură implicată în emoţii, de la mamifere. Dar la păsări acestea au rol de integrare a informaţiilor, şi nu sunt deloc implicate în emoţii (February 2005 issue of Nature Reviews Neuroscience, Jarvis et al., 2005). Interesant este ca Antonio Damasio, autorul ipotezei markerului somatic, consideră că multiplele legături dinspre şi spre lobii frontali ar fi un fel de replică a conexiunilor amigdalei. Astfel, lobii frontali de la mamifere ar reprezenta o formă „mai evoluată" a amigdalei. Evoluţia ar fi creat, prin intermediul lobilor frontali, o structură mai complexă care se suprapune amigdalei, dar cu care funcţionează împreună. Nu e prima situaţie în care modele neuronale se repetă la nivele diferite.

Totuşi, date mai recente, arată că şi la mamifere, ganglionii bazali sunt implicaţi în proiectarea acţiunilor, nu neapărat de ordin motor. Aceste structuri sunt utile nu numai în cazul automatismelor, dar şi al elaborării de planuri strategice. Aceste funcţii ar fi de fapt extinderi ale funcţiilor motorii. Orice răspuns comportamental este în final motor, pregătirea acestuia ar deriva tot din funcţii motorii mai sofisticate. Cerebelul, împreună cu ganglionii bazali, este implicat în planificare, dar şi atenţie (Wickelgren, 1998, 1999, White, 1997).

Păsările au probabil un creier preponderent motor, pe când la mamifere, ponderea „sensibilităţii" în creier este mai mare. Extinderea funcţiilor motorii în sensul planificării acţiunilor şi elaborării de strategii ar putea explica talentul păsărilor de a construi unelte şi de elabora acţiuni complicate. Organizarea creierului la păsări ar putea avea legătură cu mediul în care trăiesc şi cu dezvoltarea simţurilor lor. La origine animale diurne (păsările sunt considerate rude apropiate ale dinozaurilor), ele au o vedere foarte bună (au patru tipuri de conuri, iar densitatea lor este de cinci ori superioară celei din ochiul uman), simţul tactil şi simţurile chimice (olfactiv şi gustativ) fiind mai puţin dezvoltate. Prin urmare, ele nu au nevoie de o structură asemănătoare cortexului care să le prelucreze informaţiile venite pe cale simţurilor nespecifice. Din contră, în zonele implicate în prelucrarea informaţiilor vizuale şi cele motorii responsabile de coordonarea mişcărilor complexe asemenea zborului, ar trebui să existe o legătură mai strânsă decât în creierul mamiferelor. Creierul păsărilor este mai compact.

O pisică nu poate face unelte pentru că nu vede suficient de bine încât să poată stabili legături complexe între aspectul obiectelor şi eventuala aplicaţie a acestora. Probabil şi pentru o maimuţă e mai greu decât pentru o pasăre deoarece în creierul ei se interpun mai mulţi neuroni între cortexul ei vizual (care observă un obiect) şi cel motor (care îl modifică pentru a-l transforma în unealtă). La mamifere nu există legături directe între creierul senzitiv şi cel motor. Fabricarea uneltelor are legătura cu inteligenţa de orice tip, dar mai ales cu inteligenţa vizuală.

Dintre vertebrate-păsările, iar dintre mamifere-primatele sunt candidaţi la fabricarea uneltelor sau a strategiilor bazate pe date obţinute pe cale vizuală deoarece au o vedere diurnă acceptabilă şi o bună coordonare motorie. Creierul motor al păsărilor mai e capabil de ceva extraordinar: cântecele. Vocalizele sunt activităţi motorii complicate, aşa cum este şi vorbirea umană. S-ar putea spune că păsările cântă pentru că zboară, iar oamenii fac unelte sofisticate şi apoi vorbesc, pentru că merg biped.

Dacă primatele au ajuns să facă unelte asemenea păsărilor, la mijloc e în primul rând un fel de evoluţie convergentă, determinată în special de dezvoltarea simţului vizual la primate. Dar în primul rând, primatele au o mână sensibilă, care poate apuca obiecte. Pentru a crea unelte artificiale, animalele trebuie mai întâi să posede unelte naturale. Păsările dispun de unelte naturale, ciocul şi ghearele prehensile. Delfinii, animale inteligente, cu o vedere destul de bună şi o coordonare motorie bună, nu dispun de unelte naturale.

Emoţii şi societate

Creierul de mamifer răspunde la tot felul de sensibilităţi. În afară de cele descrise mai sus, o altă sensibilitate nespecifică este sensibilitatea interoceptivă care dă informaţii despre funcţionarea organelor interne. De fapt este cea mai puţin specifică dintre toate sensibilităţile, deoarece informaţiile despre organele interne sunt foarte difuze. Dar sensibilitatea interoceptivă, împreună cu cea proprioceptivă (care dă informaţii despre tensiunea muşchilor scheletici) au un mare rol: creează ceea ce se numeşte stare interioară. Aceasta stare interioară se manifestă prin stări afective, emoţii la om. Teoria James-Lange a emoţiilor propune că feedback-urile aferente de la muşchi şi viscere, generate de comenzile autonome fixate prin evoluţie, care însoţesc orice emoţie, furnizează creierului o imagine senzorială sau sentiment, care caracterizează starea motivaţională activă.

Numeroase comportamente ale mamiferelor sunt însoţite şi de anumite modificări circulatorii, adică puls, tensiune arterială, respiratorii, digestive sau excretorii. Reacţia de „fugă sau luptă" determină anumite modificări vegetative. Dacă stimulul care a determinat această reacţie se repetă de mai multe ori, animalul „învaţă" ce modificări vegetative să aibă într-o anumita situaţie. De exemplu, un câine învaţă să se teamă de băţ, dacă băţul a fost folosit de mai multe ori împotriva lui. E de ajuns să-i fie arătat, şi el are toate acele reacţii vegetative ca atunci când a fost bătut.

Probabil câinele lui Pavlov, la auzul clopoţelului sau la vederea becului aprins care îi semnaliza hrana, îşi modifica şi pulsul, tensiunea arterială, ritmul respirator, dar şi tonusul muscular. Dacă l-ar fi urmărit, fiziologul ar fi observat ca animalul îşi ciuleşte urechile, îşi agită coada. Dacă alţi câini ar fi fost pe aproape, ar fi ştiut că semenul lor a găsit o sursă de hrana, şi ar fi avut reacţii asemănătoare. De asemenea, reacţii ale tubului digestiv (hiperaciditate, senzaţia de gol în stomac) apar la stimuli care nu au nici o legătură cu hrana. Dacă Pavlov ar fi urmărit câinele cu fistula gastrică, ar fi observat acelaşi lucru.

Prin intermediul sensibilităţii interoceptive, scoarţa „află" de aceste modificări. E vorba de scoarţa primatelor şi a omului deoarece la primate, şi în special la om, există o extensie talamo-corticală a căilor sensibilităţii interoceptive care la alte vertebrate se opresc la nivelul trunchiului cerebral şi hipotalamusului, sediul mecanismelor homeostatice integrative care menţin sănătatea şi buna funcţionare a organismului. Studiile pe oameni arată că aceştia pot fi „conştienţi" într-o oarecare măsură de bătăile propriei inimi, fără să-şi ia pulsul (Craig, 2004), iar această capacitate este direct proporţională cu dimensiunile şi activitatea insulei anterioare drepte .

În reacţiile de fugă sau luptă intervine sistemul limbic, considerat creierul primitiv de mamifer. Structurile subcorticale şi corticale implicate în acest sistem (amigdala, hipocampul, girusul cingulat, girusul fornicat, hipotalamusul, corpii mamilari, nucleus accumbens, cortexul orbitofrontal, girusul parahipocampic, talamusul), la om au rol în emoţii, motivaţie, dar şi memorie. Sistemul limbic are legături cu sistemul endocrin şi sistemul nervos vegetativ, prin care influenţează funcţionarea organelor interne şi deci starea interioară. De asemenea are conexiuni cu sistemul de recompensă (nucleus accumbens), care este implicat în stările plăcute, consumul de substanţe de abuz şi excitaţia sexuală. Sistemul limbic este conectat şi la zona cortexul prefrontal, zonă implicată, printre altele, în exprimarea emoţiilor.

La om, există cele mai multe conexiuni dintre aria prefrontală şi structurile mai vechi ale sistemului limbic faţă de alte mamifere, aspect considerat ca fiind la originea marii varietăţi de emoţii şi sentimente pe care le exprimă specia umană. Deşi unele date sugerează că sistemul limbic ar fi apărut la tetrapode, la strămoşul comun al reptilelor şi mamiferelor, deoarece la reptile şi amfibieni există unele structuri nervoase, mai precis subdiviziuni ale acestui sistem, care ar corespunde celor de la mamifere (Bruce & Neary, 1995), totuşi primele semne ale afectivităţii apar abia la păsări, şi sunt evidente la mamifere. Dar dincolo de structurile rudimentare de la amfibieni şi reptile, sistemul limbic a apărut în forma actuală probabil începând de la primele mamifere.

Legătura dintre evoluţia sistemului limbic şi apariţia afectivităţii la mamifere pare facilă. Mamiferele sunt mamifere, adică îşi îngrijesc puii. O modalitate foarte eficientă de modificare a stării interioare este grooming-ul. Toate mamiferele îşi îngrijesc puii, care la rândul lor se joacă, cu atât mai mult cu cât specia e mai „evoluată". Distrugerea unor părţi importante din sistemul limbic determină pierderea totală a afecţiunii materne, dar şi a interesului pentru joc. Sistemul limbic, creier primitiv de mamifer, ar fi cel responsabil de legătură socială dintre mamă şi pui. Cortexul cunoaşte o dezvoltare ulterioară oferind mai multă specificitate.

Din punct de vedere al evoluţiei, mamiferele introduc o nouă variabilă în descrierea mediului de viaţă, de data asta din interior - afectivitatea. Prin intermediul semnalelor venite din interior, mamiferele află cât de calme, de agitate, speriate etc. sunt în realitate, mai precis, cât de apte sunt pentru a acţiona la momentul respectiv. Afectivitatea intervine în reglajul comportamentului, având rolul unui barometru al „energiei interne" a unui mamifer. Probabil afectivitatea creşte randamentul acţiunilor unui mamifer, contribuind la conservarea energiei acestuia. Mamiferele sunt animale homeoterme, care, spre deosebire de păsări, au metabolismul bazal mai redus, deci dispun de mai puţină energie.

La mamiferele sociale, emoţiile, şi mai ales exteriorizarea lor mai au un mare rol: comunicarea. Animalele ţipă de frică, iar dacă sunt apte de luptă, iau posturi ameninţătoare, şi îşi etalează dinţii. Cum au apărut aceste posturi şi atitudini? Etologia încearcă să explice apariţia comportamentelor instinctive (înnăscute) prin modificarea celor deja existente, adică prin evoluţia din altele. Cel mai probabil primele comportamente sociale au evoluat din manifestarea (exprimarea) unor reacţii vegetative. Câinele e mai expresiv decât pisica pentru că e social. Primatele sunt de asemenea expresive tot din cauza faptului că trebuie să comunice cu semenii. Delfinii au o expresivitate a lor, adaptată mediului în care trăiesc, din aceleaşi motive.

Modalităţile de a modifica emoţiile (starea interioară) sunt de asemenea exploatate în comunicare. Una dintre acestea are drept ţintă sensibilitatea proprioceptivă adică sensibilitatea răspunzătoare de reglarea tensiunii musculare (vezi mai sus). În natură, tensiunea musculară crescută este asociata cu situaţii gen „fugă sau luptă", iar relaxarea musculară cu situaţii de calm, odihnă. După efort fizic, muşchii se relaxează puternic, ceea ce ar putea fi la originea stării plăcute care apare atunci. Reglarea tensiunii musculare în condiţii normale se face prin intermediul reflexelor proprioceptive. Dacă muşchiul e prea tensionat, se trimit semnale care ajung la neuronii motori din măduvă, care, dacă tensiunea e prea mare, trimit semnale care relaxează muşchii. Dar aceste reflexe pot fi create „artificial". O presiune asupra muşchilor stimulează tensiunea musculară, deci are drept efect relaxarea puternică a muşchilor.

Masajul acţionează în acest fel. Masajul modifică starea afectivă, nu numai tensiunea musculară, chiar dacă îl executa o persoană de peste 100 kg, al cărei sex e indiferent beneficiarului. La fel şi coafatul. La animale, rolul de masaj îl are groomingul (toaletarea). De ce le place animalelor sa fie mângâiate? Etologii spun ca animalelor le place să fie mângâiate pentru că în acest fel se simt pui. E drept ca ele fac cunoştinţă cu groomingul prin intermediul mamei lor. De fapt, prin intermediul mamei, ele învaţă să accepte gromingul, adică sa fie atinse. Tot prin intermediul mamei, află de efectele grooming-ului. Dar plăcerea din grooming nu este numai tactilă, ci şi proprioceptivă. Calul nu reacţionează la mângâieri uşoare, deoarece pielea lui groasă nu permite excitarea receptorilor proprioceptivi din muşchi, şi nici a receptorilor de presiune. Dar în acelaşi timp, calul simte atingerea mult mai uşoară a insectelor, şi se apară de ele cu coada.

O altă modalitate de a influenţa direct starea afectivă proprie, dar şi pe a altora este prin modularea respiraţiei, ceea ce conduce la o varietate de sunete cu semnificaţie în comunicare. Ritmul şi amplitudinea respiraţiei se modifică în diverse stări afective. Dar modificarea acestor parametri ai respiraţiei conştient la oameni (tehnici de relaxare, yoga), sau ca urmare a unor semnale din mediul exterior la animale, determină schimbări ale stării afective, care pot fi receptate de semeni, mai ales dacă sunt însoţite de sonorizări specifice. Aceste două modalităţi de modificare a stării afective, prin respiraţie şi prin atingeri, sunt exploatate din plin de mamifere sociale, dar nu numai de ele. Scărpinatul pe burtă le place şi pisicilor. De asemenea, semnalele sonore, olfactive sau vizuale, modifică starea afectiva a animalelor. Câinele se relaxează, (se spune că se descarcă) daca latră el însuşi, dar şi dacă aude vocea unei persoane cunoscute de care îl leagă evenimente plăcute.

În privinţa semnalelor vizuale, toată acea mimică a mamiferelor sociale vine din stările lor interioare, dar şi din imitarea gesturilor semenilor. În momentul în care un câine vede alt câine cu urechile ciulite şi coada mişcându-se, nu numai că face şi el gesturi asemănătoare, dar creierul lui „simte" oarecum ceea ce simte şi semenul lui. Ca maimuţa, imită orice gest uman o face nu pentru că e maimuţă, ci pentru că e mamifer social. Spre deosebire de alte mamifere, ea îşi permite să imite omul din cauza asemănărilor morfologice şi fiziologice. Mamiferele sunt un fel de actori, care ştiu foarte bine ce e empatia. Omul îşi permite uneori lipsa de empatie din cauza apariţiei limbajului articulat, care face posibilă într-o măsură mai mare ignorarea semnalelor venite prin gesturi sau atitudini. Puterea de concentrare foarte mare la om, joacă şi ea un rol în acest proces. Dar şi la om, empatia e foarte importantă. Artele vizuale se bazează pe transmiterea stărilor interioare exprimate de personaje la spectator. Omul învaţă uneori să blocheze receptarea şi exprimarea acestor stări, dar reacţia lui primară este de empatie. Învăţăm să nu participăm afectiv prea puternic la scenele din filme, ceea ce se extinde uneori şi la imaginile de la buletinele de ştiri. Dar foarte mulţi oameni, dacă e frig afară şi văd o reclamă cu oameni în costum de baie, chiar simt frig.

Faptul de a fi sociale le conferă unor mamifere un anumit tip de inteligenţă foarte apreciat de oameni, probabil pentru ca e similară inteligenţei umane. Interacţiunile complexe dintre indivizi oferă un cadru propice învăţării. Înclinarea de a învăţa raporturile dintre membrii grupului, dar şi limbajul comun, creează condiţii pentru mai multe tipuri de învăţare, deci şi pentru învăţarea despre mediu. Viaţa socială creşte de fapt „puterea de concentrare", ceea ce conduce la efectuarea unor sarcini complicate. Puterea de concentrare este legată de fapt de memoria de lucru, capacitatea de a avea simultan în memorie mai multe date. Probabil animalele sociale se dresează mai uşor (de exemplu câinele faţă de pisică) nu numai datorită faptului că ele admit un lider. Ele învaţă să fie atente la ceea ce comunică liderul, şi nu numai el, dar şi să ignore unele semnale din natură în acest timp.

Domesticirea

Îmblânzirea animalelor domestice a rămas o problemă neexplicată încă. Un cercetător rus, Dmitry K. Belyaev a propus selecţia animalelor mai blânde, mai docile, ca fiind la originea domesticirii. Această ipoteză este susţinută de unele experimente. Belyanev a creat în Siberia o crescătorie de vulpi selectate timp de peste 40 ani după comportamentul lor blând sau agresiv (Trut, 1999). Tot el a iniţiat crearea unor linii de şobolani pe aceleaşi criterii.

Neotenia a fost de asemenea avansată ca mecanism al domesticirii. Ceea ce au în comun animalele domestice, variate ca rase şi aspect, este de fapt neotenia. Se presupune că docilitatea e un caracter neoten, pentru că puii, cu cât sunt mai mici, cu atât sunt mai dependenţi de mamă. Neotenia reduce agresivitatea în cadrul grupului, animalele neotene sunt mai submisive (recunosc ierarhia mai uşor), ceea ce permite aglomerarea (Gould[a], 1977). Animalele selectate la început pentru a fi domesticite aveau mai multe caractere neotene decât altele, dar nu era sigur pentru care anume caracter neoten au fost selectate. Belyaev sugerează că acesta trebuie să fi fost comportamentul.

Un aspect interesant este acela că vulpile selectate din categoria cea mai agresivă erau mai blânde decât cele din crescătoriile tradiţionale. Curios este faptul că atât linia de vulpi blânde din Siberia, cât şi animalele domesticite cu mult timp în urmă, prezintă şi modificări morfologice, nu numai comportamentale. Diferenţa de talie, de culoare a blănii, dezvoltare a oaselor craniului etc. apar la câinii domestici faţă de strămoşii lor, lupii, dar şi la vulpile „domesticite“ faţă de vulpile argintii sălbatice. Belyaev a avansat ideea că anumite trăsături comportamentale sunt asociate cu modificări profunde neuroendocrine, care ar afecta şi caractere morfologice, admiţând că în acest proces ar fi intervenit alterări ale timpilor ontogenezei (heterocronism). Aceste caractere morfologice apar cu o rată mult mai mare la animalele selectate pentru docilitate şi cooperare decât la cele agresive. Nu ştim cu ce frecvenţă apar acestea la animalele sălbatice. Dar ştim că în Africa există o specie de câine sălbatic, câinele de vânătoare African, *Lycaon pictus*, care aşa cum îi spune numele, arată ca un câine, în plus trăieşte într-o societate ideală, un fel de Arcadia canidelor, cu agresivitate redusă în cadrul grupului şi cooperare strânsă. Dacă a fost un tip de selecţie care a dus la apariţia acestei specii, aceasta a fost numai naturală.

Animalele domesticite, probabil la început au fost supuse unui stres enorm, care ar fi putut conduce, prin modificări epigenetice, la heterocronism. La animalele din cadrul experimentului, fitness-ul primelor generaţii de animale aduse din natură a fost foarte redus, de exemplu 14% din şobolani aveau urmaşi viabili care ajungeau la maturitate, iar în cazul vulpilor până la urmă s-a apelat la animale din crescătoriile pentru blană. Cine a lucrat cu animale ştie că stresul de contenţie are cel mai mare impact asupra animalului de laborator, mai mare decât tratamentul, chiar injectabil. Asupra animalelor capturate din sălbăticie a acţionat o selecţie naturală dură, în sensul că numai cele mai puţin sensibile la stres au supravieţuit, şi au dat naştere la urmaşi. Vulpile din linia „blândă“ ar fi avut un nivel mai scăzut al corticosteroizilor, hormoni de stres, dar şi momentul în care acesta atingea nivelul de la maturitate era întârziat. De asemenea, de la o generaţie la alta, nivelul cortizolului scădea, după 12 generaţii acesta a ajuns la jumătate, ca după 28-30 generaţii să se înjumătăţească din nou. Metabolismul serotoninei, care se consideră că inhibă comportamentul agresiv la animale, era de asemenea alterat. Animalele blânde erau mai rezistente la stres decât cele agresive, având şi un răspuns mult diminuat în situaţii neplăcute. Ar fi fost interesant să se urmărească nivelul oxitocinei, implicată în comportamentul de îngrijire a puilor, dar şi al acidului gama amino butyric (GABA), care reglează răspunsul hormonal la stres acut şi anxietatea.

Oxitocina ar putea juca un rol important în acest proces. Acest hormon hipofizar, implicat în reproducere, ar putea juca un rol crucial în domesticirea animalelor, dar şi în comportamentul social al multor specii, inclusiv cea umană. Atenţia maternă, manifestată prin grooming, influenţează activitatea oxitocinei în creierului puilor la şobolan (femele). Cu cât acestora li se oferă mai multă atenţie, cu atât acestea au mai mulţi receptori de oxitocină în zona din creier responsabilă de comportamentul matern, ceea ce are repercusiuni asupra nivelului de îngrijire a propriilor pui, dar şi răspunsului la stres (Francis et al., 2000, Champagne et al., 2002).

La om, oxitocina este implicată în încrederea acordată altor oameni. Cu ajutorul unui spray nazal cu oxitocină, subiecţii umani au devenit mai disponibili să încredinţeze bani unor investitori, deşi aceasta prezenta riscuri financiare (Kosfeld et al., 2005). De fapt, în cazul acestor subiecţi, oxitocina determina o mai mare disponibilitate pentru relaţii sociale. Oxitocina şi vasopresina, un alt hormon hipofizar, care reglează activitatea aparatului circulator, ar fi implicate de asemenea în fidelitatea sexuală la unele specii de rozătoare. Speciile foarte înrudite de câine de prerie sunt foarte fidele sau promiscuie, în funcţie de existenţa şi numărul receptorilor acestor hormoni în sistemul de recompensă. Oxtocina şi vasopresina acţionează asupra musculaturii netede, probabil modificările fiziologice produse de aceşti hormoni creează o stare interioară care este percepută ca plăcută.

Oxitocina ar putea fi hormonul domesticirii, dar şi al sociabilităţii. Ea oferă legătura dintre îngrijirea maternă (groomingul), reactivitatea la stres şi comportamentul matern şi eventual social la maturitate. Probabil, oxitocina creează o stare interioară plăcută, prin modificări fiziologice, care înlătură stresul.

Restricţia calorică e considerată stres moderat, iar răspunsul la stres are elemente comune neuroendocrine, indiferent de forma sub care a fost indus. Dar aşa să fi decurs domesticirea animalelor, prin capturarea unor animale mature, ai căror pui să fi fost apoi selectaţi pe baza comportamentului? Dacă în condiţii ideale, animalele captive au un asemenea fitness, probabil în urmă cu 10000 ani, când se presupune că ar fi fost îmblânzit câinele, primul animal domesticit, reproducerea animalelor capturate ar fi fost imposibilă. E vorba de animale mature capturate. Dar ce nevoie ar fi fost să se captureze lupi, animale care nu au carnea comestibilă?

Cel mai probabil, în cazul domesticirii a acţionat alterarea nivelului stresului „normal", la care e supus animalul sălbatic, dar de fapt reducerea lui. S-au semnalat numeroase cazuri de animale sălbatice, care în decurs de o generaţie, şi fără nici un fel de selecţie, au fost îmblânzite. Cazul Lizucăi, un pui de căprioară, care a fost domesticit după ce a fost adus din pădure, este bine cunoscut în România, prin intermediul emisiunilor TV. De asemenea, imagini de „tandreţe" dintre cercetători şi lupii americani aflaţi în mediul lor natural au fost prezentate de National Geographic.

Mamiferul se îmblânzeşte cu mâna. Cercetătorii care lucrează cu mamifere de laborator ştiu că trebuie să evite stabilirea unei relaţii afective cu acestea. În experimentele lui Belyaev, contactul cu animalele, dincolo de un protocol foarte strict, a fost de asemenea evitat. La fel, salvatorii animalelor sălbatice nu au voie să le trateze ca pe animalele de casă, altfel riscă modificări comportamentale ale acestora, care le vor împiedica să se adapteze după reintroducerea în mediul lor natural. Domesticirea e posibilă şi acum. Neotenia, caracteristica animalelor domesticite este asociată cu selecţie de tip K (adică puţini urmaşi, cu şanse mari de supravieţuire), legată de un mediu stabil, cu o populaţie apropiată numeric de maximum de suportabilitate a mediului, şi cu o competiţie intraspecifică intensă (Gould[b], 1977). Pentru aceasta este nevoie de o presiune mică a prădării. În natură, erbivorele nu îşi permit să fie neotene, adică să se maturizeze târziu. Dacă puiul de căprioară nu aleargă la scurt timp după naştere, şansele lui de supravieţuire scad dramatic.

Dar un mediu stabil sau o presiune mică a prădării înseamnă mai puţin stres pentru mamă, atât în perioada sarcinii, cât şi în timpul creşterii puiului, deci expunerea acestuia la un nivel mai scăzut al hormonilor de stres în timpul dezvoltării intrauterine, cât şi după naştere. Perioada de îngrijire a acestuia poate fi mai lungă, de asemenea, puiul poate primi mai multă atenţie de la o mamă mai puţin stresată, ceea ce se va răsfrânge asupra tabloului său neuroendocrin şi asupra comportamentului. De la o generaţie la alta poate apărea un feedback pozitiv, cu transmiterea unor modificări epigenetice, şi afectarea ritmului dezvoltării.

În acest caz, se poate concluziona că nu stresul, prin urmare restricţia calorică, ci abundenţa, eventual lipsa pericolelor, ar fi determinat neotenia la om. Aşa s-ar părea la prima vedere, numai că domesticirea poate fi făcută numai de om. Animalele neotene din natură cunosc într-adevăr o presiune scăzută a prădării (ex. felidele) şi un mediu relativ stabil. Abundenţa însă e exclusă; felidele, câinii de vânătoare, trăiesc în medii sărace în resurse. Dar cel mai apropiat exemplu de om este ruda sa, cimpanzeul bonobo, la care caracterele neotene au fost deja semnalate, puiul său este mai dependent la naştere decât al cimpanzeului comun. Mediul său de viaţă nu este unul abundent în resurse.

Veriga lipsă între neotenie şi mediul stabil, cu presiune mică a prădării este puiul neajutorat, dependent de mamă. Indiferent ce se întâmplă în exterior, el este protejat şi îngrijit, deci nivelul stresului său este redus. Altfel nu supravieţuieşte. De notat că societatea cimpanzeilor bonobo este mai pacifistă decât cea a cimpanzeilor comuni. În aceste condiţii, oxitocina ar putea fi hormonul domesticirii, dar şi al sociabilităţii. Ea oferă legătura dintre îngrijirea maternă (groomingul), reactivitatea la stres şi comportamentul matern şi eventual social la maturitate.

Prin îngrijire şi protecţie timp îndelungat, nu numai nivelul stresului, dar şi vigilenţa puilor scade. Ei nu mai trebuie să fie atenţi la pericolele din mediu, ceea ce poate conduce la creşterea puterii de concentrare, adică la creşterea memoriei de lucru. Memoria de lucru, pe scurt, presupune menţinerea a cât mai multor informaţii în acelaşi timp în „conştiinţă". Vigilenţa presupune atenţia faţă de modificările din mediu, cu date mereu în schimbare.

Belyaev emite ipoteza că există o legătură între îmblânzirea animalelor şi comunicarea extraordinară între câine şi om, prin semnale non-verbale, superioară celei dintre om şi cimpanzeu. Consideră că animalele în săbăticie nu sunt capabile de aceasta, din cauza fricii. Într-adevăr, frica, de fapt vigilenţa, este opusă unei puteri de concentrare crescute, adică unei memorii de lucru mari. Atenţia animalelor în sălbăticie trebuie să fie distributivă, nu îndreptată exclusiv spre câteva date. Puterea de concentrare crescută este implicată în extraordinara comunicare nonverbală dintre om şi câine, iar la om dă şansa învăţării limbajului.

Domesticirea istorică trebuie să fi implicat într-adevăr, aşa cum se spune atât selecţie naturală, cât şi artificială. Animalele mai „prietenoase" şi mai rezistente la stres (între aceste caractere există o legătură deja stabilită) trebuie să fi avut mai multe şanse de apropiere de oameni. Apoi, oamenii ar fi tratat cu mai multă grijă şi afecţiune animalele mai apte de a răspunde mai bine la aceste tratamente, ceea ce reprezintă selecţie artificială, de asemenea animalele cu aceste calităţi ar fi avut mai multe şanse de a fi menţinute în stoc. Dar acolo unde e variabilitate, poate apărea şi selecţie, dar şi alte fenomene populaţionale.

Lupul e primul animal îmblânzit probabil pentru că a fost cel mai simplu de domesticit. Este un animal social, şi puii de lupi sunt neajutoraţi la naştere, ceea ce îi face să aibă contacte mai îndelungate cu adulţii. Probabil cu cât o specie de mamifer este mai altricială (cu pui mai dependenţi), cu atât e mai uşor de domesticit. După domesticirea lupului, oamenii au încercat să îmblânzească şi alte specii, cărora le-au descoperit şi valoarea economică.

La originea domesticirii altor specii, omul, o specie de primat „domesticită" de natură, ar fi utilizat tot un caracter care are legătură cu neotenia: exacerbarea instinctului matern. Acesta permite adoptarea puilor altor mame sau chiar a puilor din alte specii. Cu cât puiul e mai neajutorat, cu atât necesită o îngrijire mai îndelungată şi mai intensă, care nu vine numai din partea mamei sale, dar şi a altor membri ai grupului. Câinii de vânătoare africani, lupii, leii acordă grijă parentală puilor din grup, care le sunt rudă. Orbeţii la fel. La alte primate (babuini), puii mai mari răpesc puii mici cu intenţia de a-i îngriji, dar cu consecinţe adesea nefaste. S-au semnalat leoaice care adoptă pui de antilopă, atunci când şi-au pierdut proprii pui. Copiii mai mari sau mici adoptă pui din orice specii de vertebrate, singura condiţie e disponibilitatea acestora. Personal am asistat în copilărie şi chiar participat la numeroase experimente de „domesticire" a variate specii, printre care caraşi, şopârle, pui de vrabie, arici etc.

Uşurinţa cu care un mamifer ar putea fi îmblânzit are legătură cu faptul de a fi social sau solitar, dar numai până la un punct. Unele animale sociale, al căror mediu le impune o independenţă timpurie a puilor, sunt mai puţin dispuse la atingeri odată ajunse la maturitate.

De exemplu, iezii de căprioară sau antilopă se descurcă singuri la câteva ore de la naştere, de aceea contactele corporale în copilărie sunt mult mai restrânse. La maturitate, căprioara e culmea „frigidităţii", deşi aspectul ei n-ar sugera aşa ceva. Chiar dacă e crescută de oameni, e mult mai puţin amatoare de atingeri decât o pisică. Totuşi, faptul de a fi sociale, de a admite lideri, a contribuit la domesticirea erbivorelor.

Experimentele lui Belyaev surprind evoluţia în acţiune, şi sugerează că uneori ritmul ei poate fi foarte rapid, chiar la animale superioare. Deşi concepute pentru a verifica darwininismul, ele arată cât de importantă e influenţa mediului.

Creierul uman

Ce face un creier de om? O exacerbare fără precedent a tuturor fenomenelor descrise mai sus. Creierul uman este foarte mare. Dar de fapt, chiar dacă prezintă unele modificări morfologice faţă de creierul de cimpanzeu, creierul uman reprezintă în mare ce ar fi un creier de cimpanzeu mărit. De exemplu, lobul frontal, a cărui dezvoltare fără precedent la om, i-a fost atribuită apariţia şi performanţa unor funcţii coginitive specific umane, nu are un volum mai mare decât cel aşteptat pentru creierul de asemenea dimensiuni al unui primat (Semendeferi et al., 2002).

Sensibilitatea umană, în special cea „nespecifică" este exagerată. Probabil omul nu vede şi nu aude mai bine decât cimpanzeul, dar sensibilitatea lui tactilă, proprioceptivă şi interoceptivă este superioară. Într-adevăr, aria vizuală primară este mai mică la om decât la cimpanzeu, dar ariile de asociaţie vizuale ocupă zone mai extinse. De asemenea, la om există o zonă corticală unică din punct de vedere anatomic, implicată în percepţia interoceptivă şi emoţionalitate. Această zonă se află în insula anterioară dreaptă, iar întinderea şi activitatea ei este direct corelată cu „conştiinţa" senzaţiilor din interiorul corpului şi emoţionalitatea (Craig, 2003).

Aceste rezultate vin în sprijinul teoriei markerului somatic (un succesor modern al teoriei James-Lange a originii emoţiilor). De asemenea aduce argumente pentru conceptul neuroanatomic conform căruia conştiinţa umană se bazează pe o cale interoceptivă distinctă filogenetic.

O dovadă a acţiunii semnalelor venite din interiorul corpului asupra conştiinţei vine din efectele secundare surprinzătoare ale unor transplante de organe. Unii pacienţi care au suferit transplante de organe declară că preferinţele lor alimentare, ca şi unele trăsături de personalitate s-au schimbat. De asemenea, date recente arată că renunţarea la fumat este mai facilă la pacienţii cu leziuni ale insulei (Naqvi et al., 2007), ceea ce sugerează implicarea complexităţii senzaţiilor interoceptive în adicţie.

Omul este si mai „tapetat", şi la exteriorul corpului, dar şi in interiorul acestuia, de terminaţii nervoase. Să ne gândim numai la ce mişcări poate realiza mâna umană. Fineţea mişcărilor şi sensibilitatea înseamnă o mare bogăţie de terminaţii nervoase senzitive şi motorii. În plus, există de 10 ori mai multe fibre senzitive implicate în feedback cu etajele inferioare ale SNC, decât fibre care conduc direct sensibilitatea spre centrii superiori.

Pe de altă parte, la om a crescut foarte mult neocortexul, dar şi alte structuri nervoase ale sistemului nervos central au suferit modificări ale dimensiunilor. Prin ce anume a crescut creierul uman? Ce a caracterizează într-o măsură mai mare creşterea creierului uman, numărul celulelor nervoase sau a numărul de prelungiri? Volumul encefalului şi al scoarţei au crescut prin creşterea dimensiunilor celulelor nervoase, dar şi prin sporirea numărului de neuroni (Tobias, 1968). Celulele Betz umane (neuronii piramidali din aria motorie primară) sunt cei mai mari neuroni ai primatelor. De asemenea, raportul substanţă cenuşie - substanţă albă este cu 50% mai mare la om faţă de alte primatele antropoide (Bălăceanu et al., 2006).

Un alt aspect important ar fi cel legat de numărul mare al celulelor gliale la om. S-a avansat ideea că în anumite zone ale creierului uman, implicate în funcţii cognitive specifice (cortexul frontal) ar exista o proporţie mai mare a celulelor gliale faţă de neuroni, care să susţină consumul energetic ridicat al acestei zone (Sherwood et al., 2006). Dar consumul energetic al acestei zone a fost conservat în ultimii 25 milioane ani. De asemenea raportul dintre numărul neuronilor şi cel al celulelor gliale din creierul uman, chiar configuraţia girusurilor reprezintă, după unii autori, ceea ce era de aşteptat pentru un creier de primat de asemenea dimensiuni (Marino, 2006). Modificările care rezultă de aici se referă la modularizarea superioară, mai multe unităţi de parcelare (coloane) şi mai multe arii. Totuşi, caracterul unic al creierului uman constă în numărul mare de tipuri de neuroni, aproximativ 40, dintre care unele nu se regăsesc la primatele antropoide (Mayr[a], 2004).

În concluzie, creierul uman a crescut prin creşterea numărului de neuroni, ce arată o neurogeneză (formare de neuroni) superioară, neuroplasticitate (prelungiri, mai multă substanţă albă) şi creşterea diferenţierii neuronale (multe tipuri de neuroni).

Ar putea restricţia calorică să determine astfel de modificări? La animalele de laborator, restricţia calorică determină o stimulare a plasticităţii neuronale, adică a prelungirilor neuronale. Experimentele respective au determinat o creştere a plasticităţii neuronale în creier, dar probabil lucrurile nu se petrec prea diferit în cazul măduvei şi altor structuri nervoase (Prolla & Mattson, 2001). Cu alte cuvinte, restricţia calorică ar putea determina nu numai creşterea sensibilităţii corpului, dar şi crearea de legături în creier, prin stimularea formării de prelungiri neuronale. În creier, aceste transformări au un mare impact asupra învăţării şi memoriei. Pe de altă parte, o sensibilitate nespecifică dezvoltată are nevoie de un creier mai mare pentru a fi interpretată. Creşterea sensibilităţii ar fi ea însăşi un motiv pentru creşterea creierului uman.

Dar restricţia calorică mai face ceva: face neuronii mai rezistenţi la factorii de mediu nocivi, deci le creşte şansele de supravieţuire, prin sinteza unui factor neurotrofic secretat de creier (BDNF - brain derived neurotrophic factor), dar şi a unor proteine de şoc termic, care de asemenea au efect protectiv asupra celulelor. In anumite părţi ale creierului, apare o creştere uriaşă a sintezei acestui factor, de 7-8 ori faţă de condiţiile normale (Mattson et al., 2001). Şi nu e numai atât. Se pare că restricţia calorică ar stimula pur si simplu neurogeneza, adică sinteza de noi neuroni (Prolla & Mattson, 2001).

Creşterea creierului înainte şi după naştere este reglată de nivelul IGF-2 respectiv IGF-1. IGF-1 are afinitate pentru receptorul insulinei. O stimulare a acestui receptor determină mai departe activarea (fosforilarea) Akt1, 2, sau 3, în funcţie de ţesut. Această enzimă antiapoptotică, deci care promovează supravieţuirea celulară, determină o creştere a volumului celulei. Printre alţi factori de creştere, BDNF stimulează activarea Akt, deci mecanismul prin care acest factor de creştere ar promova supravieţuirea celulei în situaţii stresante cum este restricţia calorică, ar fi creşterea activităţii Akt. Akt1 are o activitate mai scăzută în unele boli psihice, cum sunt schizofrenia şi sindromul maniaco-depresiv (Emamian et al., 2004). Există în aceste maladii o secreţie insuficientă a BDNF? Într-adevăr, în aceste maladii, secreţia BDNF este afectată (Angelucci et al., 2005), în prezenţa sau în absenţa unor mutaţii ale genei responsabile (Chen et al. 2006). S-ar putea spune că răspunsul normal al creierului la stres este alterat în aceste maladii. Chiar s-a propus implicarea unei neurotroficităţi anormale în maladiile psihice (Angelucci et al., 2005). La scurt timp după descoperirea insulinei au existat tentative de tratare a schizofreniei prin comă hipoglicemică indusă cu insulină. Aceasta reprezenta o formă de stres extrem, aptă să determine un răspuns, probabil prin creşterea BDNF. La fel, tratamentul depresiei cronice cu electroşocuri s-ar putea înscrie în aceeaşi tendinţă.

Există date care sugerează că BDNF este molecula memoriei pe termen lung (Pang et al., 2004). Unul dintre simptomele schizofreniei este afectarea memoriei de lucru, dar şi a memoriei pe termen lung. Memoria de lucru, care este conceptual diferită de memoria pe termen scurt şi pe termen lung, include memoria pe termen scurt, dar pune accentul pe caracterul activ al stocării şi manipulării informaţiilor. Acest termen, preluat din domeniul ciberneticii, se referă la structurile şi procesele implicate în stocarea şi manipularea temporală a informaţiilor. Memoria de lucru ar fi utilă atât pentru memorarea de noi date, dar şi pentru readucerea în „conştiinţă" a celor deja stocate. S-ar putea spune că aceşti pacienţi suferă practic de „o vigilenţă" crescută. O femeie bolnavă de această maladie declara în cadrul unui reportaj prezentat pe Discovery Channel că ea, dacă se află la o petrecere, se simte copleşită de discuţiile din jurul ei, toate îI atrag atenţia, neputându-se concentra decât pe cele în care e implicată. Deficitul de memorie şi monoideaţia, care ar putea proveni tot dintr-o scădere a memoriei de lucru, apar şi în depresie. BDNF este afectat şi în Alzheimer, în care tulburările de memorie sunt grave, alături de deteriorarea altor funcţii cognitive.

În toate aceste maladii, afectarea metabolismului glucidic în creier, mai precis un deficit de glucoză, determină probabil creşterea vigilenţii, agitaţiei, la diverse niveluri, al ideaţiei şi/sau motor, fenomen asemănător celui pe care îl declanşează foamea în natură. Până la un anumit moment, aceste reacţii sunt normale, dar problemele apar atunci când mecanismele de răspuns la stres, reprezentate printre altele de creşterea sintezei BDNF, sunt afectate. Vigilenţa determină o epuizare şi mai puternică a celulelor nervoase, cu afectarea şi mai puternică a metabolismul cerebral. Depresia, nu numai cea unipolară, însoţeşte multe maladii psihice. Ea ar putea fi o stare în care este afectat metabolismul cerebral în care nu apare şi vigilenţă, ci mai degrabă o inhibare a funcţiilor psihice.

BDNF ar face de fapt legătura dintre memoria de lucru şi cea pe termen lung, „alimentând" practic engranarea anumitor informaţii. O memorie de lucru mai bună ar trebuie să fie asociată cu o memorie pe termen lung superioară. Nu dispunem de date în acest sens, dar simptomele maladiilor de mai sus sugerează acest aspect. Prin stimularea căii de semnalizare a insulinei/IGF-1, acest factor de creştere conduce la sinteza de glicogen, adică pur şi simplu la acumularea de energie. Neuronii au foarte puţin glicogen, care reprezintă molecula polarizării. Calea de semnalizare a IGF este implicată şi în polarizarea neuronilor, prin glicogen sintaz kinaza 3 gama (GSK 3β), care fosforilează şi astfel inhibă activitatea glicogensintazei, enzima responsabilă de sinteza glicogenului. GSK 3β stimulează creşterea dendritelor neuronilor şi inhibă creşterea axonilor, iar un nivel scăzut al GSK 3β asigură creşterea axonilor (Jiang et al., 2005). Mai departe, GSK 3β reglează activitatea unor proteine implicate în asamblarea microtubulilor, cum ar fi CRMP-2 (colapsin response mediator protein-2), care face posibilă creşterea neuritelor (Yoshimura et al., 2005). GSK 3β activă inhibă funcţia CRMP-2 la capătul neuritelor immature, şi astfel creşterea axonilor.

GSK 3β este reglată de Akt, care la rândul ei este reglată de o lipid şi protein fosforilază, PTEN, care intervine în diferenţierea celulară (Fukuyama et al., 2006). Akt este oncogenă, iar PTEN antioncogenă, ceea ce arată şi legătura dintre cancer şi diferenţiere. Deci, un nivel crescut al Akt, stimulată de IGF-1, dar şi direct de glucoză în creier (Clodfelder-Miller et al., 2005), determină un nivel scăzut al GSK 3β, deci stimulează supravieţuirea neuronilor şi creşterea axonilor. Un nivel scăzut al Akt, determinat de hipoglicemie prin restricţie calorică, are ca efect creşterea GSK 3β, deci inhibă axonii şi creşte dendritele, fără efect asupra numărului acestora. Glicemia ar regla astfel polaritatea neuronilor. În condiţii de stres, BDNF ar ajusta diferenţiat acest proces în anumite zone din creier, prin stimularea Akt. În lipsa unei stimulări adecvate cu acest factor de creştere, polaritatea, rezistenţa la factori nocivi, dar şi dimensiunile neuronilor sunt afectate, fenomene descrise deja în maladiile degenerative ale SNC.

Unele studii arată că polimorfismul BDNF este implicat în riscul de a dezvolta maladia Alzheimer la pacienţii care nu au ε4 (Riemenschneider[1] et al., 2002), iar nivelele scăzute ale BDNF la vârsta medie constituie factor de risc pentru Alzheimer (Friedland et al., 2001). La şobolanii trataţi cu streptozotocină, care determină diabet experimental, atât nivelul proteinei BDNF, cât şi al ARNm pentru aceasta, sunt scăzute (Nitta et al., 2002). De asemenea, aceste animale prezintă defecte ale dendritelor în sistemul limbic, cortexul prefrontal, hipocamp, cortexul occipital, zone implicate în maladiile cognitive (Martinez-Tellez et al., 2005). Aceste date sugerează că maladia Alzheimer, al cărei risc creşte la diabetici,

---

1. http://www.ncbi.nlm.nih.gov/entrez/query.fcgi?db=pubmed&cmd=Search&itool=pubmed_Abstract&term=%22Riemenschneider+M%22%5BAuthor%5D

ar putea fi legată de rezistenţa la insulină, care ar apărea la bătrâneţe, afectând secreţia BDNF.

BDNF ar putea fi implicat şi în neurogeneză. Neurogeneza la adult s-a semnalat mai întâi în zona subventriculară (Reynolds and Weiss, 1992; Richards et al., 1992), apoi girusul dentat din hipocamp (Gage et al., 1995; Palmeret al., 1997) şi apoi în cele mai multe zone din creier studiate (Palmeret al., 1995; Shihabuddin et al., 2000). Contrar a ceea ce se credea în urmă cu câteva decenii, neuronii se divid, celule stem neuronale existând în creierul celor mai bătrâni oameni. Celulele stem neuronale s-au semnalat în zona numită subventriculară. Creierul are nişte spaţii, canale, în interior, numite ventriculi, în număr de 5. Ventriculii sunt umpluţi cu lichid cefalorahidian, care scaldă tot SNC, de la măduvă la suprafaţa creierului. În Alzheimer, dar şi în alte boli nervoase degenerative, ventriculii sunt măriţi, dar apare şi o deteriorare a neuronilor din scoarţă. Alterarea neurogenezei pare să fie implicată în maladiile sistemului nervos central la om. S-a sugerat că unele medicamente, de exemplu antidepresivele ar acţiona şi prin restaurarea neurogenezei, acţiune stimulată şi de BDNF (Chen et al., 2001).

Modalităţile de stimulare a secreţiei BDNF au fost propuse ca strategii terapeutice în Alzheimer, dar şi în depresie, psihoza obsesiv-compulsivă şi manie (Russo-Neustadt, 2003). În depresia cronică este afectat CREB (cAMP response element binding protein), care controlează, printre alte gene, şi expresia BDNF (Chen et al., 2001). Stresul cronic scade nivelul BDNF, ceea ce ar duce la o creştere a vigilenţei, în care informaţii multiple din mediu ar putea căpăta sens pentru supravieţuire,dar stresul moderat, restricţia calorică sau exerciţiile fizice au un efect stimulator (Cotman & Berchtold, 2002). BDNF ar fi implicat în creşterea rezistenţei la factori nocivi, dimensiunile celulare, memorie pe termen lung, şi alte funcţii cognitive superioare, şi neurogeneză.

Toate maladiile psihice umane, deşi cu diferenţe între ele, ar avea unele mecanisme comune, care decurg din afectarea metabolismului unui creier foarte mare şi energofag. Faptul că prezintă unele simptome comune, care sugerează suprapuneri între dezechilibrele funcţionale ale unor mediatori, ar reprezenta un efect secundar al acestui fenomen (v. mai jos). Tratamentul acestor maladii ar trebui să restaureze răspunsul eficient la stres, după eventuala depistare a disfuncţiilor din acest proces.

Cortexul prefrontal este sediul memoriei de lucru, dar date recente arată că activitatea din această structură nervoasă este necesară atât pentru memorizare, cât şi pentru rememorarea amintirilor noi, dar şi vechi (Blum et al. 2006). Cortexul prefrontal, aşa cum sugerează studiul leziunilor la acest nivel, este implicat în funcţiile cognitive superioare, dar are legătură şi cu personalitatea şi chiar moralitatea (Damasio[a], 2004). De asemenea, este afectat în unele boli psihice (Zhao et al, 2006, Matsuo et al., 2006), dar activitatea scăzută în această structură se înregistrează la indivizii impulsivi (Meyer-Lindenberg, 2006).

Ar putea porni toate funcţiile psihice specific umane de la o memorie de lucru superioară, cuplată cu o sensibilitate superioară? Acest tip de memorie, care presupune alegerea (selecţia) informaţiilor care se acumulează, ar influenţa memoria pe termen lung, dar şi personalitatea, moralitatea unui individ. Memoria de lucru, care poate fi considerată şi „atenţie de lucru", de fapt urmăreşte informaţiile importante pentru individ, care sunt prelucrate şi/sau engramate. Din multitudinea de date furnizate de simţuri, numai unele sunt relevante pentru individ. Cele care deja „spun" ceva din punct de vedere cognitive, dar şi afectiv, sunt cele care sunt engramate. Sensibilitatea mai mare, de fapt un număr mai mare de conexiuni neuronale, dă sens mai multor informaţii. Unele dintre acestea ar putea fi din sfera afectivităţii, ceea ar avea relevanţă în domeniul moralităţii şi a personalităţii.

Moralitatea, care este legată de empatie, ar trebui să ia în considerare nu numai percepte morale, dar în primul rând sentimentele pe care anumite decizii le trezesc, adică respectivul individ trebuie să fie capabil să anticipeze consecinţele afective pe care le au faptele proprii atât asupra lui însuşi, cât şi asupra celorlalţi. De fapt moralitatea ar trebui să implice o memorie afectivă bună. Sunt oamenii cu memorie de lucru mai mare în general mai morali decât cei cu o memorie de lucru mai modestă? Dar tot o putere de concentrare mare ar putea conduce la ignorarea acestor aspecte în detrimentul altor date, atunci când se iau decizii. Educaţia ar putea avea un rol foarte mare în acest sens. Ignorarea propriilor sentimente şi stări afective ar putea conduce la o sensibilitate mai mică faţă de ale altora. Aşa s-ar putea explica unele dintre comportamentele dure ale unor oamenii antrenaţi să îşi ignore propriile senzaţii (de exemplu în armată, închisori).

Neotenia şi creierul

Părerea unanimă este că la om scoarţa a atins aceste dimensiuni fără precedent datorită dezvoltării lente, care permite o diviziune neuronală îndelungată. Apoi copilăria la om e lungă, ceea ce oferă posibilitatea unei învăţări de durată. Cu alte cuvinte, neotenia, adică păstrarea la adult a unor caractere de la embrion, e explicaţia pentru un creier atât de mare. Problema e de ce la naştere omul e mai puţin dezvoltat decât alte mamifere, adică se află într-o etapă a dezvoltării anterioară celei în care ar trebui sa fie, cu alte cuvinte, omul se dezvoltă mai încet, atât înainte, cât şi după naştere. La ora actuală, deşi legătura dintre dimensiunile creierului şi creşterea lentă e stabilită de mult, cele două fenomene sunt tratate oarecum separat. Ipoteza actuală care explică dezvoltarea lentă a organismului uman o consideră mai degrabă o consecinţă a creşterii creierului. Un creier cât mai mare era avantajos, şi s-ar fi menţinut prin selecţie, dar creşterea creierului înainte de naştere era limitată de dimensiunile canalului de naştere la femelă, a cărui creştere ar fi avut repercusiuni asupra mobilităţii femelei (Mayr[b], 2004). În aceste condiţii, puiul de *Homo* se năştea prematur, astfel încât creierul său să-şi poată desăvârşi creşterea după naştere. Dezvoltarea lentă a creierului a adus după sine dezvoltarea lentă a altor organe. De aceea puiul de om se naşte prematur, şi se dezvoltă lent. Dincolo de faptul că nu s-a descoperit selecţie pentru genele exprimate preponderant în creier

(Nielsen, 2005), cum se explică în aceste condiţii că dezvoltarea mai lentă a primatelor, dar şi a carnivorelor, este corelată cu un creier mai mare decât la alte ordine de mamifere? Canalul de naştere este o problemă la om, dar nu şi la alte mamifere cu creierul relativ mare.

Cum apare neotenia? (pentru mai multe amănunte, v. capitolul „Omul - o evoluţie unică"). Puiul de urs se naşte de 500 g, dar în primul an ajunge la 90 kg. Ursoaia îi poate furniza material, având în vedere dimensiunile ei şi cantitatea de resurse la care are acces, pentru o astfel de creştere spectaculoasă. Probabil şi puiul de urs este atât de mic la naştere din cauza faptului că mama lui vine după o perioadă de hibernare la naştere şi nu îi poate susţine dezvoltarea dincolo de nişte limite. Puiul de bonobo, *Pan paniscus*, specie considerată mai apropiată de om decât cimpanzeul comun, este complet neajutorat la naştere, şi apoi în primii cinci ani de viaţă este complet dependent de mama sa. În privinţa neotenie la om, acesta ar putea fi considerat un „missing link". Dar în cazul puiului de bonobo, cât poate mânca mama sa pentru a avea suficient lapte ca să-i asigure o dezvoltare mai rapidă? Laptele de primate are o valoare energetică mai redusă, cu o concentraţie mai scăzută de proteine şi lipide, dar mai mare de glucide, decât al altor specii de mamifere, ai căror pui au o creştere rapidă. Cât poate mânca în perioada dezvoltării embrionare a puiului pentru ca el să nu fie atât de neajutorat la naştere?

Pe de altă parte, mamiferele cu creierul mai mare tind să fie mai longevive şi cu potenţial reproductiv mai scăzut (Lewin[d], 2005). Gestaţia la primate este mai lungă în raport cu dimensiunile corpului. Maturizarea reproductivă şi vârsta primei gestaţii sunt de asemenea întârziate. Omul duce la extreme aceste caractere.

Este deja cunoscut faptul că speciile animale care au puii mai neajutoraţi la naştere şi a căror creştere e mai lentă, au creierul mai mare (Lewin[e], 2005). Acest fapt nu are legătură numai cu primatele, şi nu are legătură doar cu dezvoltarea ulterioară naşterii. De asemenea, carnivorele au creierul mai mare decât erbivorele, deşi simţul lor vizual nu e întotdeauna mai bine dezvoltat. Carnivorele sunt în general nocturne şi nu disting culori (au două tipuri de conuri, ca şi celelalte mamifere, excluzând primatele). Dar ele sunt mai longevive, iar puii lor mai dependenţi de îngrijirea maternă. Există o corelaţie între timpul de îngrijire a puilor la mamifere şi mărimea creierului? Se pare că da.

La primate există o relaţie între dietă, folivoră respectiv omnivoră, şi dimensiunile creierului. Primatele folivore au cam 2/3 din creierul celor care consumă seminţe, insecte, etc., la aceeaşi masă corporală. Dar cele mai mari creiere le au primatele omnivore, cu o dietă variată şi nespecializată faţă de cele specializate (McKinney & McNamara, 1990). Dincolo de faptul că insectele şi seminţele sunt mai nutritive decât frunzele şi fructele, ele necesită eforturi pentru a fi extrase. Dieta omnivoră ar putea fi legată de adaptarea la un mediu mai sărac în resurse, penuria acestora fiind factorul determinant, şi nu eficienţa acesteia (v. primul capitol). Animalele omnivore pot petrece mult timp căutând hrana, cu un randament scăzut. Dieta omnivoră a omului şi probabil şi a strămoşilor săi ar putea sugera viaţa într-un mediu precar.

Stresul prenatal ar putea fi la originea neoteniei, inclusiv a creşterii creierului. La şobolani, tratamentul prenatal cu naltrexonă (antagonist al receptorilor μ ai endorfinelor) determină creşterea creierului (Zagon & McLaghlin, 1983), dar şi o greutate mai mare la naştere (McLaughlin, 2002), în timp ce opioidele au efecte inverse. Tratamentul cu naltrexonă poate fi considerat o formă de stres prenatal, având în vedere că opioidele endogene sunt secretate în situaţii stresante. Copiii alcoolicilor au un risc foarte mare de a fi retardaţi şi de a suferi de microcefalie, dar şi de ageneza corpului calos şi disgeneză a trunchiului cerebral şi cerebelului (Swayze et al., 1997). Cauzele efectului teratogen al alcoolului sunt în cea mai mare parte necunoscute. S-a postulat că metabolismul alcoolului ar interfera cu cel al prostaglandinelor, şi astfel ar afecta placenta, conducând la o hipoxie cronică (Challis & Patrick, 1980). Totuşi, mai multe studii au arătat niveluri mai scăzute ale IGF-1 în circulaţia fetală la copiii femeilor expuse la alcool (Naidoo et al., 2006). De asemenea, rolul opioidelor în proliferarea şi diferenţierea celulară este susţinut de mai multe studii (Zagon et al., 1986).

Restricţia calorică ar fi condus la alterarea nivelului şi timpilor secreţiei IGF-1 şi 2, care ar fi condus la modificarea placentei. Alternanţa dintre penuria de resurse şi abundenţa relativă a acestora ar fi condus la creşterea nivelului IGF-1 şi 2 (v. capitolul anterior). Istoric, acest fenomen ar fi apărut prima dată la genul *Homo*. La *Homo erectus* se înregistrează nu numai o creştere explozivă a creierului, dar se pare că şi dezvoltarea lentă cu naşterea unui pui foarte debil şi de dimensiuni mărite faţă de alte primate (Lewin[f], 2005). Puiul de om reprezintă excepţia faţă de alte primate prin faptul că este foarte neajutorat, dar de dimensiuni mărite. Puii neajutoraţi (altriciali) în general sunt foarte mici la naştere, iar perioada de gestaţie e scurta. Speciile cu pui precoce, cum sunt majoritatea primatelor, au perioade de gestaţie mari, puiul, dar şi creierul la naştere, e mare, şi are oarecare independenţă. Creşterea accelerată a creierului uman, cu un ritm similar celui din timpul dezvoltării intrauterine, continuă şi după naştere, în primul an de viaţă, când dimensiunile acestui organ se dublează. Acest fenomen unic se numeşte altricialitate secundară. La marile primate, creierul adultului este de 2,3 ori mai mare decât cel al nou-născutului, pe când la om acesta este de 3,5 ori mai mare.

IGF-1, cum era de aşteptat, creşte în ultimele faze ale dezvoltării intrauterine, ceea ce duce la o creştere accelerată în această perioadă, corelată cu un creier foarte mare. Creşterea creierului (dar nu numai) la om seamănă cu psoriazisul, în care celulele proliferează fără a se diferenţia. La fel, creierul uman „se diferenţiază" după naştere, mielinizarea continuă până târziu, dincolo de adolescenţă. Progresele înregistrate de copilul mic (de exemplu mersul şi vorbitul) au legătură cu etape ale mielinizării.

În sprijinul acestei ipoteze care leagă stresul prenatal de creşterea organismului, dar şi a creierului, vin unele date recente conform cărora blocarea acţiunii fosforilazei PTEN (phosphatase and tensin homolog on chromosome ten) în cursul dezvoltării embrionare la şoareci, în populaţiile neuronale cu diferenţiere limitată din cortex şi hipotalamus, conduce la macrocefalie (Kwon et al., 2006). Indivizii cu mutaţii ale PTEN prezintă un risc mai crescut de a dezvolta, pe lângă tumori cerebrale, macrocefalie şi unele maladii ale sistemului nervos central, dar şi retardare mentală. Macrocefalia a fost semnalată în autism (aproximativ 20 % din cazuri, deşi microcefalia este de asemenea asociată cu această maladie în aproximativ 15% din cazuri) sau maladii care intră în spectrul autismului (autism spectrum disorders, ASD), dimensiunile creierului mărite fiind relativ comune în aceste maladii. Şoarecii cu PTEN blocată aveau, pe lângă macrocefalie, neurogeneză şi sinaptogeneză anormale, un comportament social anormal, dar şi reactivitate exagerată la stimuli senzoriali, simptome similare celor prezente în autism la oameni. Blocarea PTEN conduce la activarea căii PI3K/Akt şi scăderea GSK3β, fenomen semnalat la şoarecii din acest experiment, cu efecte asupra polarităţii neuronale în modul predictibil (neuroni hipertrofici cu axoni multipli, arborizaţii dendritice reduse).

Acest experiment este primul care aduce date în sprijinul relaţiei dintre creşterea creierului şi supraactivarea căii PI3K/Akt. DAF18/PTEN, la *Cenorhabditis,* intervine în restricţia calorică în blocarea diviziunii şi creşterii celulare în linia germinativă (Fukuyama, 2006). Autismul, (formele asociate cu microcefalie sau volum mai crescut al creierului) ar reprezenta un model de heterocronism, în care timpii dezvoltării creierului ar fi alteraţi. Structurile nervoase cu dimensiuni anormale, amigdala mai mare sau mai mică şi hipocampul mai mare (Kwon et al., 2006), ar putea fi consecinţe ale acestui fenomen. Interesant este că blocarea PTEN la şoarecii din experimentul descris mai sus apărea în cursul diferenţierii neuronilor, probabil pentru a promova supravieţuirea acestor celule.

Incidenţa autismului a crescut foarte mult, cel puţin în unele ţări, precum Statele Unite şi Marea Britanie, unde există de aproximativ de 10 ori mai multe cazuri de ASD decât în 1990, incidenţa acestor maladii atingând aproximativ 1% din copiii de 9-10 ani (Baird et al., 2006). Această epidemie a fost pusă pe seama unor factori de mediu, poluare, campanii de vaccinare. De asemenea, există speculaţii conform cărora vegetarianismul, foarte răspândit în unele culturi, ar fi implicat în acest fenomen. Nu dispunem de date concludente în acest sens, dar conform ipotezei prezentate aici, alternanţa condiţiilor stresante de mediu (inclusiv foamete, dar şi poluare), cu blocarea pe termen lung a unor gene, urmată de abundenţă relativă, ar putea fi implicată şi în incidenţa în creştere a autismului, pe lângă alte maladii.

Aceste date sugerează că restricţia calorică, adică foamea în natură, poate determina neotenie, creştere a plasticităţii neuronale, care are efecte asupra învăţării şi memoriei, asupra sensibilităţii, dar şi neurogenezei. Toate aceste fenomene converg spre creşterea creierului. Acestea trebuie să fi amorsat la un moment dat dezvoltarea scoarţei, care fiind mai mare, a fost şi mai mult utilizată, fenomen care apoi, printr-un feedback pozitiv, a stimulat în continuare dezvoltarea creierului. Utilizarea acestui organ, după cum se ştie, are efecte benefice asupra plasticităţii neuronale, dar şi a supravieţuirii neuronilor şi neurogenezei (Mattisson et al., 2001). Mecanismul ar putea fi complex, dar utilizarea creierului ar antrena în primul rând o scădere a concentraţiei glucozei în creier, adică ar mima efectele restricţiei calorice la acest nivel.

Cele aproximativ 40 tipuri diferite de neuroni care există la om şi care, cel puţin parte din ei, nu se întâlnesc şi la cimpanzeu, ar fi consecinţa aceluiaşi fenomen. Multitudinea de tipuri de neuroni arată o diferenţiere variată. Regenerarea unor structuri are loc prin dediferenţiere, proliferare apoi diferenţiere celulară. O proliferare intensă, cum are loc în unele ţesuturi, precum creierul în perioada dezvoltării prenatale, ar putea avea face loc unei diferenţieri variate. Făcând o analogie cu evoluţia altor ţesuturi la mamifere şi om, creierul a crescut şi s-a diferenţiat ca şi pielea. Faţă de reptilele lipsite de blană sau pene, la care are doar două straturi de celule, pielea de mamifer are 4 straturi, cu mai multe tipuri de celule, unele dintre ele determină de exemplu apariţia blănii. Tegumentele şi creierul provin din aceeaşi foiţă embrionară.

Pe de altă parte, ar putea exista o legătură dintre ţesutul adipos şi celulele gliale din creier, care sunt de tip lipidic. Celulele gliale din creier sunt mai numeroase în creierul uman decât în creierul de cimpanzeu. Un cercetător din Africa de sud, Paul Manger, contestă inteligenţa delfinilor, al căror creier mare ar rezulta din numărul mare de celule gliale, care ar avea rol în termoreglare la un animal care trăieşte în ape reci. Delfinul are creierul cu aproximativ 15% mai mare decât ceea ce ar trebui să fie creierul uman la aceleaşi dimensiuni ale corpului. În primul rând e greu de contestat inteligenţa delfinului, chiar dacă nu e capabil de a găsi soluţii accesibile peştilor (tonilor), cum ar fi evadarea din plasele pescarilor, iar omul e incapabil să rezolve probleme simple pentru pisici şi chiar păsări. Dar problema se poate pune şi invers. Fenomenul care a condus la creşterea creierului de delfin ar fi condus şi la creşterea creierului de om. Aceasta ar fi fost selecţia pentru un ţesut adipos de dimensiuni mari. Dezvoltarea stratului adipos ar fi fost esenţială supravieţuirii puiului după naştere, atât la delfin, cât şi la om, ceea ce ar fi determinat şi o creştere a creierului. Pentru creşterea prenatală a creierului, care are un efect determinant pentru dimensiunile finale ale acestuia, un rol important l-ar juca acumularea de grăsimi din timpul dezvoltării intrauterine. Porcul şi ursul, animale care acumulează grăsime subcutanat după naştere, nu investesc foarte mult în pui în timpul dezvoltării intrauterine. Puii de porc şi de urs sunt foarte mici la naştere şi cu rezerve adipoase modeste. Porcul, un animal inteligent, nu are totuşi creierul mai mare decât ar trebui să-l aibă un mamifer de dimensiunile sale (Gibbons, 1998).

Perioadele de relativă abundenţă au fost decisive pentru atingerea dimensiunilor actuale ale creierului uman. S-a investit mult în creier atunci când a avut ce se investi, deşi direcţia evolutivă a fost trasată prin adaptarea la restricţie calorică. Dar „epoca de aur" a dezvoltării creierului uman a trecut. Oamenii din prezent nu sunt nici cei mai mari, şi nici nu au creierele cele mai mari din istorie. De la apariţia genului *Homo* până la *Homo sapiens* arhaic, acum 300000-400000 de ani, robustețea a crescut odată cu creierul, care de la 900 cm a ajuns la mai mult de 1400 cm (Lewin[g], 2005). *Homo sapiens* modern, de acum aproximativ 200000 de ani, a devenit mai puțin robust, dar încă mult superior oamenilor din prezent. Apoi, regresia a început în cele mai multe populații umane, după unii autori acum 30000 ani, după alții acum 10000 de ani, la sfârșitul Erei glaciare. După apariția agriculturii, creierul nu a crescut, din contră, pare să fi suferit o ușoară reducere, ca și sistemul osos, muscular, dar și înălțimea. Se pare că fenomenul nu este legat în totalitate de agricultură, și nici de înțărcarea timpurie a copiilor. O scădere a robusteții, dar și a altor organe, precum și a creierului, s-a înregistrat și la populațiile care nu au practicat niciodată agricultura. De exemplu, aleuții, locuitorii Țării de Foc și aborigenii australieni sunt încă relativ robuști, declinul lor în aceste caractere a avut loc în primele 5 milenii de la sfârșitul ultimei glaciațiuni, apoi a stagnat. De exemplu, Peter Brown de la University of New England, Armidale, a descoperit că în această perioadă, creierul aborigenilor australieni a scăzut cu 9,5 %, iar înălțimea cu 7%. S-au vehiculat numeroase ipoteze pentru a explica acest fenomen, care să implice aspecte sociale, rolul forței fizice și al tehnologiei, dar cea mai plauzibilă pare cea legată de schimbările climatice. Temperatura globală a crescut după sfârșitul Pleistocenului, această modificare climatică se aplică peste tot. Alte animale au suferit și ele modificări ale dimensiunilor corpului în această perioadă în Australia, Israel și Indonezia de exemplu.

Temperaturile scăzute sunt și ele factor de stres. Stresul (reprezentat de restricție calorică) are efecte asupra secreției IGF-1 cu atât mai mari cu cât a acționat mai timpuriu, eventual prenatal sau în primii ani de viață, așa sugerează studiile pe supraviețuitorii Iernii foametei și urmașilor lor (Elias et al., 2005). Legea lui Bergmann, formulată în 1847, spune că în cazul unei specii cu un areal geografic întins, speciile care trăiesc în zone calde vor avea dimensiunile corpului mai mici decât cele din zonele reci. Cu alte cuvinte, frigul determină creşterea corpului. Animalele mai mari au raportul dintre masa şi suprafaţa corpului mai mare, deci pierd mai puţină căldură. Dar mărimea corpului ar putea fi consecinţa răspunsului la stresul reprezentat de frig, care ar fi apoi menţinută prin selecţie. Nu avem date despre diferenţe între mărimea creierului între populaţiile unei specii (în afara omului) care trăieşte în zone mai reci şi mai calde.

În aceste condiţii aleuţii şi locuitorii Ţării de Foc ar fi mai înalţi şi mai robuşti pentru că trăiesc în medii aproape la fel de reci ca şi cele în care au trăit strămoşii lor. Aborigenii australieni trăiesc în deşert, şi chiar înainte de venirea coloniştilor europeni, au trăit în medii ostile. Omul de Neanderthal avea creierul mai mare decât omul modern, pe lângă adaptările la frig de care dispunea. Mult vehiculata superioritate a dimensiunilor creierului nordicilor faţă de locuitorii sudului (dar şi a înălţimii şi robusteţii) ar proveni din aceeaşi expunere la stresul reprezentat de frig. În acest caz, latitudinea contează.

Din punct de vedere evolutiv, într-un mediu cu puţine resurse e mai avantajos să reduci consumul organismului prin investirea preferenţială în centrul de comandă a acestuia. Cu alte cuvinte, un creier mai performant, în cazul unui mamifer, mai mare, ar fi condus la o administrare cu un randament superior a resurselor precare.

Până de curând se credea că fenomenul care a dus la creşterea creierului a fost introducerea cărnii în regimul alimentar, care ar fi furnizat o cantitate mai mare de proteine. O descoperire recentă, care arată *Homo erectus* African nu ar fi fost vânător, ci cel mult hoitar, sugerează că apariţia unor creiere voluminoase precede vânătoarea ca mijloc de procurare a hranei (O'Connell et al., 2002).

Dar un creier mare nu reprezintă garanţia performanţelor şi nici măcar a umanizării. Date recente arată că oamenii cu cel mai înalt IQ au cortexul mai mic decât cei cu inteligenţă medie (Shaw et al., 2006). La copiii cu cel mai înalt IQ (121-149) cortexul are alt model de dezvoltare, atinge grosimea maximă mai târziu (la 13 ani) faţă de copiii cu inteligenţă medie IQ 83-109 (7 ani), după care se subţiază într-un ritm mai dinamic, ceea ce sugerează distrugerea unor circuite redundante. Deşi în adolescenţa târzie şi la maturitate există o corelaţie pozitivă dintre grosimea cortexului şi IQ, în copilăria timpurie, aceasta este negativă. Creierul copiilor mai inteligenţi, de fapt cu un fenotip al inteligenţei de tip măsurat de testele IQ, este probabil mai neoten, creşte mai încet, dar este şi mai predispus la pierderi în adolescenţă. Conform ipotezei prezentate în această carte, rezultatul era previzibil. Un cortex care se micşorează mai mult conduce la similitudini cu fenomenele care ar avea loc în unele maladii psihice care apar la tinereţe, şi care sunt adesea legate de o creativitate mărită. Un nivel uşor mai scăzut al Akt1, cu efecte asupra mărimii neuronilor, polarizării acestora, ar explica acest fenomen. Un creier mai inteligent e un creier mai sensibil la foame.

De asemenea, unele forme de microcefalie se caracterizează printr-un cortex mărit (Verloes, 2004). Copiii abandonaţi crescuţi de animale au fost născuţi de oameni, au creierul mare, dar nu se comportă ca nişte oameni. Educaţia, învăţarea sunt importante pentru mamiferele superioare, nu numai pentru om.

Plăcerea şi comportamentul tipic uman

Ceea ce diferenţiază însă omul de oricare alt animal este faptul de a face lucruri inutile pentru supravieţuire, mai precis de a face orice. Comportamentele umane au lanţuri foarte lungi de condiţionări. Pentru a ajunge la recompensă, omul trebuie să execute multe operaţiuni, uneori pe parcursul a zeci de ani. Sportivul de performanţă care visează să ajungă campion olimpic munceşte până la epuizare din copilărie, pentru un scop cu o probabilitate foarte mică de a fi atins. Nici un animal n-ar depune atâtea eforturi pentru ceva atât de îndepărtat şi de improbabil. Dar omul o face pentru simplul motiv că, pentru el, toate aceste eforturi nu înseamnă acelaşi lucru ca şi pentru un animal. El are o capacitate mai mare de a-şi anestezia stările neplăcute, dar şi de a găsi recompense psihice mai mici sau mai mari acolo unde un animal nu le-ar găsi. Copilul care îşi propune să devină sportiv mai întâi găseşte o plăcere în a alerga (o bizarerie pentru un animal atât de puţin dotat în acest sens), apoi află că este mai talentat decât alţi copii, ceea ce e iarăşi o recompensă greu de înţeles din punct de vedere evolutiv, după care, dacă ajunge să-şi reprezinte propriul succes olimpic, din acel moment toate eforturile la limita rezistenţei umane, sau uneori dincolo de ea, sunt mai uşor de suportat.

Se spune că omul are viaţa cea mai grea dintre toate animalele. Posibil, dar de cele mai multe ori el nu simte aşa. Dacă există o sursă de plăcere imediată sau foarte îndepărtată, chiar într-o viaţă viitoare, adică vreo modalitate de a-şi stimula sistemul de recompensă, omul îşi „îndulceşte" viaţa. Să-i spui unui om să fie realist în aceste condiţii, echivalează cu a-I spune să nu fie om.

Comportamentul supraexplorator al omului este susţinut de sensibilitatea sistemului de recompensă. Ceea ce se cheamă comportament de explorare există la toate animalele superioare, iar descărcarea (manifestarea) acestuia oferă o recompensă, ca şi descărcarea oricărui comportament instinctiv. La om însă există o exacerbare a acestui comportament, aşa cum există o exacerbare a instinctului sexual. Pentru că toate acestea oferă plăcere în lumea animală, aşa cum ne oferă plăcere şi nouă oamenilor. Diferenţa este că, deşi toate astea impun eforturi mai mari sau mai mici, omul e mai înclinat să le facă pentru că este mai avid de plăcere decât alte animale, dar şi pentru că plăcerea îi e mai accesibilă. În ce priveşte comportamentul explorator, acesta a avut o mare importanţă în crearea culturii şi civilizaţiei umane.

Se poate vorbi în cazul omului de supraactivarea sistemului de recompensă, caracter care rezultă din dezvoltarea extraordinară a creierului. Sistemul de recompensă, format din mai multe structuri nervoase mai vechi din punct de vedere filogenetic, în principal aria tegmentală ventrală şi nucleus accumbens, numit şi centrul plăcerii, este acel sistem implicat în apariţia stărilor de plăcere. Nucleus accumbens este interconectat cu sistemul limbic, care modulează activitatea acestuia prin proiecţii dopaminergice. Acest sistem s-a descoperit la mamiferele de laborator, la care diverse substanţe de abuz (alcool, amphetamine, opioide) activau diverse structuri nervoase. Molecula plăcerii este dopamina, dar descărcarea acesteia în centrii plăcerii este modulată de circuite neuronale activate de alţi mediatori, de exemplu opioidele endogene, numite generic şi endorfine (de fapt endorfinele sunt doar o categorie de opioide endogene). Consumul de morfină sau alcool determină stimularea acestor circuite, care în final conduc la secreţia de dopamină. Această substanţă este legată de postură şi vigilenţă în natură.

Sistemul de recompensă nu este prezent numai la om, animalele superioare simt plăcere, şi chiar o caută. Dacă ar avea posibilitatea să consume alcool sau droguri în sălbăticie, astfel încât să ajungă la adicţie, animalele ar face-o. Cimpanzeii bonobo şi delfinii fac sex de plăcere, nu doar pentru reproducere. Şi din acest punct de vedere se poate spune că bonobo sunt un fel de „missing link", ei au făcut primul pas pe calea umanizării făcând sex de plăcere şi fără legătură cu fertilitatea (fac ceva de care nu au nevoie pentru supravieţuire). Plăcerea are un mare rol în învăţare, de fapt în condiţionare. Animalul tinde să repete comportamentul care i-a făcut plăcere, şi să-l evite pe cel care i-a produs emoţii negative.

Dar interesant este că de cele mai multe ori, sistemul de recompensă se activează nu în cazul stimulilor plăcuţi, ci mai ales a celor neplăcuţi (Berridge et al., 1998). Atunci ce mai recompensează?

Să ne gândim la un ghepard în sălbăticie. N-a mâncat de o săptămână şi trebuie în continuare să caute vânatul şi, dacă l-a găsit, să se mobilizeze să-l atace şi să-l prindă. Deşi starea interioară a animalului respectiv trebuie să fie foarte neplăcută, el nu trebuie să acţioneze în consecinţă, adică să se aşeze la umbră, şi să se odihnească, eventual să încerce să doarmă. Dacă ar face asta, aşa cum ar trebui să-i dicteze starea interioară, ar muri de foame. Dar probabil creierul lui decide că trebuie să continue demersurile pentru obţinerea hranei. Atunci sistemul de recompensă se activează, şi îi oferă animalului un mic „avans" din ceea ce va primi după ce vânătoarea îi va reuşi, adică o atenuare a stării interioare neplăcute. Adrenalina, hormon al situaţiilor de „fugă sau luptă", stimulează secreţia de endorfine, deci a sistemului de recompensă. Prin aceasta, animalul mai primeşte o şansă de a supravieţui, dar îşi protejează şi neuronii de semnalele nocive care vin de la receptorii din interiorul corpului.

La om lucrurile stau în mod asemănător, doar că el „abuzează" de acest sistem. El poate să ignore mult mai multe semnale neplăcute, dar şi mult mai diferite. Un luptător de comando care a reuşit să supravieţuiască mai multe zile singur în deşert, fără hrană sau apa, cu infecţii grave din cauza rănilor, şi cu toate astea trebuia să mai şi alerge pentru a scăpa de urmăritori, nu se compară cu ghepardul înfometat. Şi totuşi acest om există. Într-un fel sau altul, oamenii de succes, care au reuşit prin forţe proprii, intră în aceeaşi categorie.

De ce sistemul de recompensă la om este atât de reactiv? O explicaţie ar fi neotenia. La copiii şi puii de mamifere, sistemul este foarte activ. Dovada este jocul, în timpul căruia se descarcă mari cantităţi de dopamină. Animalele mature sunt mai puţin înclinate spre joacă, pe când oamenii maturi se joacă cu plăcere. Jocul ar fi apanajul tinerilor, iar importanţa jocului la om ar proveni din neotenie. Aceasta ar fi consecinţa vitezei lente de creştere a organismului, dar şi a creierului. Animalele care au creierul mai mare se joacă mai mult. În copilărie, hormonul de creştere determină descărcarea de endorfine, cu efecte asupra sistemului de recompensă.

S-a vorbit mult despre originea şi rolul jocului. Se spune că, printre altele, jocul are rolul de exerciţiu pregătitor. În primul rând, aceste specii sunt mai altriciale (au pui mai neajutoraţi, care sunt mai mult timp îngrijiţi), deci ca pui trăiesc în siguranţă. Prin joc, puii învaţă să-şi activeze sistemul de recompensă. Desigur, jocul are şi rol în învăţare, în activarea altor circuite neuronale implicate în fixarea unor comportamente utile în mediul în care animalul respectiv trăieşte. Dar jocul este la prima vedere o activitate inutilă pentru supravieţuire. De asemenea, jocul poate fi considerat veriga lipsă a gândirii simbolice sau corespondentul halucinaţiilor în lumea animală. Puii care se joacă au reacţii inadecvate de răspuns la mediu, de exemplu că vânează un animal inexistent sau se implică într-un conflict imaginar. Jocul ar putea fi o descărcare facilă a unor comportamente (instincte) la stimuli neadecvaţi. Animalele care au avut o creştere mai îndelungată, în care eventual au fost îngrijite mai mult timp, şi-au expus mai mult timp creierele la dopamină, ceea ce la maturitate, ar conduce la un fel de sevraj, care ar conduce la o motivaţie superioară.

În natură, stimulul neplăcut cel mai des întâlnit, căruia un animal trebuie să-i facă faţă, este foamea. Felinele vânează, comportament care presupune eforturi şi riscuri, pentru că le e foame. Leneşul, un animal adaptat la un consum redus de resurse, nu vânează, dar are o mare rezistenţă la durerea fizică. Oamenii sunt copii mari, al căror creier este gata să inventeze tot felul de jocuri. Puterea de concentrare, care poate duce la anihilarea unor instincte, ar putea avea de asemenea legătură cu supraactivarea sistemului de recompensă. Leii (animale care vânează, şi se joacă mult) trec prin foc la circ, nu caii. Frica de foc este un instinct puternic la animale.

Sistemul de recompensă are conexiuni nervoase cu aria prefrontală. Leziuni ale ariei prefrontale modifică dramatic personalitatea, afectând capacitatea de adaptare. Aceste date, împreună cu cele care susţin activitatea alterată a prefrontalului la pacienţii impulsivi, sugerează o rezistenţă mai mică la stres a oamenilor impulsivi şi o capacitate mai redusă de a-şi doza recompensele. Aria prefrontală pare să fie una care a suferit modificări în procesul umanizării. Printre alte funcţii psihice specific umane, această arie ar putea fi implicată în controlul mult mai bun al comportamentului şi agresivitatea mult mai mică în cadrul grupului decât la cimpanzeu. Dereglări ale funcţiei sistemului de recompensă sau variaţii în capacitatea sa de a se activa ar putea explica unele comportamente antisociale la om. Teroriştii pot fi consideraţi oameni care vor recompense rapide, care nu pot aştepta rezultatele unor demersuri diplomatice. Temperamentele umane ar putea avea legătură cu variaţii ale activităţii acestui sistem.

Până acum am prezentat numai dovezi comportamentale ale faptului că la om sistemul de recompensă este supraactivat. Există şi dovezi genetice în acest sens? Da. În cazul genei prodinorfinei, molecula precursoare pentru o serie de opioide endogene şi neuropeptide implicate în reglarea percepţiei, comportamentului şi memoriei s-a găsit o selecţie naturală pozitivă pentru un promoter (Rockman et al. 2005). Această selecţie, care conduce la creşterea exprimării prin inducţie a genei respective, a avut loc în timpul ce desparte evoluţia omului de cea a cimpanzeului. E una dintre primele gene care s-a descoperit că a fost supusă selecţiei în timpul evoluţiei umane.

Dovezi indirecte ale influenţei foamei asupra sistemului de recompensă vin din studii ale schizofreniei şi maladiilor înrudite, în care receptorii dopaminergici din anumite structuri ale sistemului de recompensă (nucleus accumbens) au un număr şi poziţie alterată (raportul D1/D2, pre - şi postsinaptici). Anoxia la naştere determină la şobolani creşterea nivelului ARNm pentru receptorii D1 şi D2 în striatum, ceea ce sugerează alterarea metabolismului dopaminei, pe lângă cel al serotoninei (Gross et al., 2000). Aceste date sunt în concordanţă cu asocierea dintre expunerea prenatală la inaniţie şi riscul de a dezvolta această maladie. Foamea ar putea influenţa sistemul de recompensă în timpul dezvoltării prenatale. La şoarecii diabetici (trataţi cu streptozotocină sau care au dezvoltat spontan maladia) se înregistrează o scădere a sensibilităţii la D-amfetamină şi p-cloramfetamină (amfetaminele simulează la animale simptomele schizofreniei), dar şi la efectele antinociceptive ale opioidelor (Kamei et. al., 2002). Aportul glucozei în creier şi calea de semnalizare a insulinei ar avea efecte importante asupra sistemului de recompensă şi mediaţiei dopaminergice şi după naştere, având în vedere că psihozele majore apar la tinereţe, începând de la sfârşitul adolescenţei, când secreţia hormonului de creştere şi a IGF-1 scad mult, împreună cu cea a opioidelor. Deficitul IGF-1 în perioada prenatală, dar şi postnatală, pare a constitui un factor de risc pentru această maladie (Abel, 2004).

Dar activarea facilă a sistemului de recompensă are şi efecte mai puţin plăcute: aproape orice comportament sau stimul poate crea dependenţă psihică. Pasiunile, preferinţele bizare sunt consecinţa acestui fenomen. Dacă există oameni consideraţi normali din punctul de vedere al psihiatrilor, care să-şi dorească să li se taie un picior pentru că în copilărie li s-a părut că oamenii cu picioare amputate arată foarte bine, n-ar trebui să ne mire. Emoţiile au un grad mare de subiectivitate, mediul în care a trăit un individ îşi poate pune amprenta puternic pe felul în care au apărut unele senzaţii, cum acestea s-au transformat în emoţii, şi mai ales pe coloratura lor pozitivă sau negativă. Acelaşi obiect, în medii diferite şi la momente diferite creează emoţii diferite. De aceea e foarte greu să înţelegem o altă persoană. Dincolo de noţiunile de bază, uzitate foarte des, astfel încât asocierile iniţiale cu anumite emoţii au dispărut (aceste noţiuni sunt primele învăţate într-o limbă străină) şi de unele relaţii matematice, lumea fiecărui om diferă într-o oarecare măsura de a celuilalt. De aceea încercările de a descoperi formule unice pentru înţelegerea psihicului uman au dus la eşecuri. De exemplu, psihanaliza freudiană, altminteri un demers temerar şi foarte ingenios de scrutare a profunzimii psihicului uman, a făcut în unele cazuri mai mult rău decât bine. O teorie psihologică se poate verifica pe 999 oameni dintr-o mie, dar poate să dea greş într-un singur caz dintr-o mie. Priorităţile, preferinţele cuiva pot fi prezise cu o anumită probabilitate, dar nu exact. Pentru că mintea umană e ca un parfum franţuzesc, o mică modificare a mediului, şi felul de a simţi, şi apoi de a gândi, se schimbă radical.

Omul - animal bizar

E dificil de a explica şi din punct de vedere sociobiologic sau etologic comportamentul uman. Omul nu e desigur un animal special, care diferă în mod esenţial de alte animale, la fel cum, din punct de vedere etologic, nici comportamentul lui înnăscut nu are o altă origine decât cel al altor animale. Sociobiologia încearcă să explice comportamentele şi organizarea socială a unei specii pe principiul utilităţii acestora în mediul în care specia respectivă trăieşte în prezent sau a trăit cândva. Utilitatea înseamnă în acest caz creşterea ratei de supravieţuire individuală, dar mai ales de supravieţuire prin urmaşi (ceea ce se numeşte fitness).

Experienţe mai vechi, efectuate de Olds and Milner în 1954, în care animalele de laborator apasă pe o pedală până la epuizare, uitând de apă sau hrană, pentru că pedala respectivă determina o stimulare a centrilor plăcerii (nucleus accumbens), în care erau implantaţi electrozi cuplaţi la pedală, ar putea aduce o explicaţie pentru caracterul special al biosociologiei umane. Diferenţa esenţială dintre om şi alte animale este aceea că el ştie că acea pedală există, o caută conştient, şi are multe modalităţi de a ajunge la ea. Restul e la fel ca în cazul oricărui animal de laborator. Omul mănâncă până se îmbolnăveşte de diabet sau se înfometează până la sinucidere, practică sporturi extreme, deşi ştie care sunt riscurile, foloseşte afrodisiace concomitent cu anticonceptive. Care e utilitatea acestor comportamente? Aceea de a face plăcere. Omul a găsit scurtcircuitul spre centrii plăcerii. La alte animale, în natură plăcerea vine după efort, şi intensitatea plăcerii nu justifică depunerea de eforturi uriaşe pentru a o obţine. Un leu nu se poate supraalimenta în natură, oricât şi-ar dori. În condiţiile cele mai bune nu se subalimentează. De asemenea, nu se poate împerechea până la obsesie, pentru că receptivitatea sexuală a leoaicelor din haremul său e limitată în timp, iar numărul lor e limitat de capacitatea lui de a apăra teritoriul pe care acestea vânează etc.

Pentru om totul e mai ieftin, adică presupune un consum energetic mai redus, inclusiv plăcerea. Dezvoltarea creierului său îi permite să obţină plăcere doar cu ajutorul imaginaţiei. Imaginaţia umană nu e limitată spaţial sau temporal, nici măcar de nivelul cunoştinţelor. Plăcerea unei călătorii într-o galaxie îndepărtată este accesibilă oricui, chiar dacă nu se ştie ce există acolo.

Dar comportamentul uman nu se reduce la căutarea obsesivă a plăcerii, la care are acces. Omul mai are ceva, poate simţi şi durere, teamă, de fapt o gamă largă de emoţii negative nu numai referitor la ce s-a întâmplat recent, ci la ce s-a întâmplat foarte demult sau la ce se va întâmpla într-un viitor foarte îndepărtat. Se spune că învăţarea are rolul de a evita greşeli din trecut, adică înveţi ce să nu faci, nu ce să faci. Omul vorbeşte şi se gândeşte la trecut şi la viitor în primul rând din cauza receptivităţii sale deosebite la emoţii negative. Studiile de neurobiologie cu pacienţi care au suferit leziuni ale frontalului ventromedian, implicat în traducerea emoţiilor, arată că aceştia devin inadaptabili în primul rând din cauza platitudinii afective, dar în special a lipsei de reactivitate la stimuli cu conţinut afectiv negativ, prezenţi sau imaginari. Aceşti pacienţi, în cazul unui joc de cărţi aplică strategii bazate pe maximizarea recompenselor (câştigurile) şi minimizarea pedepselor (pierderilor) (Damasio[b], 2004). Intoxicaţia cu alcool, care produce o anestezie a stărilor afective negative, e caracterizată de un dezinteres faţă de viitor. Adolescenţa e de asemenea o perioadă lipsită de motivaţii puternice, dar marcată de căutarea plăcerilor.

Interesul faţă de trecut şi faţă de viitor ar proveni la om din accesul său la stări afective neplăcute din trecut sau din reprezentarea cu uşurinţă a acestora. Creierul uriaş, şi implicit sensibilitatea generală uriaşă, ar fi responsabil şi de acest fenomen. Omul face planuri pe termen foarte lung. Recent s-a descoperit că şi cimpanzeii bonobo şi urangutanii ar păstra unele unelte pentru a le utiliza după câteva ore (1-14 ore), ceea ce sugerează că şi cimpanzeii îşi fac planuri

(Mulhany & Call, 2006). Deşi planurile lor sunt pe distanţe temporale mici faţă de cele umane, aceasta sugerează că precursorul facultăţii de a planifica a evoluat acum aproximativ 14 milioane de ani, când ar fi trăit strămoşul comun al tuturor speciilor de mari primate. Capacitatea de planificare ar avea legătură cu o memorie de lucru mai mare, precum şi/ în consecinţă cu o memorie pe termen lung dezvoltată.

Gândirea umană

Creierul uman mai are o caracteristică importantă: operează cu foarte multe simboluri, organizate pe niveluri diferite. Conform celor mai mulţi antropologi, omul a devenit om când a început să gândească în simboluri. Primele manifestări artistice, considerate dovezi ale gândirii simbolice, coincid în accepţiunea generală cu începutul umanităţii. Cu alte cuvinte, omul nu foloseşte un limbaj, ci mai multe, suprapuse.

De unde vine gândirea cu ajutorul simbolurilor? Animalele superioare gândesc în simboluri? Probabil că nu, sau oricum într-o măsură mult mai mică decât o fac oamenii. Desigur animalele raţionează, iau decizii, ceea ce presupune stabilirea unor relaţii complexe între obiecte. Oare ce simt aceste animale? Cum este lumea lor interioară? Cu mijloacele de acum nu putem decât să facem nişte deducţii logice. Aceste fiinţe înrudite cu noi probabil raţionează aşa cum facem noi, oamenii, în situaţii limită, aşa cum fac, de exemplu, pompierii când iau decizii în cazul unui incendiu. Gândirea lor este în acele momente aproape inconştientă, aplică pur şi simplu cu o mare rapiditate date cunoscute din situaţii similare. În acest tip de gândire este implicată şi scoarţa, dar formaţiunile subcorticale au un rol foarte mare. Dacă în timpul unui astfel de incendiu, un comandant de pompieri s-ar gândi că flăcările seamănă cu un balaur sau şi-ar pune problema ce efecte ar produce temperatura atinsă de acestea în alte situaţii sau asupra altor materiale, randamentul acţiunilor lor ar avea mult de suferit. Sistemul nostru normal de gândire include astfel de legături aparent inutile între obiecte. De cele mai multe ori, nu gândim ca pompierii în misiune.

În comparaţie cu oricare alt primat, creierul uman are o dimensiune gigantică în raport cu corpul. Asta presupune că orice informaţie este stocată în mai mulţi neuroni, în mai multe zone din creier. Acest fenomen, legat nu numai de activitatea creierului, ci de organizarea materiei vii, se numeşte redundanţă. În cazul unui creier mare, redundanţa informaţiei stocate este şi mai mare. Dar probabil în creierul unui mamifer (inclusiv om), informaţia nu este stocată ca în calculator, adică la o anumită adresă există un fişier întreg, în care informaţia se regăseşte în forma exactă în care a fost introdusă. Informaţia în creier trebuie să fie uşor „alterată". Animalele nu fotografiază situaţii tridimensionale, asociate cu senzaţii olfactive şi sunete. Creierul stochează probabil imagini disparate, asocieri vagi între obiecte. Dacă un stimul declanşează o reacţie la mediu, dacă stimulul respectiv nu are semnificaţie extremă, în creier se extrage informaţia legată de stimulul respectiv din mai mulţi neuroni, şi se combină. Dacă să zicem, 50 de neuroni fac acelaşi lucru, conţin informaţii referitoare la flăcări, în cazul vederii unei flăcări, se activează informaţia (alterată) din mai mulţi astfel de neuroni. Numitorul comun al acestor alterări este ceea ce numim simbolul. În cadrul unor teste, psihiatrii arată pacienţilor nişte imagini aparent neutre, şi îi roagă să le spună ce le sugerează acestea. Marea varietate de declaraţii, arată de fapt capacitatea umană de a fabrica simboluri. Revenind la flăcări, atunci când nu sunt pe casa vecinului sau în motorul maşinii, acestea au o mare putere de simbol. La alte mamifere, focul reprezintă un mare pericol, care declanşează rapid reacţii de fugă. Dacă n-ar fi aşa, nu ar mai fi număr de circ săritura leilor prin cercuri de foc.

Apariţia limbajului articulat şi apoi a scrierii e o consecinţă a modului de lucru al creierului uman. Desigur, limbajul artificial a impulsionat gândirea simbolică, dar nu e esenţial pentru aceasta. De fapt se pare, calculul matematic, exemplu de raţionament abstract, precede apariţia limbajului şi între aceste funcţii ale creierului nu există o legătură directă. O echipă condusă de Rosemary Varley de la Universitatea din Sheffield, Marea Britanie, a arătat că pacienţii cu leziuni extinse ale emisferei stângi, inclusiv ariile implicate în limbaj, îşi menţinuseră capacitatea de a efectua calcule aritmetice simple, de tipul scăderii, împărţirii şi înmulţirii. Cei trei pacienţi, dintre care doi nu vorbeau deloc iar unul folosea doar propoziţii fragmentare, nu sesizau diferenţa de sens dintre două propoziţii reversibile, cărora li se inversase sintactica, de tipul „băiatul aleargă fata" sau „fata aleargă băiatul". Dar nu aveau probleme cu expresii matematice ca 7 - 2 şi 2 - 7. Calculul aritmetic, ca şi vorbirea sunt controlate de centrii nervoşi din emisfera stângă.

Acest fapt vine în contradicţie cu teoria lui Noam Chomsky, conform căreia evoluţia limbajului a făcut posibile funcţiile cognitive superioare precum calculul matematic. Desigur, ceea ce se numeşte gândire, raţionament, lucrează cu simboluri sau abstractizări, iar omul nu e singurul animal capabil de raţionamente. Diferenţa dintre om şi oricare alt animal este capacitatea lui practic nelimitată de crea mereu simboluri. Simbolurile reprezintă de fapt noi noţiuni cu care pot opera mecanismele gândirii abstracte.

Această creare continuă de simboluri are unele trăsături comune cu ceea ce se numeşte halucinaţie - adică o relaţie între două obiecte între care aparent nu există nici o legătură logică. Diferenţa dintre o halucinaţie propriu-zisă şi generarea de simboluri apare nu în iniţierea, ci în stoparea acestor procese. Crearea de simboluri este, cu alte cuvinte, un fel de halucinaţie (iluzie) controlată.

Există o legătură între halucinaţie şi foame adică deficienţă energetică? În afară de expresia „ţi se pare de foame"? În condiţii de hipoxie, de exemplu la altitudini mari, a fost descrisă euforia de altitudine, dar şi senzaţia prezenţei unei persoane în apropiere.

Mania, o stare de euforie, caracterizată de fugă de idei, creativitate crescută, e asociată cu hipoglicemia. Toate maladiile care afectează psihicul uman au implicaţii asupra metabolismului glucozei din creier. Din punct de vedere al activităţii creierului, similarităţile dintre somn (vise) şi stările în care apar halucinaţii, au fost deja evidenţiate prin electroencefalograme. Crearea de simboluri poate fi comparată şi cu un vis mai scurt.

Gândirea simbolică ar proveni, dintr-o uşoară foame a creierului. Defectele mielinei şi ale celulelor gliale, implicate în maladiile psihice în care apar iluzii şi halucinaţii, care ar fi influenţate de nivelul IGF-1, sunt dovezi în acest sens (capitolul I). Defectele mielinei ar avea repercusiuni asupra conducerii impulsurilor nervoase. Cum apar halucinaţiile? Halucinaţiile pot fi considerate un fel de simboluri apărute în condiţiile unei memorii de lucru afectate, deci în care corelarea acestora cu datele deja stocate sau cu altele noi, este precară. E ca şi cum creierul nu ar putea deschide concomitent mai multe fişiere din cauza memoriei de lucru reduse, şi ar trebui să apeleze la informaţii disparate, ceea ce ar conduce la erori.

Când ar fi apărut gândirea simbolică în evoluţie? Creşterea creierului la *H. erectus* (genul *Homo*) ar fi. Chiar dacă *H. erectus* nu gândea în simboluri în măsura în care o face omul modern, creativitatea lui, manifestată prin unelte sofisticate, sugerează un mod de gândire similar celui uman. Îmblânzind focul, avea probabil o mare putere de concentrare, cu ajutorul căruia şi-a învins un instinct foarte puternic.

Simbolurile nu acoperă doar obiecte, acţiuni, evenimente, ci şi reprezentări ale unor stări psihologice complexe. Aceste simboluri de nivel înalt sunt exprimate prin cuvintele care sunt ultimele învăţate într-o limbă străina, în cazul în care pot fi învăţate. Pentru stările de registru înalt, în care intră şi emoţii şi raţionamente, e foarte greu să găseşti corespondent nu numai într-o altă limbă, dar şi în cazul transmiterii acestora în aceeaşi limbă. Creierul percepe stările afective complexe, dar acestea nu pot fi exprimate uneori nici prin cuvinte, nici în mod natural. Când spui de exemplu, „nu ştii ce mănânci", arăţi imposibilitatea de a exprima o senzaţie complexă, care nu e în nici un caz doar gustativă. Imposibilitatea de a exprima astfel de stări, unele cu o puternică încărcătura negativă, poate conduce la tulburări psihice şi la comportamente distructive sau autodistructive.

Dar dincolo de aceste probleme, datorită acestor simboluri, omul are un univers virtual, care îl ajută nu numai să înţeleagă lumea în care trăieşte, dar şi să construiască altele noi. La oamenii consideraţi mai puţin inteligenţi, acest univers este mai sărac, iar abilitatea lor de a crea noi simboluri este mai redusă. E posibil, aşa cum s-a vehiculat, ca Marco Polo să nu fi ajuns niciodată în Orient, toate scrierile sale, foarte sugestive şi pline de amănunte despre aceste ţinuturi îndepărtate, ar fi numai produsul propriei imaginaţii. De fapt sunt produsul bogatului său univers virtual, care a reconstituit, pe baza unor informaţii disparate, o lume foarte credibilă, apropiată de cea reală. La fel Jules Verne şi Karl May nu au ajuns niciodată în zonele în care şi-au plasat acţiunea romanelor, cu toate astea au reuşit să descrie foarte bine culoarea locală. Jules Verne nu a fost niciodată în Carpaţi, iar Karl May în America.

Existenţa universului virtual face posibilă nu numai înţelegerea intenţiilor ascunse ale unei persoane, rezolvarea unor probleme de orice tip, dar şi contribuie la dezvoltarea ştiinţei şi a artelor. Modele teoretice din fizică, de exemplu, se bazează tot pe acest univers virtual. Dar nu apelăm la universul virtual doar în situaţii extraordinare sau când facem lucruri extraordinare. Cele mai banale decizii fac apel la acesta.

Antrenamentul pentru operarea cu lumi virtuale începe din copilărie, şi este o parte importantă a educaţiei. Prin joc, copiii învaţă să construiască universuri virtuale. Ascultarea poveştilor are acelaşi rol. Pe termen lung, probabil jocurile pe calculator vor ajuta la creşterea inteligenţei prin stimularea copiilor de a asimila lumi virtuale.

Crearea simbolurilor are legătură cu afectivitatea, motivaţia şi „supraactivarea" sistemului de recompensă la om. Interesant e că în absenţa unei afectivităţi normale, crearea simbolurilor este afectată. O astfel de situaţie este autismul, în care afectivitatea redusă ar putea face imposibilă crearea simbolurilor, care ar împieta în consecinţă şi operarea cu acestea la orice nivel. Un autic nu numai că e incapabil să creeze noţiuni filosofice complicate, dar nu poate nici măcar să vorbească. Acesta, în schimb, poate face calcule foarte dificile, accesibile doar calculatoarelor, deci are intactă capacitatea de a efectua operaţii logice foarte complicate, dar nu are cu ce le face. De fapt, auticii ar putea face aceste calcule extraordinare (de ex. extragerea de rădăcini pătrate din numere cu multe cifre) tocmai pentru că nu sunt „perturbaţi" de afectivitate. Date recente sugerează dimensiuni reduse ale amigdalei, structură subcorticală implicată în emoţii, în unele cazuri de autism, considerate ca fiind consecinţe ale epuizării acestei structuri prin supraactivare datorată fricii excesive, care apare în această maladie (Dalton et al., 2006). Totuşi, modificări similare apar şi în cazul rudelor neafectate ale bolnavilor. Mai mult, şi în cazul rudelor, apărea, deşi la un nivel mai scăzut, o capacitate mai redusă de a fixa cu privirea interlocutorul şi de „citire" a feţelor.

De fapt, tot memoria de lucru ar putea fi „de vină". Auticii ar menţine în atenţie/ memorie o informaţie mai mult decât subiecţii sănătoşi. Gândirea lor ar deveni mai secvenţială, mai puţin fluentă. Alte simptome ale acestei maladii (dar şi ale altora în care afectivitatea este afectată) sunt gândurile şi acţiunile repetitive, considerate funcţii caracteristice ale ganglionilor bazali. Prin studiul maladiilor care implică leziuni ale ganglionilor bazali, Marsden (1984) a sugerat că secvenţierea gândirii poate fi o funcţie îndeplinită de ganglionii bazali. Aceste structuri nervoase vechi, cu funcţii motorii, au legături importante cu nucleus accumbens, care la rândul său primeşte aferenţe de la amigdală, implicată în emoţii. Deşi există date care sugerează implicarea structurilor motorii în funcţii cognitive, se poate specula că gândirea abstractă, inclusiv calculul matematic, ar putea fi o exteriorizare a modului de operare a unor funcţii motorii.

S-ar putea ca afectivitatea redusă din autism să provină din „anestezierea" stărilor interioare care, dacă apare la vârste foarte fragede ar afecta dezvoltarea emoţională normală. Probabil în autism, afectarea metabolismului glucidic cerebral apare foarte devreme, ceea ce afectează învăţarea unor deprinderi care apar la vârste mici, printre care şi aceea de creare a simbolurilor.

Omul ignoră în mod normal anumiţi stimuli din mediu, concentrându-se pe foarte puţini. În autism, dar şi alte maladii psihice cu platitudine afectivă, apare adesea o mare rezistenţă la cald, frig, durere. Dar în acelaşi fel, există situaţii normale în care se pot ignora şi stimuli care vin din interiorul corpului, de exemplu există bolnavi (s-au descris în cazul maladiilor cardio-vasculare, de exemplu) care îşi ignoră simptomele, agravându-şi condiţia. Dar acest fenomen s-ar putea să aibă o importanţă adaptativă. De exemplu, ceea ce numim noi curaj conştient, adică înfrângerea sentimentelor de frică cu ajutorul propriei voinţe, înseamnă de fapt ignorarea unei stări emoţionale, care ar proveni din semnalele interoceptive. Dar nu cumva există şi un mecanism inconştient care să realizeze acelaşi lucru? La specia noastră şi nu numai, masculii sunt în general mai agresivi, prin urmare mai expuşi pericolelor. Nu ştim dacă la masculii speciei noastre, dar şi ai altor specii de mamifere, există un prag mai înalt al sensibilităţii interoceptive, dar ştim sigur că un prag mai înalt al durerii somatice există. De asemenea, unele studii sugerează că femeile sunt mai sensibile la efectele adictive ale nicotinei (renunţă mai greu la fumat), ceea ce sugerează, având în vedere legătura dintre insulă şi renunţarea la fumat, că femeile ar fi mai sensibile la semnalele din interiorul corpului. Probabil la masculi s-au dezvoltat mecanisme de blocare în anumite situaţii a inputurilor interoceptive şi proprioceptive, care conduc la stări emoţionale.

Einstein spunea că imaginaţia e mai importantă decât inteligenţa. Dacă inteligenţa e capacitatea de a efectua operaţii complicate cu simbolurile deja existente, iar imaginaţia e capacitatea de a crea permanent simboluri, atunci afirmaţia capătă noi sensuri.

Un creier doar suficient de mare

Existenţa acestui univers virtual interior nu ar fi fost posibilă în absenţa unui creier uriaş, capabil de a crea multiple relaţii între obiecte. De exemplu dacă vorbim de „o mare de cristal", o metaforă banală, ne referim la calitatea de a fi limpede, transparentă, cu o anumită consistenţă, un anumit indice de refracţie, care dă senzaţii complexe pe care le-ar putea oferi vederea unui cristal.

Se spune că oamenii au un creier prea mare, a cărui capacitate nu este suficient explorată. Daca oamenii ar folosi, să zicem, doar aproximativ 10% din capacitatea creierului, atunci mărimea lui ar fi inutilă. Aceasta ar fi valabilă eventual în condiţiile actuale. Acum, vânătoarea de mistreţi de exemplu, se învaţă cu ajutorul unui curs. Altădată, trebuiau observate timp îndelungat obiceiurile acestui animal, de altfel foarte periculos, apoi create strategii pentru vânarea acestuia, după care urma testarea lor. Acum, prin educaţie, oamenii creează evenimente-pilot, din care se poate învăţa în mod artificial. Dar la începutul existenţei umane, evenimentele relevante, diferite în esenţă, erau rare, de aceea un creier mare, care să reţină multe evenimente, din care apoi să extragă esenţialul, a fost foarte important pentru supravieţuire, şi apoi pentru dezvoltarea culturii. Un creier mare era necesar atunci când evenimentele relevante trebuiau aşteptate, şi nu create, ca acum. S-ar putea spune că omul primitiv avea nevoie de un creier atât de mare pentru că din punctul nostru de vedere, îl „risipea". De exemplu, în epocile anterioare, perioada educaţiei nu dura în mod semnificativ mai puţin, deşi nivelul cunoştinţelor era mult mai redus. Dar tocmai lipsa unor cunoştinţe care să permită o generalizare, de exemplu cu ajutorul unor formule matematice, făcea necesar un timp de studiu mai îndelungat.

Pentru comparaţie, instruirea unui constructor sau arhitect în zilele noastre probabil nu durează mai mult decât în Evul mediu sau Renaştere, şi nu doar din cauza dispariţiei monopolului breslelor. Dar în trecut orice operaţie din aceste meserii era de fapt o dexteritate, care trebuia dobândită, nu un algoritm, ca acum. În concluzie, apariţia creierului uriaş al omului a constituit un avantaj evolutiv în timpul umanizării şi la începuturile istoriei umane.

Creierul uman n-a mai crescut, ba din contră, odată cu apariţia civilizaţiei. Relaţiile sociale complexe nu au dus la un creier mai mare. Dar relaţiile sociale complexe includ cooperarea şi învăţarea de la alţii, nu necesitatea stringentă a descoperirilor personale. Dincolo de modificările climatice, socialul, nu numai în societăţile de agricultori şi implicit în civilizaţii, dar şi în cele de vânători-culegători, ar fi condus la un schimb de informaţii mai facil şi la o pondere mai mare a învăţării din experienţa altora. Pe când în grupuri mici, cum se pare că ar fi trăit primii oameni moderni, schimbul de informaţii era mai dificil. Acei oameni „full option" din punct de vedere al evoluţiei, erau nevoiţi să descopere şi să înţeleagă lumea în fiecare zi.

E greu de crezut că organismul cheltuieşte 20 % din energia sa şi cei mai buni nutrienţi pentru a întreţine „un neg", adică un creier inutil. Creierul este şi sediul unei facultăţi specific umane-conştiinţa. O posibilă definiţie a conştiinţei, luând în considerare ipoteza markerului somatic ar fi aceasta: conştiinţa este o excelentă legătură între decizii şi sensibilitate, o oglindă a comportamentelor învăţate, în care se proiectează implicaţiile lor emoţionale. Prin comportamente învăţate se înţelege comportamente care implică voinţa individuală, adică nu instincte. Leziuni ale zonelor implicate în afectivitate pot determina modificări grave de personalitate, cu apariţia unor comportamente imorale. Conştiinţa presupune imaginaţie, adică gândire cu simboluri, empatie, numeroase legături între diferite zone ale creierului. Conştiinţa nu putea apărea decât într-un corp sensibil, cu un creier foarte mare.

În loc de concluzii

- Dezvoltarea cortexului la mamifere ar avea rolul integrării informaţiilor obţinute prin intermediul simţurilor nespecifice, ca urmare a evoluţiei acestora ca animale nocturne;
- Dimensiunile fără precedent ale creierului uman ar fi consecinţa acţiunii stresului prenatal, care ar produce modificări epigenetice ale genelor implicate în semnalizarea factorilor de creştere IGF-1 şi 2, cu efecte asupra creşterii placentei şi direct asupra creşterii organismului întreg şi a creierului;
- Neotenia (heterocronismul) este implicată în mărimea creierului şi în dezvoltarea lentă a organismului, apare la specii de mamifere care trăiesc în medii sărace în resurse; neotenia e asociată cu un pui neajutorat, care este îngrijit o perioadă îndelungată;
- Îngrijirea puiului pentru o perioadă mai îndelungată ar creşte memoria de lucru, cu implicaţii asupra comunicării şi nivelului fricii, şi ar scădea vigilenţa, fenomene care au stat la baza domesticirii;
- Restricţia calorică determină stimularea secreţiei BDNF, care determină creşterea rezistenţei neuronilor la stres, dar este şi molecula memoriei pe termen lung; BDNF stimulează Akt, prin acţiunea asupra receptorilor de insulină/IGF-1; BDNF ar alimenta practic stocarea anumitor informaţii dintre cele primite din mediu;
- Comportamentul tipic uman ar putea fi explicat simplist prin „sensibilitatea“ (conexiuni multiple) foarte mare şi memoria de lucru mare, care direcţionează date spre memoria pe termen lung, influenţând şi afectivitatea, moralitatea şi personalitatea umană;
- Aria prefrontală, implicată în funcţii psihice tipic umane, este sediul memoriei de lucru, dar are legături şi cu sistemul de recompensă;
- Sistemul de recompensă este supraactivat la om, creând lanţuri lungi de condiţionări, prin care influenţează trăsăturile de personalitate, dar şi planificarea pe termen lung;

4. Comportamente umane aberante şi originea lor

Omul are o mulţime de trăsături comportamentale „anormale" comparativ cu alte animale. De fapt întregul comportament uman pare să contrazică principiile sociobiologiei, conform cărora acţiunile unui individ au drept scop principal supravieţuirea individului şi mai ales a speciei respective. Comportamentele înnăscute (instinctele), care la prima vedere nu au nici o legătură cu supravieţuirea individului sau creşterea fitnessului, se presupune că provin din comportamente care au avut astfel de funcţii în trecutul speciei, dar care au degenerat din cauza modificării mediului. De fapt se spune că există un defazaj între gene şi mediu.

Dacă supravieţuirea genelor speciei este scopul final al comportamentului individual, atunci distrugerea genelor prin uciderea altor membri ai acesteia ar fi în contradicţie cu însăşi constituţia, adică legea fundamentală a comportamentului animal.

Uciderea congenerilor

Unul dintre aceste comportamente aberante, specific umane, din care decurg şi altele, este uciderea deliberată a membrilor propriei specii. Cele mai multe specii nu îşi folosesc armele cele mai periculoase când se luptă cu congenerii lor, evitând să îi rănească grav sau să-i ucidă. E drept că adesea apare şi la alte specii distrugerea congenerilor prin accidente cauzate de lupte între masculi, de exemplu la unele specii de ierbivore.

Dacă excludem existenţa distrugerii sau uciderii deliberate a congenerilor la alte specii decât cea umană, nu putem exclude canibalismul. De asemenea merită menţionată uciderea puilor care aparţin altui mascul, de către noul proprietar al haremului la unele specii de mamifere, ca leii sau chiar unele primate (babuini). Prima diferență dintre comportamentele distructive umane și ale altor specii o reprezintă chiar victimele acestor comportamente. La celelalte specii, cele mai multe victime ale comportamentului distructiv o reprezintă puii, pe când la oameni, masculii adulți, în plină formă fizică, cu potențial reproductiv mare. Poate din cauza faptului că extrapolăm inconștient modul de manifestare al comportamentelor distructive umane asupra altor specii, considerăm acest tip de comportament drept apanajul unic al speciei noastre.

De asemenea, o altă confuzie este aceea a legării violenței și implicit a agresivității de comportamentul alodistructiv. Dacă masculii implicați într-un conflict pentru un teritoriu sau pentru femele nu se luptă „pe viață și pe moarte" nu înseamnă că aceste specii nu pot să-și consume puii, de exemplu. Ținta preferențială a canibalismului o reprezintă puii la multe specii, începând de la unele specii de insecte la pești. Acest comportament nu numai că nu are legătură cu violența, dar nici măcar cu agresivitatea.

Un alt aspect care diferențiază comportamentul alodistructiv uman de cel întâlnit la alte animale implicațiile în ceea ce privește perpetuarea genelor, deci al supraviețuirii speciei. Canibalismul la alte specii, de exemplu consumarea puietului la pești sau a larvelor la insecte, are loc în condițiile unei penurii de resurse. Prin acest comportament este pusă în pericol perpetuarea unor gene. Dar dacă luăm în considerare șansele de supraviețuire a unei larve de insecte sau de pește, care sunt oricum foarte reduse, iar în condiții de criză scad și mai mult, ajungem la concluzia că din punct de vedere al supraviețuirii speciei, efectele canibalismului la aceste specii sunt neimportante. De asemenea, la călugăriță, consumarea masculului de către femelă crește șansa de supraviețuire a puilor acestuia deoarece asigură un aport proteic care să ajute la dezvoltarea ouălor. Șansele de supraviețuire ale masculului și de a se reproduce din nou ar fi foarte reduse, de aceea din punct de vedere al speciei sacrificarea lui nu este o mare pierdere.

Oricât ni s-ar părea nouă de imoral, la alte specii canibalismul nu pare a fi o crimă gravă împotriva speciei. Cazurile sporadice de canibalism descrise la oameni, în culturi care descurajează această practică, arată că de asemenea canibalismul apare în condiţiile în care supravieţuirea devine foarte dificilă. Foametea este cea mai întâlnită cauză. De obicei, victimele canibalismului sunt cei mai slabi, care oricum nu prea au şanse de supravieţuire în acele condiţii ostile.

Infanticidul la unele specii de mamifere în cazul preluării haremului unui mascul de către altul nu au implicaţii foarte grave pentru specie. Uciderea unui pui, despre ale cărui gene nu se ştiu prea multe lucruri, pentru că acesta a dat puţine teste de supravieţuire, din punct de vedere al speciei valorează mai puţin decât ale unui adult deja apt de a se reproduce. Evident, şansele unui pui de a avea urmaşi viabili sunt mult mai reduse decât ale unui mascul adult. Probabil de aceea competiţia intraspecifică este puţin periculoasă şi nu are efecte letale la alte specii faţă de cea umană.

De ce ucid oamenii

La om însă lucrurile stau exact invers. Când vorbim de uciderea oamenilor de către alţi oameni ne gândim la uciderea acestora în războaie sau în alt fel de luptă. Aceasta implică poziţii oarecum egale sau apropiate între combatanţi în ce priveşte capacitatea distructivă. Când nu mai e vorba de forţă fizică sau tehnică de luptă, e vorba de armament.

Pentru explicarea acestui comportament la oameni s-au avansat mai multe ipoteze. Una se referă la faptul că oamenii nu mai pot recepţiona semnalele pe care le emit alţi oameni pentru atenuarea agresivităţii deoarece apariţia armelor a dus la creşterea distanţei dintre agresori. Acest lucru este adevărat, dar să nu uităm că zilnic sunt ucişi omeni în bătaie, de multe ori fără intervenţia armelor de foc sau a altor arme care măresc distanţa dintre oameni astfel încât semnalele de inhibare a agresivităţii să nu mai fie vizibile. Cei care ucid cu toporul sau cu levierul pot recepţiona foarte uşor astfel de semnale.

O altă explicaţie a fost aceea că oamenii pot fi îndoctrinaţi, spre deosebire de alte animale. Într-adevăr, oamenii pot fi îndoctrinaţi cu uşurinţă. Sociobiologii spun chiar că oamenii au nevoie să fie îndoctrinaţi, adică manipulaţi (Wilson[a], 2003), conformismul şi susceptibilitatea la manipulare fiind avantajoase pentru coeziunea societăţii. Prin îndoctrinare li se alimentează nişte obsesii sau fobii naturale. În Antichitate li se spunea că duşmanii vor să îi facă sclavi, acum li se spune că într-un fel sau altul vor să le schimbe modul de viaţă, ceea ce înseamnă cam acelaşi lucru. În ţările comuniste, grănicerilor antrenaţi să ucidă oamenii care încercau să traverseze ilegal frontiera, li se spunea că aceştia sunt criminali periculoşi, deci persoane care pun în pericol existenţa indivizilor şi a societăţii.

O altă explicaţie este pseudospeciaţia, adică faptul de a considera membrii altor grupuri ca pe membrii altei specii. Unii autori numesc acest fenomen tribalism (Wilson[b], 2003). Ne comportăm într-un fel cu oamenii din propriul grup, şi altfel cu cei din alte grupuri. Mai mult, relaţiile din cadrul propriului grup se pare că au evoluat mai mult decât cele cu indivizii din afara propriului grup. Oamenilor le place şi se pare că le-a plăcut întotdeauna să atribuie oamenilor din alte grupuri caracteristicile altor specii. Această pseudospeciaţie vine dintr-un instinct comun tuturor animalelor - frica de străini. Cea mai mică diferenţă, fizică sau de comportament atrage agresivitatea altor membri ai speciei, tocmai pentru ca supravieţuirea speciei să nu fie în pericol prin participarea la reproducere a unor indivizi cu gene mai puţin valoroase sau purtătoare de boli (Eibl-Eibesfeldt[a], 1995). Frica de străini, de exemplu la cimpanzei (dar şi la oameni) se aplică nu numai străinilor, adică celor din alte grupuri, ci şi celor din acelaşi grup, care din cauza unor accidente (cădere din copac, poliomielită) sau consum de psihotrope, au un aspect sau comportament uşor modificat (Eibl-Eibesfeldt[b], 1995).

La oameni, la care în afară de diferenţele fizice şi comportamentale există şi diferenţele culturale, frica de străini are mai multe surse de alimentare, deci trebuie să fie exacerbată. Ceea ce îi opreşte în prezent pe oameni să se ucidă masiv, în afară de constrângerile legale, este conştienţa de specie, care se aplică în general la oameni din aceeaşi cultură şi între care nu există diferenţe fizice mari.

Dar istoria a arătat că orice conştiinţă de apartenenţă la un grup mai mare a apărut foarte recent. Conştiinţa naţională e ceva artificial ce a apărut în cele mai multe ţări din Europa în secolul al XIX-lea. Cetăţile greceşti, deşi vorbeau aceeaşi limbă, purtau războaie între ele. Puţin probabil că oamenii aveau în trecut conştiinţa propriei specii. Lipsa semnelor distinctive care delimitau un grup de altul, datorate unei diferenţe culturale minore, declanşau comportamente violente. Probabil prin acest mecanism, violenţa intraspecifică s-a perpetuat şi accentuat în unele situaţii, dar nu aceasta este cauza ei.

Dar frica de străini explică în mare parte discriminarea minorităţilor de orice fel şi disponibilitatea multora de a ucide în războaie, dar nu explică cele mai multe subiecte ale ştirilor de la ora 5.

Puterea de concentrare şi agresivitatea umană

Declanşarea comportamentului agresiv faţă de un individ puternic, cu potenţial reproductiv mare este normală. Asta se întâmplă la toate speciile. Lupta apare între masculi de dimensiuni asemănătoare şi cu forţă apropiată. În cazul diferenţelor de talie şi forţă, individul mai slab părăseşte ringul fără luptă. Şi la specia noastră luptele sporadice apar cel mai adesea între indivizi cu forţe aproximativ egale. Sunt evitate atacurile contra celor lipsiţi de apărare, atunci când nu sunt foarte agresivi. Problema cu specia noastră nu este că ţinta predilectă a agresiunilor o reprezintă bărbaţii tineri şi puternici, ci faptul că aceştia nu supravieţuiesc adesea atacurilor violente. La alte specii, la un moment dat, învingătorul percepe semnalele prin care învinsul se predă, agresivitatea acestuia este atenuată şi în final este lăsat să plece. Probabil diferenţa dintre o luptă între doi masculi din specia noastră şi doi masculi dintr-o altă specie apare nu în modul de declanşare a luptei, ci în felul în care aceasta se termină. În cazul luptelor în care nu sunt implicate arme de foc sau arme care acţionează la distanţă, învingătorul percepe foarte uşor semnalele pe care le emite învinsul, sau mai precis ar putea să le perceapă. Dar el nu se mai poate opri. Numărul loviturilor mortale aplicate unor victime ale agresiunilor arată o risipă de forţă şi mai ales o agresivitate inutilă. Adesea autorii unor crime violente declară că au continuat să-şi lovească victima pentru că nu se puteau opri. Dacă se atinge un anumit prag al agresivităţii, omul atacă până ce el sau adversarul sunt scoşi din luptă adesea pentru totdeauna. Poate omul este singurul animal la care există comportamentul de mediere, singurul care poate da rezultate după ce atacul a fost declanşat. „Medierea" este în acest caz fizică, agresorii sunt împiedicaţi de alţi membri ai grupului să continue lupta.

De ce se întâmplă acest lucru? Probabil răspunsul e în creierul nostru, în felul cum este organizat. De vină pentru acest comportament aberant ar putea fi extraordinara putere de concentrare a omului. Omul poate este singurul animal care se poate gândi un timp mai îndelungat la un singur lucru, pentru că este singurul animal care îşi poate permite aşa ceva. În cazul altui animal, în orice moment poate apărea un pericol sau un stimul mai puternic care să îi abată atenţia de la o anumită activitate. Un câine lasă osul şi fuge dacă vede un câine mai mare.

Animalul dispune de o vigilenţă continuă care îl ajută să vadă eventualele pericole. Această vigilenţă îl face să vadă şi semnalele de supunere ale altor animale, astfel că întrerupe lupta la timp, înainte de a le ucide. În cazul omului, o idee abstractă precum o formulă matematică îi poate acapara tot câmpul conştiinţei, făcându-l să ignore chiar semnalele de pericol din jur. Cum ar putea ca un instinct atât de puternic pentru orice animal, cum este agresivitatea, să nu aibă acelaşi efect? Agresivitatea care depăşeşte o anumită limită îi „orbeşte" pe ambii combatanţi, atât pe învins, cât şi pe învingător, care ignoră fiecare semnalele celuilalt. Aşa se ajunge la rezultatele devastatoare ale actelor de violenţă.

Totuşi, există cazuri rare, când şi alte mamifere se ucid între ele, de exemplu leii (Wilson[c], 2003). Când confruntările rituale ajung să fie depăşite, se ajunge la lupte violente, care se soldează chiar cu moartea unora dintre adversari. Leii, în afară de faptul de a fi puternici, au şi calitatea de a fi vânători de succes, capabili de cooperare şi strategii elaborate. Aceasta sugerează că şi ei ar putea avea o putere de concentrare apreciabilă. De asemenea, puii de lei sunt foarte jucăuşi. Neotenia şi în consecinţă, îngrijirea îndelungată a puilor ar fi la originea acestui comportament distructiv, pe lângă a altora, considerate utile.

Antecedente de ucidere în familia hominide

Ne-am obişnuit cu ideea că omul e singurul animal capabil de a ucide deliberat alţi membri ai propriei speciei. Oare aşa este? Din „fericire", şi în acest caz există un „missing link". Dacă în acest sens a fost menţionat de mai multe ori cimpanzeul pitic, a venit rândul cimpanzeului comun, *Pan troglodithes*, să explice un comportament specific uman. În ultimul timp, în rezervaţii, s-au semnalat multe cazuri de cimpanzei masculi tineri atacaţi de alţi cimpanzei. Desigur, nimeni n-a văzut un cimpanzeu care să dea vecinului cu piatra în cap pentru că s-a aşezat pe creanga lui, dar cercetătorii au văzut de multe ori un comportament violent considerat tipic uman: linşajul.

Atacurile cimpanzeilor asupra semenilor lor au un anumit model, şi apar în anumite condiţii.

Cimpanzeii, atunci când nu mănâncă, se scarpină, adică fac ceea ce se numeşte grooming în limbajul specialiştilor. Groomingul are rolul de comunicare între membrii unui grup, şi are proprietatea de a relaxa (vezi capitolul „Creierul şi foamea"). Uneori, când doi cimpanzei masculi se deparazitează, şi unul dintre ei este foarte tensionat, astfel încât se pare că groomingul reciproc în grup nu îi este de ajuns, cimpanzeii masculi din grupul respectiv pornesc incursiuni contra eventualilor străini, care le încalcă teritoriul. Victimele acestor „vânători" de congeneri le cad masculii tineri, care uneori supravieţuiesc, dar nu pentru mult timp. Dar de multe ori şi asta e o performanţă. Intrusul cade pradă unei explozii de violenţă, care îi face pe cimpanzei demni de titlul de veri ai oamenilor. Acesta este lovit cu picioarele, cu pumnii, este pur şi simplu jucat în picioare. Imaginea pare cel puţin familiară, dacă nu chiar un déja vu al unor manifestaţii de stradă violente. Agresorii şi victima se află la o distanţă foarte mică, deci ar fi posibilă recepţionarea semnalelor de atenuare a agresivităţi, şi deci încetarea atacului. Dar acest lucru nu se întâmplă.

Dacă distanţa între victimă şi agresori nu are, linşajul cimpanzeilor are în rest tot ce îi trebuie: adică frică de străini, care naşte ceea ce la om se numeşte pseudospeciaţie. Victima este întotdeauna din alt grup. Dar mai e ceva, aceste atacuri au loc numai în grup, şi, cel puţin după datele actuale, în condiţiile în care în propriul grup există disensiuni. Aşa cum am menţionat, ceea ce declanşează atacul este starea de încordare a unui membru al grupului. În acest caz, linşajul ar avea rolul de a reduce disensiunile din cadrul propriului grup, dar şi de a creşte coeziunea acestuia. Prin aceste atacuri, membrii grupului se relaxează, pentru că îşi descarcă din plin instinctul numit agresivitate. În acelaşi timp, relaţiile dintre ei, iniţial încordate, se destind. La cimpanzei, relaţiile de „prietenie" dintre masculii adulţi sunt foarte importante, deoarece ele se află la temelia grupului. Aşa cum se ştie, relaţiile dintre masculi (cel puţin la oameni) se bazează pe faptul de a face ceva împreună, adică pe un fel de cooperare.

Pe de altă parte, pentru a se ajunge la un numitor comun într-un grup cu mai mulţi membri, soluţia optimă este desfăşurarea unei activităţi bazale, care să fie accesibilă tuturor membrilor grupului. Aceasta este părerea sociologului Serge Moscovici. Pentru comparaţie, dacă vrem să ne înţelegem într-un grup mai mare, adoptăm limbajul cel mai simplu, nu cel mai academic.

În aceste condiţii, cimpanzeii masculi ar porni împreună la atacuri violente, şi nu la pescuit de furnici (activitate destul de complicată, care nu le e accesibilă din punct de vedere „tehnologic" tuturor cimpanzeilor) de exemplu, pentru a-şi creşte coeziunea în cadrul propriului grup. Cu alte cuvinte, masculii ar ataca străinii de grup pentru a-şi salva în condiţii de criză propriul grup? Această ipoteză ar putea să-i pară foarte banală unui poliţist familiarizat cu situaţia din ghetou. Bandele de adolescenţi sunt foarte violente. În ghetou trebuie să faci parte dintr-o bandă, astfel eşti în pericol de a fi o victimă lipsită de apărare. Dar aceste bande nu au drept scop „atacarea" bibliotecilor şi a sălilor de concerte, ceea ce le-ar fi mult mai profitabil, ci a altor bande sau a indivizilor singuri, ca şi la cimpanzei.

Linşajul există şi la oameni, şi apare când o mulţime înfuriată se descarcă violent pe un anumit individ sau mai mulţi, care nu are de cele mai multe ori vreo vină decât aceea de a fi de culoare, de exemplu. Sociologul Serge Moscovici explică participarea la linşaj a oamenilor care singuri nu ar fi capabili sub nici o formă de asemenea violenţă, prin faptul că oamenii se comportă altfel în grup decât individual, fapt cunoscut şi de romani care spuneau că „Senatorii luaţi separat sunt oameni cumsecade, dar senatul e o bestie rea".

Linşajul ar putea fi forma primordială de ucidere a membrilor propriei specii. Să fi precedat astfel războiul crimele individuale? Posibil. Mai rămâne însă întrebarea de ce cimpanzeii merg cu violenţa atât de departe. În primul rând, fiecare membru al grupului de agresori are partea lui de descărcare agresivă. Apoi s-ar putea ca şi cimpanzeii să aibă o capacitate de concentrare remarcabilă, care să le permită să-şi menţină mai mult timp o preocupare într-o anumită direcţie. Primatele se disting ca animale care îşi îngrijesc mult timp puii. Apoi, datorită diviziunii activităţilor, animalele sociale îşi permit să aibă pauze de atenţie faţă de mediu.

Dar mai e un aspect, cimpanzeii au o mai mare capacitate de a se deosebi pe ei înşişi de alţi indivizi. În afară de om, cimpanzeul este singura specie care se poate recunoaşte în oglindă, deşi date recente sugerează că delfinii ar avea această capacitate. Atunci probabil face distincţia foarte bine între membrii propriului grup şi străini. Distincţia dintre indivizii din propriul grup şi alţii este foarte importantă şi la alte specii. Femela de crocodil nu îşi ucide puii, spre deosebire de „tatăl" acestora, care trăieşte în altă zonă a râului, şi nu îi cunoaşte. Se spunea că la începuturi, omul se considera parte integrantă din lumea exterioară. Se pare însă că cimpanzeii delimitează lumea lor, adică grupul din care fac parte, de lumea exterioară, care include, printre altele şi alţi cimpanzei.

Originea războiului

Dacă poate apărea o luptă „pe viaţă şi pe moarte" între doi indivizi, poate apărea şi una care să implice mai mulţi. În cazul unui război, e de ajuns ca agresivitatea combatanţilor să atingă nivelul critic, şi lupta e gata. Dansurile războinice ale anumitor triburi, menite a spori agresivitatea celor care pleacă la luptă, precum şi insultarea reciprocă a adversarilor în cazul războaielor moderne, au acest rol (Eibl-Eibesfeldt[c], 1995).

Să nu uităm că agresivitatea este un instinct puternic, şi ocazia de a-şi descărca un instinct reprezintă o recompensă pentru un animal. Posibilitatea de a ataca un animal, deci de a-şi descărca agresivitatea, este folosită ca recompensă pentru alte specii de animale. Diferenţe că aceste animale nu merg atât de departe cu atacurile. Deşi un fel de război, cu oarecare grad de violenţă şi cu devastarea teritoriilor „inamicilor“ se înregistrează şi la manguste. În primul rând, descărcarea agresivităţii (chiar în felul specific) pentru un animal social, care este silit să-şi inhibe acest instinct faţă de membrii propriului grup, reprezintă prin ea însăşi o recompensă importantă (Eibl-Eibesfeldt[d], 1995).

Dar la om orice acţiune poate căpăta şi alte conotaţii. Apoi, de-a lungul timpului, acestui comportament i s-au adăugat alte recompense, materiale şi sociale. Indivizii deosebit de violenţi, capabili să ucidă la comandă au avut status privilegiat în cele mai multe societăţi umane. Sancţiunile pentru comportamentul distructiv faţă de membrii aceleiaşi specii nu au fost instituite decât în anumite condiţii. Puţine societăţi, aşa-numitele societăţi cu ideal pacific, au reuşit, cu numeroase eforturi, care au condus probabil la sacrificarea propriei dezvoltări, să atenueze până aproape de dispariţie comportamentul distructiv al propriilor membri, şi au pus la punct metode de evitare a războiului. De menţionat este faptul că toate aceste societăţi, deosebit de paşnice au cunoscut războiul în trecutul lor (Eibl-Eibesfeldt[e], 1995), cu alte cuvinte îl evită în cunoştinţă de cauză.

Tabú-ul de a nu ucide, deşi prezent în foarte multe societăţi, este încălcat de toate ţările civilizate, şi a fost întotdeauna. A fost o perioadă când în unele ţări din nordul Europei, mortalitatea prin crimă era foarte scăzută, aproape absentă. Dar chiar şi atunci aceste ţări aveau armată. Tabú-urile, ca şi legile, sunt făcute pentru a fi încălcate.

De ce s-a întâmplat acest lucru? Pentru că cele mai multe dintre societăţile care au supravieţuit, şi care au reuşit să evolueze, au fost societăţi cu ideal războinic. În primul rând că istoria societăţilor de succes include un lung şir de războaie, cu învinşi şi învingători. Învingătorii sunt cei care şi-au impus cultura, de cele mai multe ori. Chiar dacă în genealogia acestor societăţi au existat unele cu ideal pacific sau mai paşnice, ele au dispărut din cauza celor războinice. În condiţiile unei penurii de resurse, caracterul războinic al unei societăţi era avantajos faţă de altele. Cum scopul cel mai des întâlnit al unui război este jaful direct sau alungarea unei populaţii de pe un teritoriu, ceea ce înseamnă tot jaf, o societate ca să-şi poată cultiva idealul pacific, trebuie mai întâi să-şi permită acest lux. Pentru asta trebuie să trăiască într-un mediu cu suficiente resurse, sau să fie suficient de ferită, prin bariere naturale, de atacurile altora. Unele dintre societăţile cu ideal pacific descrise de Eibesfeld trăiau în păduri tropicale, relativ izolate de altele. De asemenea eschimoşii sunt consideraţi exemplu clasic de societăţi cu ideal pacific. Ce avantaje ar avea să porţi războaie într-un mediu cu o populaţie atât de rară, în care condiţiile vitrege de mediu sunt o problemă mai mare decât resursele?

Dar în privinţa societăţilor moderne, nu războiul a fost motorul dezvoltării şi supravieţuirii lor, sau cel puţin nu în mod direct, ci concurenţa existentă între membrii societăţii. În aceste societăţi, spre deosebire de cele cu ideal pacific, se cultivă competiţia între indivizi, încă din copilărie (Eibl-Eibesfeldt[f], 1995). Competiţia naşte progres economic şi cultural, mobilitate socială şi alte binecuvântări, dar şi... marginalizaţi. Dacă e competiţie, cineva trebuie să ocupe primul loc, pe al doilea, dar şi pe ultimul sau chiar să fie exclus. Unii indivizi vor fi alungaţi de pe teritoriile lor reale, dar mai ales virtuale. Aceştia vor ataca prin diverse mijloace, de la intrigă, până la atacuri fizice directe. Faptul de a interzice agresivitatea şi violenţa echivalează cu acela de a interzice schimbarea în interiorul societăţii, dar şi în poziţia societăţii ca întreg în raport cu altele. Aşa apar luptele pentru putere, revoltele, chiar şi războaiele.

Omul blând

Totuşi, societăţile umane nu sunt condamnate la violenţă ridicată. Soluţiile pentru diminuarea acesteia ar fi reducerea marginalizării, încurajarea creşterii universului virtual al indivizilor predispuşi din cauza genelor sau a mediului la astfel de acte, dar mai ales discreditarea violenţei prin educaţie. Toate aceste măsuri sunt dependente de ridicarea statusului socio-economic.

Însă lucrul cel mai important este să înţelegem că violenţa intraspecifică mergând până la distrugerea fizică a altor membri ai speciei este un comportament tipic uman, care a apărut probabil odată cu omul sau mai precis cu strămoşii lui. Nu trebuie să ne mai amăgim că omul s-a născut bun, dar societatea l-a corupt. Omul a fost întotdeauna violent, probabil războiul a apărut o dată cu omul. Primele arme au fost create probabil cu scopul de a fi folosite împotriva altor oameni, nu pentru vânătoare. Primele ţepuşe au apărut probabil din crengile ulterior desfrunzite pe care copiii le folosesc şi acum pentru a se apăra/lupta între ei. Acest comportament a fost semnalat şi la cimpanzei. Violenţa intraspecifică reprezintă unul din aspectele sustragerii omului de la selecţia naturală şi de la legile evoluţiei. Şi din acest punct de vedere, omul s-a rupt din natură. Acest comportament foarte nociv pentru specie ar putea fi un produs secundar al faptului că omul face lucruri care nu îi sunt neapărat necesare pentru supravieţuire, adică lucruri aparent inutile.

Totuşi, aici ar mai fi de menţionat un aspect. Omul este foarte violent în afara grupului din care face parte. Dar în cadrul grupului, omul este de 1000 de ori mai puţin violent decât cimpanzeul, deoarece atacurile cimpanzeilor în cadrul propriului grup sunt de 1000 de ori mai frecvente. Este vorba de violenţa neletală, dar violenţa letală pare a avea rate similare în cadrul aceleeaşi comunităţi la cimpanzeu şi în societăţile umane de subzistenţă, vânători-culegători, dar şi fermieri (Wrangham, Wilson şi Muller, 2006). De unde provine această diferenţă? S-a avansat ideea că selecţia „artificială“ ar fi la mijloc. Apoi limbajul articulat a modulat şi el agresivitatea în cadrul grupului. Richard Wrangham, primatolog la Harvard[1], presupune că limbajul articulat ar fi făcut posibile comploturi care să fi eliminat indivizii „bătăuşi“, adică societăţile umane s-ar fi îmblânzit prin conspiraţii ale „blânzilor“. Acesta este un fenomen posibil. Deşi tot societăţile umane, sau cele mai multe dintre ele, răsplătesc şi încurajează violenţa dirijată, e drept, în afara comunităţii.

Dar între psihicul omului şi al cimpanzeului sunt multe diferenţe. Îşi imaginează cineva un cimpanzeu care să stea cuminte să asculte un discurs timp de 2 ore sau mai multe? Dar un cimpanzeu stând cuminte în autobuz în timpul unei călătorii? Când nu dorm sau se toaletează, cimpanzeii sunt foarte activi şi energici. Ei sunt mult mai agitaţi decât oamenii, care au de obicei o latenţă mai mare în acţiuni. Omul este mai puţin violent în cadrul propriului grup în primul rând pentru că dispune de mai puţină energie, adică este într-un fel mai leneş. Apoi starea psihică obişnuită a omului este un fel de transă, omul e mai mult relaxat decât vigilent. În al doilea rând, relaţiile din cadrul unui grup uman sunt altele. Omul este mult mai cooperant, el are mai multă nevoie de ceilalţi membri ai grupului pentru a supravieţui. Adepţii neoteniei la om ar răspunde simplu la această întrebare, prin faptul că animalele neotene sunt mai cooperante.

Dacă a fost o selecţie comportamentală în ce priveşte violenţa în cadrul aceluiaşi grup, aceasta s-a manifestat probabil prin izolarea indivizilor violenţi şi excluderea lor din viaţa comunităţii. Cei cu

1. http://topics.nytimes.com/top/reference/timestopics/organizations/h/harvard_university/index.html?inline=nyt-org

comportament antisocial puteau fi pur şi simplu izolaţi, adică excluşi de la discuţii. Încetarea comunicării verbale constituie şi acum un mod de pedeapsă în cadrul unei comunităţi.

Cel mai important, diferenţa de agresivitate între om şi cimpanzeu ar avea într-adevăr legătură cu comunicarea prin limbaj articulat, adică artificial. Aceasta presupune concentrarea pe găsirea cuvintelor, formarea frazelor. Concentrarea pe limbaj înlătură concentrarea pe un anumit comportament agresiv sau pe cauza care l-a generat. Limbajul articulat scade probabilitatea declanşării unui atac agresiv. Nu poţi să te baţi cu o persoană şi să discuţi în acelaşi timp. Dacă se recurge la dialog, lupta are şansa să fie evitată. Pe de altă parte, limbajul oferă şansa unor noi subiecte de atacuri agresive. Poţi leza un individ în mult mai multe feluri decât să-i arăţi dinţii, ca la cimpanzei. Iar atunci când atacurile s-au declanşat, efectele lor pot fi mult mai dure, mergând până la uciderea unui membru al propriului grup, ceea ce nu se întâmplă la cimpanzei. Omul se poate concentra mai bine pe orice, inclusiv pe atacuri violente, şi de aceea le poate opri mai greu.

Dar comunicarea prin limbaj articulat are legătură în primul rând cu universul virtual. Astfel, evadarea în universul virtual reduce numărul actelor de violenţă. Un om civilizat înseamnă practic un om care trăieşte în comunităţi mari de oameni (oraşe), e obişnuit de mic cu contactele interumane multiple, şi învaţă să-şi reprime pornirile agresive în lumea reală. Poate unul din rolurile circurilor romane, în care se petreceau acte de o violenţă ieşită din comun, era acela al creării posibilităţii descărcării agresivităţii pentru cetăţenii romani plătitori de impozite şi obligaţi să se supună legilor dure. Cuceritorii germanici ai Romei nu le-au mai apreciat, pentru că ei, fiind războinici, cunoscuseră în lumea reală scene mult mai dure. Studiile moderne arată că violenţa în mass media reduce pe moment agresivitatea, deşi pe termen lung ar putea-o potenţa (Eibl-Eibesfeldt[g], 1995).

Altruismul

O mare problemă pentru Darwin, ca şi pentru urmaşii lui, a fost aceea a explicării altruismului. Altruismul presupune punerea în pericol a supravieţuirii directe sau prin urmaşi a individului. Cooperarea, amabilitatea nu sunt forme de altruism. Ce mecanism selectiv ar fi putut menţine un asemenea comportament, care ar fi avut consecinţe nocive pentru individul însuşi? Să presupunem că un comportament altruist ar fi dus la însăşi dispariţia respectivului individ. Prin urmare, un asemenea comportament nu ar mai fi avut cum să fie transmis urmaşilor, deci ar fi dispărut. Atunci cum mai există?

Se vehiculează ideea că omul este singura specie la care indivizii se ucid între ei, şi singura specie la care există altruism. Dar altruismul uman seamănă cu cel al câinilor sălbatici din Africa, în care doar o familie dominantă are pui, ceilalţi fiind implicaţi în îngrijirea şi educaţia lor. „Se sacrifică" câinii sălbatici pentru puii rudelor? Nu, pur şi simplu fac ce e mai bine pentru a-şi perpetua propriile gene. Puii familiei dominante, au genele unchilor şi mătuşilor care îi îngrijesc, dar şi genele părinţilor dominanţi, deci agresivi, ceea ce le conferă mai multe şanse de supravieţuire în mediul lor de viaţă. La această specie nu există lupte pentru putere, totul decurge prin gesturi şi posturi (Wilson[d], 2003). Toată lumea are de câştigat din această situaţie. Ce s-ar întâmpla dacă toţi câinii ar avea puii lor? Probabil rata de supravieţuire a urmaşilor, şi în consecinţă aceea a perpetuării genelor speciei, ar scădea, în condiţiile unei penurii de resurse. Atunci ar avea de suferit toţi indivizii din grup.

La manguste se întâmplă acelaşi lucru, femelele dominante au pui, celelalte, care sunt mătuşile puilor, participă la educarea lor şi chiar îi alăptează. Se poate spune că sunt „altruiste". Dar la manguste, ca şi la câinii sălbatici, relaţiile sociale sunt foarte puternice.

Altruismul presupune o strânsă cooperare între membrii unui grup, care duce probabil la asimilarea puilor altor indivizi cu puii proprii.

Masculul de hienă dă şi el dovadă de altruism când îşi lasă consoarta să conceapă pui cu alţi masculi, care sunt mai bine înzestraţi, adică mai agresivi, apoi se implică mult în creşterea acestor pui. La hienă, familiile sunt monogame, iar masculii participă la creşterea puilor. Ce au în comun aceste animale? Viaţa în condiţii foarte grele, traiul într-un mediu cu puţine resurse şi eventual expunerea la prădători, cel puţin a puilor. Toate aceste specii sunt prădătoare.

Omul a avut probabil o viaţă şi mai grea, de aceea este cel mai „altruist“ animal. Dar sacrificiile pentru grup le fac adesea indivizi care au un fitness scăzut din motive biologice sau sociale şi economice, de exemplu bătrânii, dar şi unii orfani sau oameni cu puţine şanse de a avea urmaşi. La eschimoşi au fost descrise situaţii de bătrâni care se sinucid pentru a nu consuma resurse. Altruismul la om seamănă cu situaţia în care unele familii sacrifică şansele unor copii pentru unul singur, mai ales în ce priveşte educaţia. Numai că în cazul altruismului intervine voinţa proprie.

De ce s-a perpetuat altruismul, dacă era nociv pentru indivizii care îl „practicau“, iar aceştia oricum aveau şanse mici de a avea urmaşi? Răspunsul vine din felul cum sunt trataţi eroii acum, dar şi în trecut. Eroismul este de fapt un act de curaj şi altruism extrem. Eroul, dacă nu supravieţuia, avea parte de onoruri, iar rudele sale aveau de câştigat de pe urma faptelor sale. Cu alte cuvinte, genele lui aveau mai mari şanse de a se perpetua, iar aceste gene le includeau probabil şi pe cele pentru altruism. Dacă supravieţuia, potenţialul lui reproductiv creştea spectaculos, prin îmbunătăţirea statutului social care mergea până la calitatea de lider al comunităţii. Eroii se recrutau adesea din bărbaţi tineri, care din lipsă de resurse, avea puţine şanse de a se reproduce. Un războinic zulu care s-a remarcat în războiul cu olandezii de la jumătatea secolului al XIX-lea, abia după succesul repurtat a putut să se căsătorească (cu mai multe femei, desigur).

Oricum, dacă supravieţuiai sau nu, tot merita să fii altruist. S-a perpetuat altruismul prin selecţie? Populaţiile care au supravieţuit până azi sunt urmaşe ale unor populaţii care s-au adaptat, adică au făcut sacrificii, fie în cucerirea unui mediu ostil, fie în multe războaie de jaf sau apărare (diferenţa nu contează). Într-adevăr, mai mulţi autori, printre care Keith, Bigelow şi Alexander, au avansat ideea că unele „calităţi" ale speciei umane, precum altruismul, patriotismul, bravura pe câmpul de luptă, dar şi jocurile de echipă, ar fi consecinţe genetice ale stării de război, care a fost aproape o constantă a istoriei (Wilson[e], 2003). Războiul a contribuit probabil la perpetuarea altruismului, ca factor de selecţie. Dar şi mai probabil, altruismul a apărut nu la om, ci la strămoşii săi.

Altruismul e adaptativ pentru speciile care trăiesc în condiţii grele, şi care au un fitness scăzut. Speciile prezentate mai sus au o fertilitate redusă. Omul are cea mai mică fertilitate. Aşa că în cazul lui, o soluţie mai bună decât creşterea numărului de urmaşi (care e limitată) este cea a creşterii şanselor de supravieţuire ale acestora. Comportament altruist poate fi considerat şi sacrificarea propriilor şanse de reproducere, cum este în cazul unor clerici, oameni de ştiinţă şi cultură. Prin grija faţă de comunitate, sau prin descoperirile care schimbă mediul de viaţă şi cresc şansele de supravieţuire ale comunităţii sau chiar speciei, cresc şansele perpetuării propriilor gene.

La om, în aceeaşi sferă a altruismului, de fapt a sacrificiului unor indivizi cu şanse reduse pentru a salva resursele pentru cei cu şanse mai mari s-ar putea înscrie şi avortul, dar şi infanticidul şi matricidul, descrise la populaţii primitive. Aşa s-ar explica de ce mame bune, adică responsabile şi cu instinct matern puternic, recurg la această metodă contraceptivă atunci când doresc să-şi crească şansele de a avea urmaşi care să se bucure de o viaţă şi o educaţie mai bună.

Asimilabil cu canibalismul, a cărui ţintă o reprezintă indivizii cu puţine şanse (peştii şi gândacii care îşi mănâncă puii în condiţii de penurie de resurse), avortul a fost recomandat de Platon în „Republica“ ca mijloc de reducere a efectivelor populaţiei. Ca şi infanticidul, practicat în mod legal până la un an şi de către romani, dar şi de populaţii puţin războinice cum sunt eschimoşii, e un mod de selecţie în cadrul unui grup la nivelul naşterii, mult mai puţin dur decât războiul şi cu efecte minime asupra populaţiei.

Speciile „altruiste“ de mai sus nu fac avorturi pentru că nu au cum, dar au propriile mijloace contraceptive, adică inhibarea reproducerii unor membri ai grupului. Omul însă face sex de plăcere, aşa că se poate confrunta cu concepţii nedorite. „Altruismul“ şi contracepţia naturală sau artificială se pare că sunt strâns legate, fiind consecinţele ale aceluiaşi mecanism adaptativ în situaţii de criză, când problema se pune dacă supravieţuiesc puţini indivizi sau deloc. Trecutul speciei noastre pare a fi răspunzător de comportamente nobile sau ruşinoase.

Aceste date susţin punctul de vedere darwinist asupra altruismului. Pe scurt, altruismul este un comportament util pentru specie, iar selecţia acţionează în sensul menţinerii comportamentelor utile pentru specie, nu pentru individ, deşi individul este obiectul selecţiei.

Totuşi, pentru darwinişti este foarte greu de explicat altruismul de parohie, având în vedere că oamenii dintr-o parohie nu sunt neapărat înrudiţi între ei. De asemenea, altruismul legat de înrudire (kin altruism), adică favorizarea indivizilor cu gene comune, adică rudele, pare puţin susţinut de unele studii. Mai puţin de o treime din ceea ce trimiteau muncitorii sud-africani acasă poate fi explicat prin altruismul de înrudire (Bowles & Posel, 2005). Pe de altă parte, dacă altruismul ar reprezenta sacrificarea unui individ cu mai puţine şanse pentru ca genele sale să supravieţuiască, o categorie de indivizi cu fitness ridicat se caracterizează prin altruism: liderii. Conform ipotezei prezentate aici, altruismul, un caracter care prezenta avantajele selective prezentate mai sus, ar fi apărut printr-un surplus de protectivitate, caracteristic liderilor. Liderii adevăraţi, înnăscuţi, sunt protectivi. Protectivitatea naşte şi sacrificii, ca în cazul mamei care îşi apără puii, deşi în acest caz ea nu face decât să-şi apere genele, deci acest gest nu este altruism. Sacrificiul pe care îl implică altruismul pare mai degrabă un efect secundar al protectivităţii. Desigur, puterea de concentrare are un rol şi aici. Actele de altruism apar în condiţii grele, periculoase, acolo unde relaţiile dintre indivizi sunt strânse, de exemplu în armată. Aceste relaţii sunt similare celor stabilite între mamă şi pui la speciile cu dezvoltare lentă şi fertilitate redusă. Iepurii, specie cu strategie de tip r, care mizează mai mult pe reproducere decât pe supravieţuire, nu-şi apără puii.

Dacă dezvoltarea lentă şi fertilitatea redusă pot fi asociate cu accesul dificil la resurse în istoria speciei respective, altruismul ar putea fi un produs secundar al adaptării la condiţii de criză. Acest caracter s-a perpetuat apoi deoarece protectivitatea asigura un fitness mai crescut printr-o mai bună îngrijire a puilor, apoi oamenii protectivi aveau mai multe şanse de a deveni lideri. Probabil aceşti oameni au impus prin intermediul culturii unele norme de comportament care în prezent pot fi considerate altruiste, cum ar fi, printre altele, ospitalitatea, extrem de riscantă în anumite zone.

Normele morale, ar putea fi impuse de asemenea de liderii „adevăraţi", care sunt indivizi nu numai protectivi, dar şi empatici. Moralitatea este considerată ca legată de empatie, atât de către filosofi, începând cu Kant, dar şi de către psihologi. Există mai multe teorii care încearcă să explice empatia la om. Una dintre acestea este că la originea moralităţii ar fi reciprocitatea, adică afişarea unui anumit comportament faţă de alţii, pe care îl doreşte din partea acestora faţă de sine (Mayr[a], 2004). Şi în acest caz este implicată empatia. Date experimentale sugerează că altruismul, manifestat prin caritate voluntară sau involuntară (reţinere de taxe), se manifestă la unii indivizi umani fără să le aducă nici un avantaj social (donaţii anonime şi secrete). La astfel de donatori se înregistrează activitatea nervoasă în sistemul de recompensă odată cu donaţiile în special voluntare, dar şi involuntare, ceea ce vine în sprijinul ideii de implicare a empatiei în altruism (Moll et al., 2006, Harabaugh et al., 2007). La unii dintre subiecţii foarte generoşi, donaţiile nu activează sistemul de recompensă, adică manifestările altruiste nu reprezintă o recompensă psihologică, ceea ce a fost interpretat ca altruism pur, care nu aduce nici un beneficiu personal (Harbaugh et al., 2006).

Nivelul ridicat al empatiei ar putea fi tot o consecinţă a... neoteniei. Copiii foarte mici sunt foarte empatici (Brothers, 1989). Dacă aude un alt copil plângând, începe la rândul tău sa plângă. La 2-3 ani, apar diferenţe între nivelul de empatie dintre copii. Unii sunt în continuare foarte receptivi la suferinţa altor copii, pe când alţii o ignoră complet. Îngrijirea mai îndelungată a puiului ar putea conduce la o cultivare suplimentară a empatiei. Dr. Brother consideră că empatia e influenţată atât de gene, dar şi de felul cum a fost crescut un copil. Pe de altă parte, specii care la prima vedere nu manifestă simptome de altruism, cum ar fi cimpanzeii, în anumite condiţii îşi ajută semenii care nu sunt nici înrudiţi, nici familiari, fără a avea nici un avantaj (Warneken et al., 2007). Mai mult, acelaşi studiu arată că puii mici de om, dar şi de cimpanzeu, acţionează altruist, ceea ce sugerează, consideră autorii, o vechime mare a acestui caracter, care ar data cel puţin de la strămoşul comun al celor două specii.

Empatia pare a avea un rol social foarte important în comunicarea emoţională. Unele structuri nervoase (amigdala şi zona prefrontală învecinată) răspund la macaci selectiv la stimuli sociali complecşi (Brothers et al., 1990). La primate, evoluţia sistemului nervos central a fost influenţată de necesitatea de evaluare rapidă şi precisă a motivaţiilor altor indivizi, ceea ce înseamnă de fapt empatie (Brothers et al., 1990). Faptul de a fi animale sociale, dar şi puiul neajutorat ar putea avea un rol în acest sens, având în vedere comunicarea foarte bună care se stabileşte între câine şi om (v. „Creierul şi foamea“).

În loc de concluzii

- Omul nu este singura specie la care apar comportamente distructive faţă de membrii propriei specii, dar la om există o relaţie foarte strânsă între violenţă şi acest comportament;
- Puterea de concentrare crescută şi capacitatea de a diferenţia membrii altui grup faţă de cei din propriul grup sunt cauzele uciderii congenerilor, îndoctrinarea, frica de străini etc. fiind doar motive şi consecinţe ale acestui fenomen;
- Altruismul, care prezintă avantaje selective, ar fi apărut dintr-un exces de protectivitate, caracteristic liderilor, care l-ar fi impus ca valoare prin intermediul unor norme morale;
- Războiul care creşte coeziunea în cadrul propriului grup, ca şi altruismul specific uman ar fi apărut în condiţii de criză.

5. Ezoterism, ştiinţă, artă, mistică

Omul a devenit om din momentul în care a început să gândească în simboluri. Se poate spune că omul s-a născut odată cu universul său interior. Deşi speculaţii legate de expresia artistică ar fi legate de artefacte de peste 300000 ani, prima dovadă a gândirii în simboluri par a fi nişte scoici găurite, care ar fi putut servi ca mărgele. Acele presupuse „mărgele din scoici", care datează de aproximativ 75000 ani s-au descoperit într-o zonă din vestul Africii de Sud, peştera Blombos, situată în apropierea oceanului, unde hrana era din abundenţă, iar oamenii se adăposteau în peşteri (Henshilwood et al, 2004). Nu se ştie dacă acolo au trăit primii oameni care au avut o gândire cu adevărat umană. Foarte probabil aceştia nu erau primii oameni al căror creier să fi devenit uman, dar zonele cu astfel de condiţii de mediu ar fi candidate pentru a fi leagănul oamenilor cu gândire simbolică.

Există două teorii concurente despre apariţia comportamentului omului modern. Una dintre acestea presupune că acesta ar fi apărut brusc în Africa sau Eurasia acum 40-50000 ani. Alta susţine apariţia treptată în Africa între 250000 şi 50000 ani. Această descoperire vine în sprijinul celei de-a doua teorii.

David Horrobin, un psihiatru, consideră că la originea comportamentului tipic uman ar fi o mutaţie cu efecte asupra metabolismului acizilor graşi ω 3, asociată cu riscul de a dezvolta schizofrenie, dar care ar fi permis explozia creativităţii şi apariţia limbajului. Aceasta ar fi apărut acum 60000-150000 ani, când dieta vânătorilor şi culegătorilor oferea protecţie contra psihozelor.

Geneticianul Spencer Wells de la National Geographic Foundation leagă caracterele psihologice tipic umane de o catastrofă naturală, erupţia unui vulcan în insula Sumatra, Indonezia, care ar avut loc acum aproximativ 77000 ani, şi care ar fi redus efectivele speciei umane la câteva mii de indivizi. Date recente arată însă acest vulcan nu a avut efecte atât de catastrofale, acelaşi tip de unelte umane fiind descoperite atât înainte cât şi imediat după erupţie (Petraglia et al., 2007). Ipoteza prezentată aici sugerează că nu era nevoie de catastrofe, iar mutaţiile implicate în comportament au apărut mult înainte. Probabil gândirea de tip uman a apărut odată cu omul, deşi gradat, progresele s-au înregistrat şi la speciile înrudite, chiar dacă manifestările ei au fost greu de prezervat.

De la simbolurile naturii la arta simbolică

Probabil din momentul în care creierul său a început să lucreze cu simboluri, omul a început să vadă simboluri peste tot. Există numeroase ipoteze care încearcă să explice originea artei primitive, apelând adesea la simbolistica modernă. Conform uneia dintre acestea, picturile rupestre ar reprezenta simboluri feminine şi masculine (Lewin[a], 2005). Mai aproape de realitatea epocii respective ar fi ideea, pe care o avansăm aici, că pictura şi sculptura au apărut probabil din forme preexistente în natură, care au fost asimilate cu obiecte cunoscute, eventual ajustate în acest sens. Pe pietre, pereţi ai peşterilor, arbori, nisip, pot exista în mod natural denivelări sau şanţuri care să semene întâmplător cu profiluri umane sau animale etc. Interesant este că unele specii de animale apar ilustrate în plan (picture rupestre), altele în spaţiu (piatră) sau pe alte substrate (Lewin[b], 2005). Mai mult, gravurile şi reprezentările în relief par să preceadă cu 10000 ani picturile picturile murale, cel puţin în cazul peşterii Chauvet, Franţa, cu vârsta determinată prin C14 de 32000 ani, mai veche decât celebra Lascaux, de 17000 ani (Lewin[c], 2005). Să fie legate de diferite forme preexistente pe diferite substrate? De asemenea, unele picturi rupestre se află în locuri greu accesibile, şi sunt greu de „admirat“, deci rolul lor decorativ este exclus.

În sprijinul ipotezei că artele plastice au apărut probabil din modificarea acestor forme naturale, metamorfozarea lor spre ceea ce sugerau, vin descoperirile unor desene rupestre foarte vechi care reprezintă figuri bizare, un fel de oameni cu cap de antilopă. Aceste reprezentări provin probabil din forme cu simboluri mixte, o parte sugerând o antilopă, alta un om. Himerele s-ar putea să fie unele dintre primele forme de artă. Paul Tarçon de la Australian Museum din Sydney declară că în Australia şi în sud-estul Africii s-au descoperit zeci de reprezentări ale unor hibrizi animale-oameni (oameni cu cap de animale) mai vechi de 10000 ani. Cea mai veche figurină de acest tip este o statuetă care reprezentând un androgin cu cap de felină, descoperită în Germania, şi a cărei vârstă a fost estimată la 32000 ani. Cristopher Chippendale de la Cambridge University's Museum of Archeology and Anthropology consideră că acest motiv (therianthropi_ hibrizi animale-om) este comun în trecutul uman îndepărtat în Europa, Australia şi Africa de Sud.

Himerele, care făceau parte din arta antică în multe culturi, probabil sunt o continuitate a acestei arte primordiale, care s-a perpetuat în civilizaţiile cu mai multe reminiscenţe primitive. De asemenea, himerele au intrat în mitologia popoarelor antice (de exemplu sfinxul, grifonii, dar şi diversele zeităţi egiptene cu cap de şacal, de pasăre şi corp de om), unele dintre ele menţinându-se şi în religiile moderne - îngerii, a căror origine se află în mitologia mesopotamiană. Arta şi ezoterismul ar fi putut apărea în acelaşi timp. Dacă oamenii atribuie în prezent unor amulete sau alte obiecte puteri magice, de ce primele zeităţi nu ar fi fost imagini ale unor fiinţe (animale) sau himere „apărute“ pe diferite substrate? În marile religii monoteiste (iudaism şi islam), reprezentările de imagini în plan sau spaţiu sunt interzise pentru a preveni apariţia noilor idoli.

Probabil, după ce au ajustat formele preexistente, oamenii au început şi să creeze scene şi figuri originale, care să fie, la început, inspirate din natură. Se pune întrebarea ce reprezentau aceste scene.

Dincolo de numeroasele ipoteze care să explice simbolistica reprezentării animalelor, picturile rupestre din Paleolitic din vestul Europei, din peşterile Lascaux sau Altamira, ar reprezenta scene de vânătoare sau scene din natură, cu turme de animale. Totuşi,în aceste picturi sunt prezentate animale care nu făceau parte, se pare, din fauna locală. Unele date sugerează că într-adevăr imaginaţia artiştilor primitivi depăşeşte cu mult modelele apropiate. În urmă cu aproximativ 200 ani, boşimanii care trăiau în zone muntoase, au creat desene pe stânci reprezentând animale îndepărtate geografic sau animale bizare (himere). Faptul că himerele, descrise la boşimanii san, ar constitui artă şamanică (Lewin[d], 2005), adică ar apărea în starea de transă sub influenţa unor halucinogene, aduce dovezi în sprijinul acestei ipoteze. Halucinaţiile stimulează procesul de creare a simbolurilor. Studiile recente sugerează că desenele paleolitice în general nu reprezentau scene din natură, ci eventual animale disparate, cu interacţiuni reduse între ele, deci arta paleolitică ar avea mai mult o valoare simbolică decât descriptivă.

Cu timpul, în Antichitatea clasică Europeană, măiestria în artă a fost asociată cu o redare cât mai exactă a detaliilor de formă, dar şi de expresie, existente în natură. Competiţia dintre artişti în unele culturi trebuie să fi dus la orientarea artei în sensul fidelităţii faţă de natură (de exemplu, Grecia şi Roma antică). Apartenenţa la cultura Europeană ar putea altera percepţia despre rolul şi originea artei. Arta unor popoare primitive, de exemplu africană sau polineziană, a menţinut şi menţine în continuare caracterul original, acela de transmitere a unui mesaj simbolic. Pare frapant caracterul abstract al sculpturilor în lemn africane, foarte asemănător artei moderne. Arta modernă, după depăşirea tuturor limitelor în redarea fidelă a formei şi expresiei existente în natură, s-ar fi întors la rolul său original. Diferenţa este că arta modernă caută în mod conştient să transmită ceea ce arta primitivă făcea dintr-un fel de necesitate: simbolul, asociat unei forme bi - sau tridimensionale. O altă diferenţă este că forma a apărut la început în natură, iar simbolul a fost adăugat de om, pe când în arta modernă se creează forme pentru a transmite un simbol pe care artistul îl „simte" deja.

Deşi gândirea simbolică are trăsături comune cu jocul, există diferenţă între artă şi plăcerea de a picta, de a te juca cu culori şi cu pensule. Morris a făcut o experienţă celebră cu cimpanzei, cărora le-a dat pensule şi culori, ceea ce le-a produs o mare bucurie şi „interes artistic" (Wilson, 2003). Cimpanzeii au pictat tot felul de „figuri", unii au avut o mare preferinţă pentru cruci sau cercuri. Puţin probabil că cimpanzeii vedeau simboluri în arta lor, e clar însă că experimentatorul a văzut. Aceste primate percep culori, pe de altă parte le place să se joace cu beţe. În pictură au văzut un joc foarte interesant. Crucile şi cercurile sunt forme simple, care sunt uşor de desenat. Numeroasele linii şi pete au avut probabil aceleaşi semnificaţii pentru artiştii de ocazie. Asta nu înseamnă că arta e apanajul exclusiv al speciei umane.

Dacă Neanderthalienii erau cu adevărat creatori de artă rămâne o întrebare deschisă. Cele mai vechi artefacte descoperite în Europa datează de acum 30-40000 ani, când se presupune că ar fi ajuns oamenii moderni pe acest continent. Descoperirea în 1931 a unor artefacte şi unelte vechi în peşterile de la Vogelherd, în apropiere de Ulm, Germania, alături de unele resturi umane (*Homo sapiens*), venea în sprijinul acestei idei. Totuşi, datarea cu mijloace moderne arată că resturile umane erau mult mai noi decât artefactele, având aproximativ 5000 ani (Conard et al., 2004). Foarte probabil, *H. sapiens neanderthalensis* era om, adică el gândea în simboluri, şi era capabil de artă. Dar arta plastică, asemenea uneltelor sofisticate, dincolo de sensibilitate, necesită dexteritate. Probabil nu avem urme ale artei neanderthaliene din aceleaşi motive din care uneltele atribuite acestor oameni erau mai puţin prelucrate, fine (cultura Mousterian). Unele cercetări recente sugerează că Neanderthalienii într-adevăr erau mai puţin îndemânatici decât oamenii moderni

(Niewoehner, 2001). Istoria consemnează culturi neolitice producătoare de ceramică foarte fină, dar şi altele contemporane, autoare ale unor vase decorate rudimentar, cu şnurul.

Dincolo de artă, oamenii continuă şi acum să vadă simboluri peste tot. Celebra faţă de pe Marte este un exemplu în acest sens. Respectiva figură, care a trezit multe speculaţii, se „vede" (adică sugerează o formă umană aproximativă) doar din anumite poziţii, din altele neavând nici o semnificaţie. Dacă am descoperit astfel de figuri simbolice şi pe alte planete, formaţiunile geologice de tipul Babelor şi Sfinxului din Munţii Bucegi, destul de recent botezate astfel, nu mai au nevoie de nici o prezentare.

Artele vizuale, muzica şi dansul exersează calităţile speciei umane apărute în cursul umanizării. Muzica exersează imitarea şi crearea sunetelor, consecinţă a apariţiei limbajului articulat, iar dansul, simţul deosebit al echilibrului, legat de mersului biped. De fapt, măiestria echilibrului şi a controlului mişcărilor la om apare în special în reprezentaţiile de la circ, a căror vechime este apreciabilă, fiind atestate de mii de ani. Dincolo de punerea în valoare a acestor calităţi, dansul ar avea o semnificaţie preponderent sexuală, de etalare a corpului şi de executare a unor mişcări probabil la origine inspirate din dansurile nupţiale ale unor păsări, aşa cum s-a propus. Muzica creează stări interioare prin influenţarea ritmului respiraţiei, dar şi a ritmului cardiac. În muzică funcţionează empatia şi modificările fiziologice determinate de sunet, care, conform ipotezei markerului somatic, ar produce modificări afective. Ascultarea muzicii este asociată cu activitate în nucleus accumbens, aria tegmentală ventrală, hipotalamusul şi insula, structuri ale sistemului de recompensă (Limb, 2006). Muzica nu pare doar o consecinţa a achiziţiei limbajului articulat, deşi percepţia notelor muzicale determină activitate în aria Broca, asociată cu funcţii verbale, iar talentul muzical este determinat de aria Heschl, din girusul dentat (Limb, 2006).

Ştiinţa premoniţiei şi a clarviziunii

Capacitatea omului de a crea simboluri e practic infinită. Dar imaginaţia are o mare legătură cu memoria. Pentru imaginaţie e nevoie de date, care să fie apoi combinate, eventual într-un mod inedit. Simbolurile sunt astfel influenţate, prin datele stocate în memorie, de experienţa personală şi implicit de mediul în care a trăit individul respectiv.

Visele reprezintă un fel de halucinaţii care nu mai sunt controlate sau stopate, aşa cum se întâmplă în starea de veghe la oamenii aşa-zis normali. În timpul somnului paradoxal, se produc reorganizări ale informaţiei stocate, care de fapt ar putea genera informaţii gen simbolurile din timpul stării de veghe. De fapt originea modului uman de operare cu simboluri ar trebui căutată în „visele" cu ochii deschişi.

Diferenţa este că acestea sunt necenzurate şi pot avea orice subiect şi conţine orice tip de informaţii, pe care, în starea de conştienţă, individul respectiv le-ar respinge sau nu le-ar da atenţie, concentrându-se pe altele. Visele pot combina în mod inedit anumite informaţii, creând imagini şi senzaţii cărora la trezire li se poate da o anumită semnificaţie. Visele i-au ajutat pe unii să (-şi dea) diagnostice maladii rare, chiar dacă nu aveau pregătire medicală.

În somn apar premoniţii şi clarviziuni, fenomene legate de ezoterism. Premoniţia reprezintă capacitatea de a prevedea evenimente, eventual de a le descrie desfăşurarea cu amănunte. Clarviziunea reprezintă capacitatea de a vedea lucruri şi evenimente care s-au petrecut deja sau se petrec în prezent la distanţă de subiect şi fără ca acesta să dispună de informaţii nemijlocite despre aceste lucruri sau evenimente. Dar clarviziunea, ca şi premoniţia, nu reprezintă apanajul exclusiv al mediumurilor şi nici măcar al persoanelor care cred în astfel de fenomene. Kékulé, chimistul care a descoperit structura ciclică aromatică a benzenului, de fapt prima structură de acest fel propusă vreodată pentru o substanţă organică, în mod sigur nu era mediu. Se spune că el pur şi simplu a văzut în vis această structură, pe care probabil în stare de veghe, din cauza inhibiţiilor normale, nu ar fi îndrăznit s-o propună.

Clarviziunea apare în orice descoperire ştiinţifică. Cercetătorii nu au fost nici în celule, nici în atomi, cu toate acestea „văd" fenomenele care se petrec acolo. Din puţine date, incomplete, se încearcă reconstituirea mentală a unui fenomen la care nu există acces nemijlocit, prin intermediul simţurilor. E drept că aici controlul e mult mai riguros ca în cazul clarviziunilor unui medium, toate ideile apărute prin aceleaşi mecanisme, ca în cazul clarviziunii, sunt privite critic din mai multe puncte de vedere. Dar fără ele, tot acest demers ar fi imposibil. Aceste clarviziuni foarte elaborate pot duce la descoperiri extraordinare, dar şi la rezultate ridicole, care să se bucure de această calitate chiar în momentul apariţiei lor sau la un anumit timp după aceea. O nouă informaţie poate distruge o astfel de deducţie şi o poate transforma într-o „prostie". De fapt nu e o prostie, pentru că autorul ei nu a fost prost în momentul când a emis-o, ci doar insuficient informat. Autorul unei bizarerii ştiinţifice, infirmată de date noi, în momentul în care a creat-o, avea în acel domeniu, „o memorie de lucru" mică, pentru simplul fapt că nu dispunea de suficiente date pentru comparaţie. Unii cercetători au fost şi sunt în continuare criticaţi pentru teoriile lor. Dar meritul lor, pentru simplul fapt că au pus problemele pe care le-au pus la momentul la care au făcut-o, e uriaş, chiar dacă teoriile lor s-au dovedit sau se vor dovedi incomplete sau eronate.

Teoriile ştiinţifice, care încearcă să explice fenomene ale naturii, în afară de clarviziuni, conţin în mod obligatoriu şi premoniţii. Acestea se numesc de fapt predicţii. Orice teorie ştiinţifică respectabilă conţine câteva predicţii care, dacă se adeveresc imediat sau după un timp, dau veridicitate teoriei. Einstein a prezis, printre altele, existenţa găurilor negre, predicţie care s-a verificat la câteva decenii de la apariţia „Teoriei relativităţii".

Din punct de vedere istoric, se consideră că ştiinţa modernă îşi are originea în magie. Individualismul magicienilor din Evul mediu, care urmăreau să facă experienţe originale, cu rezultate cât mai spectaculoase şi inedite, a dat naştere experimentului ştiinţific modern. Căutarea elixirului vieţii şi a pietrei filozofale sunt exemple clare în acest sens. Descoperirea reţetei porţelanului este doar una dintre primele descoperiri ştiinţifice care a decurs din experimentele magicienilor căutători ai pietrei filozofale.

Ceea ce diferenţiază ştiinţa modernă de alte demersuri de înţelegere a realităţii, de exemplu religia, este importanţa pe care ştiinţa o dă relaţiei cauză-efect. În religie, adevărurile fundamentale sunt relevate, nu demonstrate. Probabil culturile care au ajuns de mult la religii şi filosofii sofisticate, chiar dacă acestea reuşeau să răspundă în mod satisfăcător la întrebările importante ale acestora, au stagnat din punct vedere al dezvoltării ştiinţelor pozitive, probabil tocmai din cauza aceasta. În Europa, mediul natural care ridica multe probleme de adaptare, a făcut ca adevărurile revelate să fie mai greu acceptate şi mai uşor criticate. Ştiinţa modernă a apărut în Europa după Moartea Neagră, marea epidemie care a decimat populaţia acestui continent în secolul al XIV-lea. Această epidemie a dat un impuls stabilirii relaţiei de cauzalitate, determinarea timpului în care această maladie era contagioasă fiind unul dintre primele rezultate ale cercetărilor moderne (carantina, 40 zile). Individualismul a apărut tot după Moartea Neagră. Relaţia cauză - efect există în natură, iar presiunea factorilor de mediu creşte importanţa acesteia.

Asta nu înseamnă că în ştiinţă nu se poate ajunge la mistificări şi dogme. Creierul oamenilor de ştiinţă este tot uman. Ceea ce încearcă ei să facă pentru a reduce riscul acestor probleme este să-şi exerseze creativitatea, adică să genereze multe simboluri simple, pe care să le supună analizei critice. Cercetătorii tind să fie asemenea

„sălbaticilor", cât mai nepoluaţi de prejudecăţi şi mituri cu puternică încărcătură afectivă, să vadă mereu lucruri noi.

Magia face parte şi acum din viaţa de toate zilele. Calculatorul numit şi „maşina visurilor" satisface nevoia de magie cu mai mult succes decât vrăjitoriile, legendele şi spectacolele cu mistere din Evul mediu, şi chiar decât cinematografia. Dependenţa pe care o determină calculatorul este o urmare firească a acestei situaţii.

Profesorul Bruce Hood de la Universitatea din Bristol crede că magia contribuie la stabilirea legăturilor afective între oameni, dar şi la ataşamentul faţă de obiecte, de exemplu în cazul copiilor, când părinţii lipsesc, alte obiecte, prin încărcătura afectivă pe care le-o conferă magia, îi pot înlocui. La copii, efectul magiei este mai puternic, ceea ce ar explica succesul unor cărţi precum „Harry Potter". Aşa probabil la început „apariţiile" de pe substraturile fizice au fost mai întâi „prieteni", apoi zeităţi. De fapt, la multe popoare, zeităţile aveau mai mult un rol de ajutorare şi asistenţă. Să fi avut un rol în perpetuarea credinţelor de tot felul, educaţia copiilor, mai receptivi la magie şi poveşti? Acestea sunt considerate pentru o comunitate tradiţională valori mai importante decât descoperirile tehnice proprii.

Magia e o consecinţă a gândirii simbolice, a cărei verigă-lipsă la animale ar fi jocul (v. „Creierul şi foamea"). Gândirea simbolică, fenomen care poate fi considerat neoten, oferă scurtături în înţelegerea lumii, deci e economică. Gândirea simbolică, apanajul omului, se înscrie astfel în aceeaşi strategie adaptativă. De ce oamenii fac ştiinţă, caută magia sau experienţele religioase? Pentru că aceste fenomene sunt recompensate din punct de vedere afectiv, efectul lor fiind similar unei surprize plăcute. Dopamina a fost legată de experienţele religioase, dar fără îndoială e implicată şi în demersul ştiinţific. În cartea sa „Gena lui Dumnezeu" (God's gene), apărută în 2004, geneticianul Dean Hammer, susţine că gena VMAT 2 (vesicular monoamine transporter), responsabilă de concentraţia monoaminelor (dopamina şi serotonina) în creier ar controla înclinaţia spre religiozitate, adoptarea unei anumite religii fiind doar o consecinţă culturală. De aici s-a speculat relaţia dintre religiozitate şi scandalurile sexuale din cadrul unor biserici, având în vedere implicarea dopaminei şi în comportamentul sexual. Probabil o concentraţie mai mare a dopaminei are legătură cu o capacitate crescută de a crea simboluri. Un genotip asemănător, cu o concentraţie ridicată a dopaminei, cel puţin în unele zone din creier, ar putea avea şi artiştii, oamenii de ştiinţă, scriitorii. Diferenţa ar putea fi la nivelul prefrontalului.

Marile descoperiri ştiinţifice, marile opere de artă, marile religii, dar şi aberaţiile culturale, mistificarea adevărului care duce la conflicte dureroase în viaţa de toate zilele şi la războaie devastatoare, au la origine acelaşi fenomen, care ţine de modul specific de funcţionare a creierului uman, operarea cu simboluri. Simbolurile, care provin din activarea alterată a unor informaţii, pot fi salutare pentru înţelegerea unor fenomene din natură şi societate sau pot conduce la erori catastrofale. Geniul, dar şi subiectivismul uman provin de aici. Gândirea simbolică este cea mai importantă cucerire a evoluţiei umane. Dincolo de ea oamenii nu ar fi decât nişte maimuţe bipede şi fără blană.

În loc de concluzii

- Artele exploatează capacitatea omului de a opera cu simboluri;
- Artele plastice au apărut probabil din ajustarea unor motive preexistente pe diferite substraturi naturale, în sensul apropierii de obiectele pe care acestea le sugerau;
- Ştiinţa, religia, magia sunt posibile datorită gândirii simbolice, având mecanisme similare, în cazul ştiinţei diferenţa o constituie acţiunea spiritului critic.

5. Mersul biped

Poziţia erectă şi mersul biped sunt considerate caractere definitorii ale speciei umane. „Hominide" înseamnă de fapt primate bipede. Scenariul clasic al umanizării presupunea apariţia riftului, izolarea unor primate la est de acesta, apoi adoptarea gradată a mersului biped, alături de alte caractere tipid umane. Numai că o descoperire recentă ar putea invalida schemele umanizării în care perfecţionarea mersului biped avea loc în paralel cu dobândirea aspectului uman. În anul 2001 s-a descoperit o astfel de fosilă care se pare că are o vechime de 7 milioane de ani (*Sahelanthropus tchadensis*), la care poziţia marelui foramen indica posibilitatea mersului biped. Problema e că acesta trăia la vest de rift, într-o zonă ocupată atunci de păduri. Probabil mersul biped a apărut în pădure, dar s-a dovedit foarte util în savana cu arbori, apoi în savana cu tufişuri. Începând de acum 4 milioane de ani până relativ recent, în savana africană era o mare abundenţă de specii de primate bipede, mersul biped fiind se pare în mare vogă în această zonă.

Apărarea din mers

Probabil în zonă a funcţionat o puternică selecţie în sensul mersului biped. Poate pentru că hominidele care aveau o poziţie erectă a corpului mai aveau un mare, chiar imens avantaj faţă de cele care nu adoptaseră această poziţie.

Etalarea înălţimii este utilizată de animale în scopul intimidării şi ameninţării. Poziţia erectă creşte înălţimea. În cazul omului s-a propus adoptarea mersului biped pentru avantajele pe care le implică o talie mai înaltă asupra membrilor propriei specii (Jablonski & Chaplin, 1993). În sprijinul acestei ipoteze vine faptul că reducerea caninilor la australopitheci, care au rol în intimidare la marile primate actuale, ar fi survenit cam în aceeaşi perioadă cu mersul biped. Adică mersul biped ar fi înlocuit etalarea caninilor în scop de amenințare. Dar se pare că avantajul taliei superioare funcționează și interspecific. Astfel, mersul biped la hominine, în loc să le facă vulnerabile în fața prădătorilor, așa cum s-a vehiculat, le-ar fi putut conferi protecție (Walter, 2004). Observațiile etologice arată că multe specii de animale nu atacă decât în anumite condiții, bine precizate, alte animale mai înalte decât ele. Cele mai multe mamifere prădătoare nu atacă omul exact din această cauză. Ursul este foarte periculos pentru om tocmai pentru că se poate ridica și el la rândul lui în două picioare, și avantajul înălțimii omului dispare. Copiii sunt mai expuși atacurilor animalelor sălbatice din cauza înălțimii lor. Într-un film despre boșimani, un tată își avertiza fiul de 4-5 ani că, din cauza faptului că este mai mic decât arcul, poate deveni victima hienei. Fiul încerca să depășească acest handicap natural, adică să-și ajusteze înălțimea, purtând un arc pe cap, în prelungirea corpului. Leoaicele atacă femeile care spală la râu, care sunt expuse din cauza poziției lor.

Cele mai multe atacuri asupra omului, în Africa sunt datorate marilor ierbivore - hipopotamul, rinocerul, elefantul, nu marile feline. De ce? Pentru că oamenii se aventurează pe teritoriul lor, și acestea, de exemplu hipopotamul, având o vedere foarte slabă, observă mișcare și atacă. Atacurile marilor ierbivore asupra omului ar putea fi comparate cu un fel de coride apărute din senin și fără ca eventualii toreadori de ocazie să fie conștienți de asta.

Deși mult mai mediatizate, atacurile leilor în Africa și ale tigrilor în Asia, sunt incomparabil mai rare. Acestor prădători chiar le e frică de oameni, și atacurile lor asupra omului apar numai în condiții speciale. Condițiile speciale în care apare un atac asupra omului se referă de cele mai multe ori la situația în care omul se apropie la o distanță prea mică pentru ca respectivul animal să mai poată fugi, adică să reacționeze prin fugă. Atunci reacționează prin luptă, adică atacă. Așa apar de exemplu tigrii sau leii mâncători de oameni. Un tigru care a atacat şi mâncat un om învaţă că şi oamenii pot fi pradă, şi când va avea ocazia, nu va ezita să-i consume. Din acel moment, animalul respectiv va fi condamnat, pentru că el va sfârşi ucis de oameni.

Dar există şi excepţii. Leopardul este una dintre acestea. Date recente arată că leopardul are anumite particularităţi ale modului de a vâna. De aceea, această specie chiar ar avea un rol important în evoluţia unor specii de primate. Contrar predicţiilor, acesta atacă grupurile de primate, şi există o corelaţie pozitivă, nu negativă, cu dimensiunile animalelor, mărimea grupului, numărul de masculi din grup (Zuberbühler & Jenny, 2002). Adică, factori care ar fi trebuit să fie protectivi pentru primatele-pradă, de fapt le creşte riscul de a fi atacate. Dar în cazul primatelor bipede, exploatarea resurselor distribuite discret, deci neuniform, scădea pericolul atacurilor leopardului. Evoluţia oricum oferă şanse, nu garanţii.

În trecut însă, omul sau strămoşii lui aveau probabil mult mai puţine „şanse" decât acum de a deveni prada carnivorelor africane, feline sau canide. Victimele acestor carnivore sunt cel mai adesea fermieri, adică oameni care s-au îndepărtat de natură şi au uitat ce comportament să adopte pentru a evita astfel de incidente. Dar acest lucru nu este valabil şi pentru populaţiile de vânători-culegători.

Carnivorele atacă şi animalele mai înalte decât ele, antilope, bivoli. Acestea constituie prada lor, şi învaţă de mici că pot fi vânate şi consumate şi mai ales cum. Dar omul nu se află în meniul tradiţional al acestor prădători, iar mersul biped îl diminuează mult „şansele" de a deveni.

Mersul biped pare a nu avea o legătură directă cu condiţia umană şi nici cu foamea ca factor de evoluţie. E posibil, aşa cum o arată datele de mai sus, ca mersul biped să fi fost adoptat înainte de apariţia riftului African, la vest de acesta. Ridicându-se în două picioare, hominidele au devenit mai puţin vulnerabile în faţa celor mai mulţi prădători din pădure, apoi din savană. Ceea ce e foarte important este că în acea perioadă în Africa nu existau prădători uriaşi. Speciile de tigru cu dinţi de sabie *Machairodus*, care au trăit în Africa până acum aproximativ 2 milioane de ani ajungeau până la dublul dimensiunilor unui tigru actual. Ar fi putut fi un pericol pentru hominidele din zonă, dar nu se ştie precis care era strategia de vânătoare a acestor specii.

Mersul biped nu le-ar fi fost de nici folos hominidelor sau primatelor bipede dacă ar fi trăit în America sau chiar Europa acum câteva milioane de ani. S-a vehiculat ideea că dacă omul ar fi avut o altă înălţime nu s-ar fi umanizat. Această afirmaţie nu se referea şi la protecţia faţă de prădători, propusă aici, pe care i-o conferă înălţimea sa. Considerăm că dacă nu ar fi avut această înălţime atunci şi acolo poate nu s-ar fi umanizat, sau cel puţin nu ar fi adoptat mersul biped. De asemenea, adoptarea mersului biped, adică a poziţiei erecte ar fi fost imposibilă într-o zonă cu climă mai rece. Această poziţie favorizează pierderile de căldură, iar dincolo de zona tropicală, mersul biped ar fi fost dezavantajos. Chiar s-a propus că termoreglarea ar fi fost un avantaj al poziţiei erecte, deoarece presupune expunerea unei suprafeţe mai reduse la soare, dar şi favorizează evaporarea apei şi pierderile de căldură, evitându-se supraîncălzirea la o specie cu creierul relativ mare (Wheeler, 1984).

Mersul biped cu unelte

Probabil omul a evoluat din primate mai puţin specializate pentru viaţa arboricolă decât cimpanzeul actual, care exploatau într-o măsură mai mare resursele aflate pe sol (fructe, seminţe, insecte, etc.). Acest mod de viaţă ar fi putut face posibilă migraţia acestora în zonele mai puţin împădurite, după modificările climatice şi dispariţia unor nişe ecologice. Azi în savana africană nu mai există primate antropoide. Cele mai multe, incapabile să se adapteze, au dispărut probabil cu multe milioane de ani în urmă, la scurt timp după schimbările climatice care au dus la reducerea pădurilor, unele au adoptat poziţia bipedă, şi au înregistrat probabil succese adaptative temporare, şi o singură ramură (speţă) a condus la o specie care a migrat, şi a supravieţuit pe tot globul până azi.

Cel mai vehiculat şi mai acceptat motiv al adoptării mersului biped este acela al purtării uneltelor, care datează de pe vremea lui Darwin. Dar aici ar fi multe contradicţii, foarte important fiind faptul că "omul" (speţa umană) a început să meargă în două picioare acum cel puţin 4 milioane de ani, a început să facă unelte abia acum 2 milioane ani. Până atunci nu există dovezi că ar fi făcut unelte sofisticate. Primatele antropoide într-adevăr merg în două picioare atunci când poartă diverse obiecte.

Oricum, dovezile paleontologice arată că nu unelte sofisticate au purtat în mâini primii oameni când au început să umble în două picioare. Pentru simplul motiv că acestea nu existau. Atunci ce ar fi putut purta în mâini în acea perioadă? Hrană pentru progenituri? Aceştia erau probabil aproape de femele, şi nu era nevoie de parcurgerea de distanţe lungi cu hrana în mână. Au fost propuse mai multe ipoteze despre originea mersului biped legate de folosirea membrelor superioare pentru a purta anumite obiecte. Există o ipoteză care implică purtarea hranei pentru femele şi pui de către masculi, comportament care ar fi contribuit la creşterea fitness-ului (Lovejoy, 1981). Aceasta presupune un model de împerechere monogam, cu investire în pui, pentru care nu există însă suficiente dovezi că ar fi fost adoptat în acea perioadă. Din contră, unele date legate în special de dimorfismul sexual puternic, sugerează că Australopithecinele, care mergeau biped, nu erau monogame (Lewin, 2005). În concluzie, strămoşii speciei umane de acum 4 milioane de ani nu prea aveau ce transporta timp îndelungat astfel încât să fie nevoiţi să meargă doar biped. Sau cel puţin, nu aveau de transportat mai mult decât maimuţele antropoide de azi.

Explorarea din mers

Dar de ce ne întrebăm atâta de ce omul merge tot timpul în două picioare, şi de ce nu ne întrebăm de ce marile primate o fac ocazional? Multe alte mamifere adoptă poziţia erectă, dar nu reuşesc să şi meargă aşa, fie chiar pe distanţe scurte. De ce se ridică celelalte specii de mamifere în două picioare (cele care pot)? Această postură se numeşte *rearing* şi la rozătoarele de laborator (şobolani) este un indiciu al vigilenţei în studiile de comportament. Animalele care se ridică de mai multe ori în două picioare în cursul unui experiment care durează o anumită perioadă de timp sunt considerate cele mai agile, care au mai multe şanse să înveţe o anumită sarcină (să urce pe frânghie, să înveţe un labirint). La şobolani, *rearing*-ul este aleatoriu, şi face parte din comportamentul de explorare. Mangusta o face în mod oarecum mai organizat, dar tot în scop de explorare. Aceste animale sunt însă mai expuse prădătorilor când se ridică în două picioare, din cauza dimensiunilor lor. Nu au şanse să sperie nici un prădător, din contră, devin mai vizibile. Pentru ele n-ar fi nici un avantaj să meargă tot timpul în două picioare. Pentru om însă, dimensiunile lui în poziţie bipedă îi permit să fie suficient de înalt pentru a intimida mulţi prădători.

Contra ipotezei rolului explorator al mersului biped s-a avansat ideea că strămoşii omului au evoluat la început în păduri, nu în savană. Chiar dacă s-a întâmplat aşa, o vizibilitate mai bună nu i-ar fi fost inutilă. Ursul, cel mai mare animal terestru din zona temperată, se ridică şi el în două picioare, mai ales în timpul atacurilor. La origine, acest comportament ar proveni tot din *rearing*. Posibilitatea de a se ridica în două picioare îl ajută şi să ajungă la anumite surse de hrană, precum fructele din copaci. Dar toate acestea ar fi efecte secundare ale unui comportament de explorare. Alte mamifere nu adoptă poziţia bipedă pentru că fizic nu pot. Marile feline de la grădina zoologică se ridică în două picioare ajutate de gard, la fel şi unii câini.

În plus, când pădurea s-a rărit şi predominau arbuştii, putea fi mai avantajos să te ridici în două picioare şi să culegi fructele decât să te urci în ei, pentru că se rup. În momentul în care acest fenomen s-a întâmplat - şi e sigur că pădurile s-au rărit mai întâi, înainte de a dispărea - deplasarea bipedă a fost un avantaj. Cimpanzeii stau mai adesea biped decât merg biped, adoptă poziţia bipedă atunci când culeg fructe din arbori sau arbuşti aflate deasupra înălţimii capului, comportament considerat de unii autori a se afla la originea mersului biped (Hunt, 1996). Dar un avantaj şi mai mare l-a avut probabil în savană, unde, din cauza rezistenţei ierburilor înalte, pentru un animal patruped, deplasarea e mai dificilă. Chiar un animal puternic, ca leul, merge destul de greu prin savană. Omul are de întâmpinat o rezistenţă mai mică, şi se poate deplasa mai uşor. Se presupune că locomoţia umană ar reprezenta o adaptare pentru mersul şi chiar alergarea prin savană (Lieberman et al., 2006).

Omul e un campion al alergării în faţa leneşului şi eventual a altor primate. Dar cu greu poate să prindă o oaie, iar ca să fugă de prădători n-are chiar nici o şansă. În schimb, capacitatea lui de a se deplasa pe distanţe lungi, pur şi simplu mergând, este o mare calitate. Mergând poţi avea acces la mai multe resurse, dacă hrana este rară. În zilele noastre există specii de maimuţe (monkey), care trăiesc în zone aride, semideşertice din Africa, şi care se deplasează pe distanţe lungi tot timpul, şi se hrănesc din mers cu ceea ce găsesc - fructe de pădure şi seminţe. Probabil cam aşa se derula şi programul strămoşilor omului de acum câteva milioane de ani, cu diferenţa că aceştia se deplasau în două picioare. Dacă pentru deplasarea în pădure, mersul biped nu prezintă avantaje mari, pentru savană, unde se pare că speciile de hominine care au dus la apariţia omului au trăit o lungă perioadă de timp, mersul biped este o mare cucerire. Deplasarea în patru picioare printre ierburile înalte este mult mai anevoioasă pentru că se întâmpină rezistenţa plantelor pe o suprafaţă mai mare. Pentru hominide ar fi fost catastrofală împiedicarea deplasării deoarece le-ar fi limitat şi mai mult accesul la resurse.

În sprijinul legăturii dintre vigilenţă şi mers biped, aici ar fi de menţionat un eveniment recent, înregistrat în 2004. La o grădină zoologică din Tel Aviv, un macac femelă de cinci ani a început să meargă permanent biped, după ce a fost foarte bolnavă. După ce s-a însănătoşit, a încetat să mai meargă precum semenii ei. S-a vehiculat ideea că în urma îmbolnăvirii, creierul ei a avut de suferit, şi nişte leziuni cerebrale ar fi răspunzătoare de comportamentul ei. Foarte probabil. A fost traumatizată în urma suferinţei prin care a trecut, şi creierul ei a intrat într-o stare de alertă puternică şi continuă. Poate situaţia de criză, pericolele de tot felul asociate cu lipsa hranei, în care s-au aflat primatele care petreceau mult timp pe sol, a crescut alerta corticală, ceea ce le-a făcut să adopte din ce în ce mai des poziţia de explorare - *rearing*-ul. Poate nu întâmplător, mediatorul numit dopamină este legat în creier, în afară de stările plăcute, de vigilenţă şi postură. Probabil există o legătură evolutivă între aceste două funcţii. Vigilenţa crescută într-un mediu ostil ar fi fost la originea mersului biped la aceste primate. Atunci când se confruntă cu o situaţie nouă sau când ceva le atrage atenţia, cimpanzeii merg biped pentru o scurtă perioadă de timp, aşa cum se poate observa în emisiunile cu primate de pe posturile TV de popularizare a ştiinţei.

Picioare pentru mers biped

Mersul biped a avut avantaje care au crescut rata supravieţurii, probabil în primul rând prin protecţia faţă de prădătorii care acţionau la sol, dar şi prin deplasarea mai facilă prin savană, ceea ce asigura accesul la surse de hrană. Acest mod de deplasare ridică numeroase probleme care au trebuit rezolvate. În primul rând, pentru mersul biped, e nevoie de un simţ al echilibrului mai bun. În al doilea rând, era nevoie de o adaptare specială a articulaţiilor. Marile primate actuale pot merge biped pe distanţe scurte, dar mersul lor nu e economic, pentru că în timpul deplasării, acestea țin genunchii orientați în lateral, nu înainte, ca omul, ceea ce presupune un consum energetic mai mare. E foarte posibil ca unele transformări ale aparatului locomotor să fi apărut înainte ca mersul biped să-și fi găsit utilitatea evolutivă. Studiile locomoției la primate sugerează că mersul biped ar fi apărut în copac, nu la sol (Thorpe & Crompton, 2005, 2006). Deplasarea arboricolă ar fi mediul cel mai propice apariției mersului biped. Robin Crompton de la Liverpool University dă exemplul urangutanului (*Pongo pygmaeus)* care adoptă o poziție erectă în copac, iar pe sol merge biped destul de bine. Deplasarea arboricolă ar fi condus la o adaptare a aparatului locomotor, în special a articulațiilor șoldului și genunchiului, utilă în mersul biped. În aceste condiții, mersul biped sau măcar pregătirea pentru el, ar putea fi mult mai vechi. Urangutanul este un primat anthropoid, care a migrat din Africa cu mult timp în urmă, și care trăiește în estul Asiei. Această specie, care duce o viață arboricolă, nu se numără printre cele mai apropiate rude actuale ale omului.

Dar una dintre aceste rude, care duce de asemenea o viață arboricolă la vest de riftul african, cimpanzeul bonobo, *Pan paniscus*, are și ea ceva de spus despre mersul biped. Cimpanzeii pigmei au picioarele mai lungi, și merg biped ceva mai bine decât cimpanzeii comuni. Picioarele lungi sunt considerate o adaptare importantă la mersul biped (Sockol et al., 2007). Proporțiile corpului la bonobo au fost comparate cu cele ale australopitecinelor. Cimpanzeii pigmei au mai mult „talent" de a sta în două picioare, comparativ cu cimpanzeii *Pan troglodithes*, deși oasele lor nu au suferit modificări în sensul adaptării locomoției la mersul biped. Probabil dacă am da fragmente de oase ale articulației de bonobo unui paleontolog, acesta nu ar spune că primatul respectiv mergea biped, ceea ce nu e cazul, dar probabil nici că ar merge mai bine biped decât cimpanzeul. Atunci când stau în picioare sau merg, cimpanzeii bonobo par a fi coborât din ilustrațiile cu hominine primitive (de Waal, 1995). Ca și urangutanul, care de asemenea resimte crize de resurse în anumite perioade, bonobo e arboricol (v. „Sexul și foamea"). Să fi fost aceeași situație cu *Sahelanthropus*? Ar fi interesante corelațiile între disponibilitatea resurselor, dinamica dezvoltării și capacitatea de a merge biped.

În cazul picioarelor mai lungi și articulațiilor mai mobile, adică tendoanelor mai lungi, ar putea exista un numitor comun. Acesta ar ține de dinamica dezvoltării organismului. Restricția calorică influențează funcția reproductivă, și prin secreția mai redusă de hormoni sexuali. O dezvoltare a organismului mai lentă, în sensul apariției tardive a funcției reproductive, deci a secreției în cantitate mare de hormoni sexuali, determină o osificare mai târzie a cartilagiilor de creștere ale oaselor lungi, deci membre mai lungi. Dacă oprim secreția de estrogeni, aceste cartilagii, la nivelul cărora are, de fapt, loc creșterea oaselor lungi, nu se mai osifică niciodată. Acest fenomen este deja descris în cazul castraților, care, în lipsa estrogenilor secretați de testicule, aveau o medie a înălțimii superioare contemporanilor lor, iar cartilagiile lor de creștere nu se osificau nici la vârste înaintate. Creșterea mai lentă este asociată cu picioare mai lungi, cu petrecerea unui timp mai îndelungat în copilărie. Țesutul cartilaginos din oase este înrudit cu cel din tendoane, așa că acesta ar putea avea proprietăți similare. Dacă oasele vor crește mai mult și vor fi mai suple, la fel ar putea fi și tendoanele la nivelul respectiv.

Tendoanele mai lungi la nivelul articulației genunchiului și nu numai ar fi facilitat la un moment dat adoptarea mersului biped. Întâmplător, *Homo erectus* avea, se presupune, o constituție de maratonist, cu tendoane lungi, dar și o înălțime mult superioară altor hominide.

Dezvoltarea unui caracter pornește de la ceva. Animalele și nu numai se adaptează cu ce au. Și în cazul mersului biped, au existat probabil niște premise date de adaptările anterioare ale primatelor.

Ultimul, dar nu cel mai puţin important avantaj al mersului biped este acela al economiei...acestui mod de locomoţie (Leonard & Robertson, 2001). Conform unui studiu realizat de William R.Leonard, împreună cu soţia sa Marcia L. Robertson, mersul biped consumă mai puţină energie decât cel tetraped. Mersul biped este mai eficient în special când hrana este distribuită discontinuu (Lewin, 2005). Marile primate actuale, cimpanzeul şi gorila se deplasează foarte anevoios. Dar ele nu au nevoie să se deplaseze mai mult de aproximativ 1,5 km într-o zi. Omul (vânătorii culegători din Africa) trebuie să parcurgă 10 km/zi în căutarea hranei. Cimpanzeul n-ar fi fost aşa de eficient în a-şi găsi hrana în savană, pentru simplul motiv că n-ar fi putut s-o caute. De asemenea, n-ar fi putut să se apere de prădători, în sensul urcării rapide în copac în cazul când sunt la o oarecare distanţă de un astfel de refugiu. Toate primatele care trăiesc în savană, începând cu exemplul clasic - babuinii, au o locomoţie destul de bună, asemănătoare altor mamifere patrupede, de exemplu canidele. Ele aleargă pe sol, dar la nevoie se urcă cu uşurinţă în copac, unde şi dorm noaptea. Probabil marile primate actuale, adică cimpanzeul şi gorila sunt strict adaptate la mediul în care trăiesc. Şi în cazul locomoţiei, pare puţin probabil că omul a evoluat în toate aceste milioane de ani, iar ele au stat pe loc. Ele sunt nişte mamifere „handicapate" din punct de vedere al mersului, din cauza adaptării stricte la mediul arboricol. Probabil, aşa cum am mai precizat, strămoşul comun al omului şi al cimpanzeului nu era strict adaptat la un astfel de mediu (dacă ar fi fost n-ar fi putut evolua), şi e greu de crezut că avea un mers atât de greoi cum are cimpanzeul actual. Dar la trecerea de la o viaţă oarecum arboricolă la una în câmp deschis, din punct de vedere al evoluţiei anatomice, ar fost mai dificil să se adopte un mers patruped, ca la babuini. Şi ar fi fost probabil mai puţin avantajos la momentul respectiv, chiar din punct de vedere economic. La cimpanzei, nu există diferenţe semnificative între costul energetic al mersului biped şi cel al mersului tetraped specific. În schimb, mersul biped uman conferă deplasării o economie energetică de 75% faţă de mersul biped, dar şi tetraped al cimpanzeului la viteză normală (Sockol et al., 2007). Aceste date susţin o ipoteză veche legată de caracterul economic al mersului biped. De asemenea, primele hominine biped cunoscute aveau un mers economic decât al cimpanzeului actual. Adoptarea mersului biped s-a înscris în tendinţa generală adaptativă a omului de reducere a consumului energetic.

În concluzie, propunem următorul scenariu al adoptării poziţiei bipede de către hominidele care intră în ascendenţa umană şi nu numai: mersul biped a apărut probabil în pădure, la primate care exploatau într-o măsură mai mare resursele aflate pe sol. Acestea au fost mai apte de a migra după schimbările climatice şi modificarea mediului. Trebuind să facă faţă prădătorilor, acestea, într-un mod asemănător mangustelor, trebuiau să prospecteze zona în căutarea pericolelor. Astfel au început să adopte mai des poziţia erectă. La dimensiunile lor corporale, această poziţie a avut beneficii suplimentare, de a le conferi acestor primate protecţia faţă de cei mai mulţi prădători. În plus, primatele bipede puteau să se deplaseze pe distanţe mai lungi în căutarea hranei, consumând în acelaşi timp mai puţină energie.

Ulterior abia, poziţia bipedă şi-a dovedit utilitatea în umanizare, prin eliberarea membrelor superioare, care au putut fi folosite în alte scopuri, precum fabricarea uneltelor. Dar această poziţie probabil a reprezentat mai întâi o necesitate pentru supravieţuire. S-a menţionat faptul că adoptând mersul biped, omul nu prea a avut de câştigat, devenind un prost alergător, apt să prindă un pui, dar nu să fugă de un leu. Pe deasupra, şi-a pierdut abilitatea de a se sui în copaci, ca să se adăpostească. Dar e mult mai puţin costisitor din punct de vedere energetic să umble în două picioare decât să se urce în copac sau să alerge mai repede.

Să nu uităm că poziţia bipedă este o poziţie foarte nesănătoasă, care se află la originea multor probleme de sănătate proprii speciei noastre, de la presiunea asupra organelor interne până la afectarea oaselor bazinului şi a naşterilor dificile, explicate pe larg de Morris în „Maimuţa goală" (Morris, 1967). Mersul biped afectează chiar reproducerea şi prin asta fitness-ul speciei noastre. Dar în evoluţie există întotdeauna un preţ. Ceea ce noi numim evoluţie rezultă dintr-o înşiruire de eşecuri adaptative. De fapt o specie pe care noi o vedem „evoluată" este o specie care are la activ un bogat palmares de eşecuri de adaptare. Unele specii nu au mai evoluat de zeci de milioane de ani, altele sunt la fel de la începutul vieţii pe Pământ - bacteriile. S-a întâmplat ca ele să fie bine adaptate la mediul în care au trăiesc. Se pare că în biologie rataţii nu au acelaşi status ca în societatea noastră, cel puţin atunci când nu dispar.

În loc de concluzii

- Mersul biped şi poziţia erectă au apărut într-un mediu în care vigilenţa era crescută, poziţia erectă corespunzând *rearing*-ului la animalele de laborator;
- Poziţia erectă, la dimensiunile unei specii de primat mare, putea conferi protecţie faţă de cele mai multe mamifere prădătoare din Africa acelei perioade;
- Mersul biped este mai economic din punct de vedere energetic decât cel tetraped în cazul parcurgerii de distanţe lungi, având avantaje în special în cazul distribuirii discontinue a resurselor.

7. Societatea umană

Faţă de toate celelalte clase şi ordine de animale primatele ne uimesc cel mai mult prin abilităţile lor cognitive, dar şi prin cele afective. Ceea ce se observă mai greu la prima vedere, sunt asemănările dintre viaţa lor socială şi cea a oamenilor. În societăţile lor, pentru că se poate vorbi de societăţi, acestea fiind animale sociale, există foarte multe trăsături comune cu societăţile umane, chiar dacă nu ne place să recunoaştem acest lucru. Aproape toate racilele societăţilor umane sunt reprezentate în societăţile babuinilor, de exemplu. Comportamentul social al babuinilor a fost foarte studiat deoarece a fost considerat un fel de model pentru studiul evoluţiei comportamentului social uman. Babuinii trăiesc în grupuri destul de numeroase, de până la câteva zeci de indivizi, cu un sistem complex de ierarhii, dar ceea ce e mai important, trăiesc pe sol, aşa cum au trăit primatele din care a evoluat omul după apariţia riftului. Asuprirea celor mai slabi, nepotismul, prostituţia, violenţa gratuită, toate acestea nu le sunt străine babuinilor. Poziţia ierarhică a unui individ depinde de alianţele pe care le are cu alţi indivizi, adică de un fel de susţinere a grupului sau a unei părţi din acesta. Dacă de exemplu femelele nu mai acordă sprijin masculului dominant, acesta îşi poate pierde poziţia. Spre deosebire de cimpanzei, masculii sunt de cele mai multe ori străini în grup. Masculul dominant de fapt „cucereşte" un mare harem de femele.

Multe specii de primate, precum cimpanzeii, dar şi babuinii şi maccacii, comunică mult între ele. Ca şi oamenii, multe primate sunt cunoscute ca specii foarte gălăgioase. Dispun de un limbaj destul de complex format din sunete şi diverse posturi, gesturi, pentru a semnaliza în mod diferit de exemplu diverse pericole, de exemplu. Ele comunică celorlalţi membri ai grupului prezenţa unui şarpe sau a altui prădător (Seyfarth el al. 1980), actele de agresiune şi autorul lor, dar şi a unei surse de hrană. Ca şi alte mamifere şi nu numai, ele îşi educă puii. Dar cel mai mare volum de „discuţii" ale primatelor se referă la subiecte sociale. Poate cel mai important aspect al comunicării primatelor este cel legat de reglementarea relaţiilor dintre membrii grupului. Fiecare membru adult al comunităţii, trebuie să folosească un anumit limbaj al corpului când se întâlneşte cu un confrate. Trebuie să-şi cunoască foarte bine poziţia în cadrul grupului, dar şi raporturile de ierarhie cu fiecare dintre ceilalţi. Greşelile de comunicare în astfel de situaţii l-ar putea costa scump. Babuinii nu-şi permit să huiduie „preşedintele". Pentru ei ar fi un vis pur şi simplu să iasă liniştiţi pe stradă, şi să se gândească la problemele personale. Cu alte primate situaţia nu e mai uşoară. Nu poţi intra într-o comunitate de primate fără să le cunoşti raporturile ierarhice şi „limbajul", doar dându-le de înţeles că ai gânduri paşnice. Diane Fossey mai întâi a studiat o perioadă destul de îndelungată comportamentul gorilelor cu spate argintiu, şi abia după ce a învăţat să comunice cu ele, a reuşit să şi le apropie.

Societatea cimpanzeilor nu prezintă diferenţe esenţiale faţă de cea a babuinilor din punctul de vedere al „moralităţii". Cimpanzeii şi alte mari primate sunt animale inteligente, dar provocările mediului în care trăiesc nu explică rolul acestui caracter. Unii autori consideră că inteligenţa cimpanzeilor serveşte observării comportamentului altor indivizi şi a raporturilor dintre ei, stabilirea de alianţe etc. (Lewin, 2005). Această activitate de „bârfe" şi „intrigi" conform ipotezei inteligenţei machiavellice are singura utilitate de a creşte fitness-ul practicanţilor. Cu alte cuvinte, cei mai talentaţi cimpanzei în acest sens au mai mulţi urmaşi decât cei mai puţin înzestraţi.

Societăţi democratice la prădători

Din fericire, specialiştii în biologie socială mai au un model pentru studiul societăţilor care s-au angajat pe calea umanizării - carnivorele sociale, care trăiesc în haită, de tipul lupilor, hienelor sau câinilor de vânătoare africani, care, ca şi babuinii, trăiesc în spaţii deschise, aşa cum se presupune că au trăit şi strămoşii omului. În cazul acestor animale, hrana este puţină, şi aproape toţi indivizii trebuie să vâneze pentru a o putea asigura, de aceea relaţiile de dominanţă şi subordonare sunt de cu totul alt tip faţă de cele ale babuinilor, de exemplu. Şeful haitei, individul alfa, are mai mult rolul unui lider modern, care ia anumite iniţiative şi încearcă să reglementeze unele relaţii conflictuale. El nu-şi permite să-şi asuprească gratuit „subalternii" ca maimuţoiul cu acelaşi rol. Ceilalţi membri ai haitei au drepturi egale, ceva de tipul democraţiei militare din Antichitate. Adunarea bărbaţilor înarmaţi, adică a războinicilor, era formată din indivizi care aveau datoria să plece la război, adică la furat (războinic înseamnă în unele limbi slave „hoţ"), ceea ce era un fel de vânătoare. O gloată înarmată, în care fiecare individ îşi asumă riscuri, şi depune eforturi, trebuie să asigure drepturi egale membrilor ei, pentru a nu-şi pune în pericol însăşi existenţa ca grup social.

Haita se formează în jurul unui nucleu familial. Împărţirea prăzii la lupi de exemplu, se face pe baza rangului indivizilor, dar destul de echitabil (Wilson, 2003). La câinele de vânătoare african, *Lycaon pictus*, numit „superanimalul de pradă", favorizaţi la împărţirea prăzii sunt puii. Raporturile ierarhice sunt foarte subtile, membrii haitei nu îşi reglementează relaţiile de dominanţă prin muşcături dure, ca la lupi. Aceşti prădători sunt foarte blânzi în cadrul propriei specii, dar supereficienţi la vânătoare, rata reuşitei fiind de 1 din două atacuri, ceea ce înseamnă enorm. Societatea acestor canide este foarte eficientă pentru obţinerea hranei prin acţiuni concertate şi oarecum dificile, care presupun eforturi şi abilităţi.

Călătorind în timp la peste 2 mii de ani de la democrația ateniană, ajungem în societățile foarte ierarhizate din Europa și America secolului al XVII-lea și al XVIII-lea. În America acelor ani nu numai că existau clase sociale foarte clare, dar mai exista o pătură socială - sclavii. Totuși, existau grupuri sociale în care nu numai femeile, dar și negrii putea ocupa funcții de conducere: vasele piraților. Și acest lucru nu se întâmpla pentru că pirații se recrutau dintre cei mai evoluați spiritual membri ai societății, ci pentru că pirații nu-și putea permite luxul tensiunilor sociale din cauza discriminărilor, și nici ascensiunea incompetenței. Ca și câinii de vânătoare, aveau de făcut ceva dificil și riscant împreună. Democrațiile moderne occidentale datorează mult piraților. Constituția americană a împrumutat unele dintre principiile piraților.

De fapt, după ce primatele din care au evoluat oamenii au ajuns în mediul ostil dincolo de rift, noile condiții de viață trebuie să le fi alterat puternic organizarea socială, probabil foarte similară celei a cimpanzeilor. Babuinii trăiesc pe sol, dar într-un mediu relativ stabil, cu un nivel al resurselor relativ staționar. Ei nu trebuie să facă față unor crize adaptative puternice, deși traversează perioade în care resursele sunt foarte precare. În aceste condiții, pare mai probabil că primatele respective au trecut relativ rapid la o societate tip lupi, cu o strânsă cooperare între membrii grupului, odată cu noile schimbări climatice și posibil după tranziția la savana cu tufișuri. Carnivorele care trăiesc în haită trebuie să vâneze împreună. La primatele din care a evoluat omul, chiar dacă acestea nu au început să vâneze neapărat, necesitatea supraviețuirii într-un mediu ostil, cu provocări și pericole mai multe în savana cu tufișuri decât în savana cu arbori, a dictat restructurarea socială, nu neapărat modul de hrănire. Vânătoarea animalelor mari, care după unii autori ar data din epoca australopithecilor târzii, nu ar fi fost posibilă fără aceste condiții. Dar mai precis, *Homo erectus* trebuie să fi vânat, iar organizarea lui socială trebuie să fi inclus o strânsă cooperare, cu „topirea“ ierarhiilor. Chiar dacă nu vâna, şi era numai hoitar, aşa cum s-a vehiculat (O'Connel et al., 2002), dar dacă pentru exploatarea resurselor din mediu şi apărare trebuiau depuse eforturi considerabile şi create strategii bazate pe cooperarea membrilor grupului, s-ar fi impus un anumit tip de relaţii - democratice - între aceştia. În sprijinul acestei idei vine reducerea dimorfismului sexual de la australopiteci la genul *Homo*, care la hiene şi canidele care vânează în haită este aproape inexistent.

Democraţia la oameni

Mediul dictează organizarea socială. Asemănările dintre societăţile unor animale puţin înrudite provin din evoluţie convergentă. Asemănarea dintre societatea umană şi cele ale carnivorelor sociale ar putea avea numai această cauză. Dar în cazul în care hrana trebuie obţinută cu uşurinţă, adică descoperită şi apoi împărţită, ca în cazul celor mai multe primate, organizarea socială de tip carnivore devine inutilă. Aceste observaţii s-ar putea extrapola şi la societăţile umane, şi ar contribui la conturarea unor predicţii legate de evoluţia acestora. Democraţia rezultă din eforturile necesare pentru explorarea unor resurse accesibile, dar dificil de obţinut. Cooperarea care facilitează aceste resurse determină relaţiile democratice dintre indivizi. Pentru societăţile umane sărace, care se bazează pe exploatarea unor resurse, chiar foarte precare din mediu, democraţia nu e un vis uşor realizabil. Condiţiile de mediu fiind similare celor în care trăiesc babuinii, relaţiile dintre indivizi ar putea fi asemănătoare. Acest aspect este valabil şi în cazul unor societăţi relativ bogate, dar care exploatează, nu creează resurse. Descoperirea şi exploatarea rezervelor de petrol în Orientul Apropiat şi Africa nu a dus la democraţie, din contră, au stimulat corupţia şi adâncit prăpastia dintre săraci şi bogaţi.

Democraţiile occidentale sunt un caz istoric particular, ele au apărut în condiţii particulare şi au fost menţinute ulterior cu consum energetic prin idealul progresului, adică de creare a noi resurse. Dar atunci când între resurse şi obţinerea lor nu e o anumită distanţă temporală şi energetică optimă, societăţile se reîntorc la exploatarea resurselor deja existente şi la distribuirea lor, care are puţine şanse să fie echitabilă. Echitatea, ca şi democraţia, e scumpă. În aceste condiţii, democraţia dispare (de exemplu, comunismul). Oamenii sunt primate, au gene de primate, comportamentul social e determinat de gene, iar în condiţii de mediu asemănătoare cu cele în care trăiesc primatele, aceste gene se vor manifesta. Libertatea şi egalitatea nu sunt drepturi „naturale“ umane, cum nici democraţia nu e „naturală“ la oameni, în afară de situaţiile când natura (mediul) o impun.

În loc de concluzii

- Marile primate actuale trăiesc în medii în care provocările legate de supravieţuire sunt reduse;
- Societăţile marile primate, dar şi a celor mai multe specii de primate sunt ierarhizate, inechitabile, cooperarea e prezentă în special prin alianţele stabilite arbitrar;
- Un grad mai mare de cooperare şi de echitate între membrii grupului pare a fi asociat cu un mediu în care unele acţiuni legate de supravieţuire (procurarea hranei, apărarea) presupun operaţiuni complicate şi/sau riscante;
- Democraţia la oameni este de asemenea asociată cu provocări ale mediului; în lipsa acestora, societatea redobândeşte unele caractere „naturale“, specifice societăţilor de primate.

8. Sexul şi foamea (sau Foamea de sex la om)

Unul dintre cele mai şocante comportamente umane este cel sexual. Activitatea sexuală umană, deosebit de intensă comparativ cu a altor mamifere şi chiar primate, nu depinde de nici un sezon al împerecherii, iar semnele fecundităţii feminine nu mai sunt vizibile. Omul face sex după bunul său plac, mai bine zis după buna sa plăcere, dar cu un randament al concepţiei foarte scăzut. Exacerbarea instinctului sexual este asociată la om cu cea mai scăzută fertilitate, la care contribuie limitarea fertilităţii în timp la sexul feminin. Dar femelele de om au câştigat în schimbul menopauzei, care le întrerupe brusc fertilitatea, orgasmul specific, de tip masculin, a cărui funcţie evolutivă îi intrigă pe specialişti.

Să aibă toate aceste caracteristici ale comportamentului sexual şi fiziologiei reproductive legătură cu adaptarea la foame, adică la consum energetic scăzut? Mai mult, aceste particularităţi fiziologice şi comportamentale ar putea fi unele dintre consecinţele importante ale acesteia.

Comportamente sexuale bizare în „familie“

Cimpanzeii bonobo, *Pan paniscus*, sunt considerate de unii specialişti rude mai apropiate cu omul decât cimpanzeii comuni, *Pan troglodithes*. Pe lângă alte caractere care îi apropie de om, menţionate aici, organele lor sexuale sunt orientate cu 90° mai în faţă comparativ cu alte primate, ca la om, caracter care este considerat neoten (Gould[a], 1977). Cel mai frapant este însă comportamentul lor sexual.

Femelele fac sex în 2/3 din perioada ciclului reproductiv şi mult chiar înafara ciclului, ceea ce reprezintă un comportament sexual cel puţin bizar (de Waal, 1995). În afara ciclului reproductiv, femelele de la alte mamifere, chiar alte primate, nu manifestă nici un fel de interes de a se împerechea. Sexul la femelele de bonobo a depăşit de mult funcţia pur reproductivă. Dincolo de faptul de a face plăcere, şi e vorba de o mare plăcere având în vedere faptul că femelele de bonobo cunosc orgasmul feminin de tip uman, acesta are o puternică funcţie socială. Societatea acestor cimpanzei pitici este „feministă" şi paşnică, tocmai datorită comportamentului sexual feminin. Femelele tind să aplaneze orice conflict prin sex. Masculii de bonobo nu sunt mai puţin cimpanzei decât cimpanzeii comuni, adică sunt şi ei foarte înclinaţi spre acte de agresiune asupra membrilor grupului, dar atunci când aceştia tind să iniţieze conflicte, femelele se unesc între ele, şi stopează din timp escaladarea acestora. Acest comportament e cu atât mai interesant cu cât femelele nu sunt înrudite între ele. În „adolescenţă", femelele părăsesc grupul natal, pentru a se alătura altuia. Adică femelele se unesc cu „soacrele" pentru a combate agresivitatea (gratuită) a fiilor respectiv a „soţilor" comuni.

Femelele nu numai că fac sex cu toţi masculii din grup, dar fac sex şi între ele foarte adesea. Se poate spune că femelele de bonobo sunt „lesbiene". Deoarece au organele sexuale orientate anterior, ele pot face sex în poziţia faţă în faţă nu numai cu masculii, dar şi între ele.

Femela de bonobo nu este numai foarte receptivă sexual, ea iniţiind contacte sexuale cu masculii, dar şi cu alte femele. Ce a determinat această mare receptivitate şi apoi marea sensibilitate sexuală a femelelor? Paradoxal, dar răspunsul, aşa cum ar spune Freud, s-ar afla în copilăria acestor primate.

Copilăria şi sexualitatea la adult

Puiul de bonobo, aşa cum am spus deja, se naşte total neajutorat, şi timp de cinci ani este complet dependent de mamă (de Waal, 1995). În acest timp, el este expus la foarte multe atingeri din partea adulților, probabil mai mult decât cimpanzeul comun, care și el este îngrijit până la 4 ani. Puiul de bonobo este pur și simplu dependent de atingeri, fără de care supraviețuirea lui ar fi pusă în pericol. Într-un reportaj difuzat pe National Georgraphic se prezenta faptul că salvatorii umani ai puilor de cimpanzei pitici, pe care îi cresc în captivitate, trebuie să fie foarte atenți cu acest aspect.

Când va crește, puiul de bonobo va asocia probabil aceste atingeri cu plăcerea, și fiind un animal inteligent, le va căuta activ. Tuturor mamiferelor, mai ales tuturor primatelor, le place *grooming*-ul. De ce bonobo nu se mulțumește cu *grooming*-ul obișnuit? Pentru că în *grooming*-ul primatelor sunt altfel de atingeri decât în atingerile puiului. Probabil „despăducherea" le relaxează, dar atingerile de tip mângâiere sunt mai plăcute. Și noi oamenii simțim cu totul altceva la coafor față de o mângâiere sau o îmbrățișare. De fapt nici la om, „despăducherea" nu are o semnificație sexuală, pe când alte atingeri au. Atunci când mângâiem un pui de mamifer, de exemplu câine, folosim în mod instinctiv mișcările pe care le folosește mama sa când îl curăță cu limba, nu îl scărpinăm pe burtă. Scărpinatul pe burtă la câine s-ar traduce prin deparazitat la maimuțe.

În general, la mamifere, femelele sunt mai sensibile la atingeri corporale care nu includ zona genitală. Ele cresc și alăptează pui și sunt mai înclinate de a accepta atingeri corporale. La om, femelele prezintă mai multe zone erogene dispuse în variate părți ale corpului. La bonobo, plăcerea atingerilor s-ar putea transforma în plăcere sexuală sau femelele mature ar descoperi de timpuriu plăcerea sexuală prin atingeri întâmplătoare, asemenea copiilor. Din acel moment, ele vor iniția acte sexuale cu orice partener, indiferent de sex.

Caracterul pașnic și cooperant (cel puțin la nivel de aplanare a conflictelor) al societății acestor primate se datorează probabil descoperirii plăcerii sexuale de către femele. La alte primate antropoide, femelele de rang superior sunt reticente în privința *grooming*-ului cu cele de rang inferior. Dar plăcerea sexuală e mult prea intensă pentru a fi refuzată. Dacă femelele cooperează pentru a aplana conflicte, înseamnă că societatea lor nu este atât de ierarhizată ca a altor primate, sau că sexul între femele topeşte într-o oarecare măsură ierarhiile dintre acestea. Sexul cu masculi îmbunătăţeşte, cel puţin pe perioada călduriior, poziţia ierahică a femelelor de rang inferior, de exemplu la babuini.

Marea receptivitate sexuală a cimpanzeilor bonobo ar putea proveni astfel din faptul că puiul este foarte vulnerabil şi dependent timp îndelungat de mamă, adică expus o perioadă lungă din dezvoltarea sa atingerilor corporale. Dar puiul de bonobo s-ar naşte atât de neajutorat şi s-ar dezvolta încet din cauza resurselor limitate de care dispune mama sa pentru creşterea lui, atât înainte, cât şi după naştere. Faţă de cimpanzeii comuni, cimpanzeii pigmei par mai bine adaptaţi la foame (v. „De la foamete la civilizaţie").

În aceste condiţii, la lista caracterelor neotene umane, ar mai trebui adăugat unul: sexualitatea. Neotenia pare să modifice comportamentul altor mamifere. Animalele domestice, considerate neotene, au o fertilitate mai ridicată decât cele sălbatice, care provine şi din disponibilitatea lor de a se împerechea de mai multe ori pe an. Desigur, ele dispun de mai multe resurse decât animalele sălbatice. Dar de mai multe resurse dispun şi animalele din grădinile zoologice, care au mari dificultăţi în a se reproduce în captivitate. *Grooming*-ul la vârste mici determină modificări neuroendocrine. La animalele domestice, *grooming*-ul este mai intens decât la cele sălbatice (v. „Creierul şi foamea").

Dar adaptarea la foame a cimpanzeilor bonobo pare să se fi încheiat cu succes, această specie fiind destul de bine adaptată atât din punct de vedere biologic, dar şi comportamental. Ei şi-au încheiat de mult socotelile cu mediul, provocările mari dispărând cu mult timp în urmă, probabil după separarea de cimpanzeii comuni.

Originea orgasmului feminin

Orgasmul feminin la om reprezintă un răspuns sexual care are aceleaşi mecanisme ca şi răspunsul sexual masculin. Femelele altor mamifere simt plăcere sexuală, dar fără caracteristicile de mai sus. Originea şi rolul orgasmului feminin la om au fost subiecte foarte dezbătute. Din punct de vedere fiziologic, se pare că orgasmul feminin, care să includă contracţii vaginale, nu are nici un rost. Pe parcursul ultimelor decenii, au fost propuse diverse ipoteze care să explice apariţia acestuia, printre care rolul de a încuraja femeile să aibă activitate sexuală, dar şi să le ofere un mijloc de selecţie a bărbaţilor cu cele mai bune gene, care să confere urmaşilor cele mai mari şanse de supravieţuire. Una dintre aceste teorii este cea avansată în 1979 de antropologul Dr. Donald Symons. Potrivit acestuia, orgasmul feminin, care nu apare în toate cazurile (la 10% dintre femei nu apare niciodată), ar fi un simplu produs secundar al evoluţiei, fără nici un rol adaptativ, adică nelegat de fitness. Orgasmul feminin ar proveni din planurile de organizarea embrionară similare la cele două sexe în primele 8-9 săptămâni de viaţă. În acestă perioadă, când sunt trasate căile nervoase pentru diverse reflexe, inclusiv orgasmul. O altă ipoteză, aparţine Dr. R. Robin Baker şi Dr. Mark A. Bellis de la Manchester University. Conform acesteia, contracţiile vaginale din timpul orgasmului ar avea rolul de sucţiune a spermei în uter. Dar astfel de mişcări peristaltice ale uterului, care ar putea îndeplini acest rol, apar spontan în timpul zilei, fără să fie induse de nici o plăcere sexuală. De amintit ar fi şi ipoteza emisă de Sarah Blaffer Hrdy, profesor de antropologie la University of California, Davis conform căreia orgasmul feminin ar fi fost util în evoluţia primatelor, atunci stimulând femelele să se împerecheze cu mai mulţi masculi (până aveau orgasm), pentru a evita atacurile asupra puilor aparţinând altor masculi, frecvente la unele specii. Promiscuitatea cimpanzeilor şi macacilor ar avea rolul de a crea confuzia paternităţii masculilor, crescând securitatea puilor.

Pentru a avea un răspuns sexual atât de puternic, femelele trebuia să aibă în primul rând o mare sensibilitate a organelor sexuale. Masculul în general dispune de o mare concentrare a terminaţiilor nervoase în zona genitală, adică aceasta este foarte inervată. E adaptativ pentru masculi să fie foarte receptivi sexual. Chiar dacă, la alte primate decât bonobo, de exemplu la babuini, femelele în perioada căldurilor se împerechează cu toţi masculii care au acces la reproducere, masculii trebuie să aibă o şi mai mare receptivitate, pentru că, dacă le este permis, ar trebui să se împerecheze cu cât mai multe femele disponibile şi receptive. Apoi, la majoritatea speciilor, masculii trebuie să fie mai receptivi şi să primească o recompensă mai mare după consumarea actului sexual pentru că masculii depun în general mai multe eforturi înainte de reproducere. Ei trebuie să caute partenere, apoi să fie acceptaţi de acestea. Pentru a se susţine un comportament atât de costisitor energetic şi adesea riscant, acesta trebuie să fie recompensat cu plăcere (v. „Creierul şi foamea").

La femelă, un orgasm de tip masculin presupune o mare sensibilitate a organelor genitale, care să conducă la declanşarea unui răspuns sexual de tip masculin. Femela de bonobo cunoaşte şi ea orgasmul feminin de tip uman, şi cum se ştie, e foarte receptivă sexual şi plină de iniţiativă. Probabil comportamentul sexual al femelor acestei specii a determinat în timp creşterea sensibilităţii organelor sexuale ale acestora, ceea ce a declanşat un răspuns sexual de tip masculin, prin activarea unor circuite nervoase corespunzătoare. Adică mai întâi a fost creşterea receptivităţii şi iniţiativei sexuale, apoi orgasmul specific, care a susţinut mai departe acest tip de comportament sexual. Dacă admitem că o creştere a sensibilităţii generale a corpului ar putea proveni şi din adaptarea la un consum redus de resurse, ceea ce ar conduce la un randament mai mare al funcţiilor organismului, în primul rând a celei de relaţie, atunci foamea ar avea în mod direct o contribuţie la apariţia orgasmului feminin.

Probabil la om, lucrurile s-au petrecut în mod asemănător. În trecutul speciei noastre, comportamentul femelelor trebuie să fi fost similar celor de bonobo. Dorinţa sexuală depinde la ambele sexe de concentraţia de testosteron. La om, aceasta este mai ridicată în sânge atât la femele, cât şi la masculi, faţă de cea de la cimpanzei, de exemplu (Winter et al., 1980). Acest fenomen ar putea avea legătură cu exacerbarea instinctului sexual la om. La alte primate, nivelul dehidroepiandrosteronului este superior celui de la om, la cimpanzeu fiind cel mai apropiat, ceea ce ar sugera utilizarea mai intensă a acestuia (Howard, 2001). Acest hormon, care intră în componenţa unor tratamente de întinerire, are rolul de a creşte disponibilitatea testosteronului. La primate (macaci, *Maccaca mulata*) în restricţie calorică se înregistrează un declin mai lent al concentraţiei acestuia o dată cu înaintarea în vârstă (Mattison et al., 2003).

Orgasmul feminin pare să nu aibă nici o funcţie pur reproductivă, în sensul creşterii fertilităţii, de exemplu. Dar dincolo de aceasta, reprezintă o extraordinară achiziţie evolutivă, având o funcţie socială deosebită. Caracterul distinct al societăţii cimpanzeilor bonobo provine din comportamentul sexual al femelelor. La fel, societatea umană actuală este un dar al relaţiilor dintre sexe.

Alte trăsături ale reproducerii umane

Specia noastră nu numai că se împerecheează tot timpul anului, dar perioada fertilă a femelei de om nu este exteriorizată. Femela de om nu mai are semnele fecundităţii evidente, adică nu mai intră în călduri, cu manifestări clare, observabile. La alte mamifere, chiar la alte primate, e uşor de recunoscut o femelă la estru. În cazul speciei umane, abia la începutul secolului al XX-lea s-a stabilit exact perioada fertilă din cursul ciclului menstrual.

S-a vehiculat ideea că a fost avantajos pentru specie ca femelele să-şi mascheze semnele fecundităţii pentru ca să obţină tot timpul eventualele favoruri materiale ale masculilor. Dar aceste favoruri par să fi apărut foarte recent la scară istorică. De asemenea, un motiv vehiculat pentru acest caracter ar fi fost adoptarea mersului biped. Explicaţia mai simplă ar fi că semnele fecundităţii feminine au dispărut pur şi simplu pentru că nu a mai fost nevoie de ele. Acestea semnalizează în primul rând receptivitatea sexuală a unei femele, nu fertilitatea acesteia. Cum în general receptivitatea şi fertilitatea coincid în timp, semnalul este dublu.

Probabil în cazul strămoşilor omului, mai întâi a apărut acest comportament sexual, apoi din cauza receptivităţii sexuale a femelelor, etalarea semnelor fecundităţii a devenit inutilă. La bonobo, la care receptivitatea sexuală a femelelor nu are legătură cu fertilitatea, aceste semne sunt de asemenea inexistente (de Waal, 1995). Motivul mersului biped nu poate fi invocat la această specie pentru acest caracter. Dacă la cimpanzeul comun, la ovulaţie apare o inflamaţie a perineului, la bonobo, perioada fertilă nu se exteriorizează prin nimic tumescenţa specifică fiind prezentă aproape tot timpul.

Dar în cazul omului mai e o problemă. Una din cauzele vehiculate ale dezvoltării societăţii umane este considerată capacitatea femelei de om nu numai de a se împerechea tot timpul anului, dar şi de a putea fi fecundată în orice anotimp. Această fertilitate aparentă a condus la creşterea explozivă a numărului membrilor speciei umane, fără de care nu ar fi fost posibilă apariţia civilizaţiei. După atingerea maturităţii sexuale, femela de om ovulează în fiecare lună, până în momentul instalării menopauzei. Numai reproducerea la marile primate şi om prezintă cicluri menstruale, pe când alte mamifere şi primate prezintă cicluri estrale, care au alte particularităţi fiziologice. Durata ciclului menstrual la femela de om este în medie mai redusă decât la cimpanzeu (28 faţă de

36 zile), datorită scăderii fazei foliculare (Steinetz et al., 1992). Dar perioada de gestaţie este uşor mai lungă la om decât la cimpanzeu, 225 faţă de 280 zile (Mueller et al., 1985). Intervalul dintre naşteri este de 3 ani la om şi de 4 ani la cimpanzeu, 5-6 ani la bonobo, ceea ce duce la o aparentă creştere a fertilităţii la om.

Perioada de estru la alte mamifere corespunde unei anumite perioade din an, care ar fi fost mai propice pentru împerecherea, gestaţia şi creşterea puilor, în special sub aspectul resurselor din mediu. La cele mai multe primate (în special la marile primate) nu există un sezon de împerechere, probabil datorită faptului că acestea trăiesc în medii calde. La urangutan însă, deşi nu există sezon al împerecherii, în condiţii precare, fertilitatea scade mult, astfel încât intervalele dintre naşteri pot ajunge la opt ani (Galdikas, 1995). Un fenomen interesant care apare la urangutan, animal solitar, este şi sincronizarea ciclurilor reproductive, absentă la alte specii de primate mari, dar observată şi la om, şi care a fost pusă pe seama adaptării la aceleaşi crize care determină scăderea fertilităţii (Galdikas, 1995). Specia umană trăieşte în medii variate, iar reproducerea ei nu e sezonieră. Dar dacă acea perioadă propice este aleatorie, dacă nu se ştie când pot fi găsite resurse abundente în mediu, atunci cel mai bine ar fi ca femela să fie fertilă, mai precis să aibă un potenţial de fertilitate, tot timpul anului. Astfel oricând este posibil, femela e pregătită să ovuleze şi să se împerecheze. Dacă resursele sunt în cantitate prea redusă, dacă stresul este prea mare, ovulaţia nu se produce. Acest fenomen este binecunoscut şi în zilele noastre. S-a observat la femeile din lagărele de concentrare absenţa ciclului menstrual, deci şi a ovulaţiei. De asemenea, multe dintre manechinele anorexice sunt sterile. Probabil în istoria speciei noastre situaţii de acest tip erau frecvente. Un prag scăzut al declanşării ovulaţiei, care să corespundă unui minimum de resurse, a devenit adaptativ, şi a constituit probabil un factor de selecţie. În condiţiile unei anumite stabilităţi materiale şi sociale din perioadele mai recente, această particularitate reproductivă a speciei noastre a condus la creşterea natalităţii, şi implicit a populaţiei.

Reproducerea umană pare foarte sensibilă la nivelul resurselor. Obezitatea la femei este asociată adesea cu sindromul polichistic ovarian. În această maladie, în care nivelul testosteronului liber creşte, apar intervale mici între ovulaţii, în care ovarul produce numeroase ovule, care nu au timp să se maturizeze. În această maladie, o strategie terapeutică se bazează pe restricţia calorică, în care concentraţia unei proteine plasmatice care leagă testosteronul (sex-hormone binding globuline) creşte. Mai multe studii sugerează o corelaţie pozitivă între gradul de hiperandrogenism şi hiperinsulinemie la femeile hiperandrogenizate obeze, dar şi la cele normoponderale. Mai mult, studii in vitro arată că insulina ar acţiona ca un amplificator al efectelor LH (luteinizing hormone), stimulând sinteza hormonilor androgeni de către ovare (Pasquali et al., 1991). Hiperinsulinemia apare ca răspuns la aport glucidic (alimentar) crescut. Reproducerea umană pare a funcţiona în condiţii optime în restricţie calorică, dar ar fi limitată tocmai de anumite adaptări la condiţii de mediu precare (v. mai jos).

Omul are cel mai exacerbat instinct sexual, însă cea mai redusă fertilitate. Explicaţia pentru această fertilitate redusă se află probabil tot în adaptarea la consum energetic redus. Restricţia calorică scade fertilitatea la multe specii de animale, de la viermi şi insecte la mamifere (v. capitolul „Omul - o evoluţie unică").

Un alt aspect important al reproducerii umane este faptul că puiul de om se naşte neajutorat şi este mult timp depedent de părinţi. În plus, naşterea la om este foarte dificilă, în primul rând din cauza poziţiei bipede (Morris, 1967). Omul este singurul mamifer la care în timpul dezvoltării intrauterine consumul resurselor se face în detrimentul mamei, nu al copilului. De ce se întâmplă acest lucru, este o întrebare care pare de mult să fi rămas fără răspuns. Dar la om puiul este foarte vulnerabil, şi, dacă nu s-ar întâmpla aşa, în condiţii de criză, fertilitatea (prin fertilitate înţelegându-se fitness, adică posibilitatea de a avea urmaşi viabili) şi aşa atât de redusă, ar avea şi mai mult de suferit. Consumul resurselor în detrimentul mamei, nu al puiului, invers decât la orice altă specie de mamifer, pare dezadaptativ pe termen lung. În condiţii de criză, e mai avantajos ca specia să sacrifice un pui, care şi aşa are şanse mici de supravieţuire, decât o mamă adultă, care are mai multe şanse să traverseze această perioadă, şi mai ales dacă supravieţuieşte, poate da naştere unui număr mare de pui. Din punct de vedere al speciei, mama e mai valoroasă decât puiul. „Interesul" speciei este acela de a-şi conserva genele, şi de a asigura, cu o probabilitate cât mai mare, propagarea lor. În condiţii de criză, orice specie va încerca să salveze fertilitatea absolută. În cazul omului, scopul este acelaşi, numai strategia speciei este alta. La specia cu fertilitatea cea mai redusă, orice pui e preţios. Pentru o anumită femelă, acela poate fi ultimul. Apoi după ce se naşte, fiind în general bine îngrijit, are şanse mai mari să supravieţuiască decât puii altor specii.

Acest caracter propriu speciei umane se înscrie în tendinţa suprainvestirii în pui încă de la concepţie. Placenta umană are dimensiuni mai mari decât la alte mamifere şi primate, cu numeroase infiltraţii (Gibbons, 1998). Eclamsia, adică hipertensiunea din timpul sarcinii, despre care date recente sugerează că ar spori cantitatea de resurse alocate fătului (Lowry, 2003), dar foarte probabil şi diabetul de sarcină, par a face parte din aceeaşi strategie. Puiul de om este mai mare la naştere decât puii altor primate înrudite. Acesta începe să acumuleze grăsime prenatal, fenomen care continuă şi postnatal. Deşi aceste date par la prima vedere în contradicţie cu ipoteza adaptării la resurse limitate, copiii mai mari la naştere au mai multe şanse de supravieţuire. În condiţii precare, puii mai mari, cu un ţesut adipos mai abundent, aveau mai multe şanse de supravieţuire.

Originea menopauzei

Omul e un mamifer social, iar mamiferele sociale apar în medii care pun la încercare capacitatea de supravieţuire individuală. Reproducerea la aceste specii are unele particularităţi. La unele specii de mamifere sociale, de exemplu manguste sau canide (lupi, câini africani) e de remarcat faptul că există o strânsă competiţie şi între reproducerea femelelor, în sensul că puţine se pot reproduce, celelalte, care sunt surori sau alte rude ale mamelor, participă la îngrijirea puilor, şi chiar îi alăptează (de exemplu la manguste). Cele care se reproduc, ca şi la alte specii de mamifere, de exemplu şobolanii subterani africani (orbeţii), inhibă ovulaţia celorlalte prin secretarea unor hormoni. La multe mamifere, femelele nu ovulează decât dacă în mediu sunt masculi, eventual neînrudiţi cu ele. Acesta reprezintă un mecanism de protecţie, care previne consumul inutil de energie, ştiut fiind că reproducerea este un proces costisitor pentru organism. Inhibarea reproducerii unor membri ai speciei când resursele sunt precare ar putea avea un efect asemănător. Nu ştim dacă în cursul umanizării ar fi avut loc o inhibare a reproducerii unor indivizi ca la manguste, dar e clar că la multe femele de la specia noastră reproducerea este inhibată. E de ajuns să atingă o anumită vârstă, şi femelele speciei noastre nu se mai pot reproduce.

Menopauza este un fenomen caracteristic speciei noastre. La cimpanzei nu apare, odată cu înaintarea în vârstă se înregistrează un declin reproductiv, cu intervale din ce în ce mai mari între ciclurile menstruale (Finch & Stanford, 2004). La orbeţii heterocefali, regina atinge vârste foarte înaintate - 20 ani - surclasând la longevitate toţi membrii comunităţii, şi încă se reproduce. Dar şi la alte specii, capacitatea reproductivă este păstrată până la vârste foarte înaintate, chiar dacă uneori e afectată de îmbătrânire. De fapt scăderea fertilităţii şi a potenţialului reproductiv este unul dintre criteriile îmbătrânirii (Finch & Austad, 2001). Dacă la o specie nu apare acest fenomen, se spune că nu manifestă semne de senescenţă. O încetare totală şi bruscă a posibilităţii de reproducere asemănătoare fenomenului de la oameni este greu de imaginat în natură.

O femelă mai în vârstă, chiar dacă e mai puţin fertilă, are mai multă experienţă, ştie mai bine să-şi aleagă partenerii cu genele cele mai bune, şi de aceea puii ei au mai multe şanse de supravieţuire. Dar la om, puiul este foarte neajutorat, foarte debil, şi are nevoie de mai multe resurse încă din perioada intrauterină pentru a supravieţui. În cazul unei gestaţii în perioade de criză, nutriţienţii satisfac întâi necesităţile copilului şi apoi pe cele ale mamei. În aceste condiţii, să ne gândim ce s-ar întâmpla dacă ar fi excluse de la reproducere femelele tinere în locul celor bătrâne. Ar fi mai puţini pui care ar supravieţui în condiţii de criză.

Probabil, la un moment dat, femelele mai în vârstă n-au mai reuşit să ţină pasul cu cele mai tinere în ceea ce priveşte fertilitatea, dar rolul lor în educarea puilor a rămas. În plus, în mediul cu puţine resurse, dar şi în continuă schimbare, variabilitatea genetică prezenta un avantaj adaptativ. În aceste condiţii, evoluţia a încurajat reproducerea a cât mai multe femele tinere, în loc să dea naştere unor regine ale fertilităţii, care să transmită cu predilecţie anumite gene utile, ca la alte mamifere sociale.

O ipoteză recentă susţine că menopauza a apărut deoarece femelele în vârstă au devenit mai utile în a-şi învăţa nepoţii să culeagă rădăcini decât în a-şi naşte proprii pui (Hawkes et. al, 1998). Se consideră că în acea perioadă era important ca puii să fie educaţi să culeagă tot felul de plante. Această ipoteză este infirmată de faptul că gorilele femele părăsesc grupul după încetarea reproducerii, arată un studiu efectuat pe gorilele din grădinile zoologice de către un grup de cercetători de National Institute on Aging, SUA (2005). De asemenea, puii de om au o perioadă îndelungată de învăţare şi o mare receptivitate la nou, deci n-ar fi fost o problemă pentru ei să înveţe să culeagă rădăcini. În căutarea unui avantaj adaptativ pentru specie a menopauzei s-a apelat chiar şi la tulburările cognitive (pierderile de memorie), circulatorii etc. Acestea ar fi expus femelele mai bătrâne într-o măsură mai mare prădării, ceea ce ar fi conservat resursele pentru membrii mai tineri ai grupului. Dincolo de caracterul fantezist al acestei idei, ea este infirmată de faptul că aceste tulburări sunt absente la unele grupuri etnice, de exemplu la asiatici.

În aceste condiţii, e puţin probabil ca bunicile să fi renunţat la a-şi naşte proprii pui pentru a-şi educa nepoţii. În primul rând, menopauza n-ar fi avut timp să-şi arate avantajele, pentru că în acele condiţii de mediu avea foarte puţine şanse să fie un fenomen general. Cele mai multe femele, atâta timp cât trăiau, aveau toate şanse să fie fertile. Mai probabil, menopauza ar putea fi o consecinţă a adaptării reproducerii la inaniţie prelungită. În restricţie calorică, organismul alocă mai puţine resurse pentru reproducere şi mai multe pentru supravieţuire. Iar fenomenele adaptative ar fi intervenit şi aici, ca şi în alte cazuri. Restricţia calorică reduce fertilitatea, dar o prelungeşte în timp, aşa cum arată studiile pe macaci (Mattison et al., 2003). De asemenea, şobolanii şi speciile de nevertebrate supuse restricţiei calorice, care apoi au revenit la un regim alimentar *ad libitum*, aveau o fertilitate mai crescută. Nivelul IGF-1 creşte după restricţie calorică (şi inaniţie) şi la oameni, ceea ce poate conduce la superfetaţie (sarcini gemelare). Modificări similare suferă şi nivelul prolactinei asociată cu fertilitatea, la şobolani (Lopez-Varela, 2004).

Îmbătrânirea e asociată cu reducerea fertilităţii. Particularităţile îmbătrânirii la om ar putea determina şi particularităţile declinului reproductiv la această specie. Diabetul şi rezistenţa la insulină pot fi considerate fenomene adaptative la inaniţie. Pe de altă parte, diabetul este asimilat unui sindrom de îmbătrânire accelerată. Dacă inaniţia are efecte nocive asupra fertilităţii, hiperinsulinemia afectează funcţia ovariană şi fertilitatea (v. mai sus). La femeile diabetice, menopauza apare în general mai devreme decât la cele normoponderale. Macacii (*Maccaca mulata*) suferă spontan de diabet dacă adoptă dieta umană, şi se poate spune că au un fel de menopauză, adică în ultimii ani de viaţă, femelele îşi încetează reproducerea (Walker, 1995). Macacii ar putea fi animale adaptate la condiţii precare (v. „Urmele foamei").

Până de curând se considera că la naştere, orice femelă de mamifer are un număr finit de celule precursoare ale ovulelor. Recent s-a descoperit că femelele de şoarece pot produce în timpul vieţii noi ovule, datorită celulelor stem din măduvă, care pot migra în ovare (Johnson et al. 2004, 2005). Aceasta descoperire a condus la ipoteza că fenomenul ar apărea la toate femelele de mamifere, ceea ar aduce o speranţă pentru femeile bătrâne, a căror fertilitate ar putea fi restaurată prin tratamente ca transplantul de măduvă osoasă. Deşi nu au apărut dovezi că femeile ar putea produce ovule noi în timpul vieţii (Liu et al., 2007), totuşi nu este încă exclus ca acest lucru să se întâmple. Problema ar fi însă că, indiferent dacă celulele stem din măduvă ajung în ovare, şi generează noi ovule sau nu, celulele precursoare ale ovulelor ar putea degenera mai repede decât la alte specii, printr-un mecanism asemănător sindromului polichistic ovarian. Acesta apare la femeile obeze, când încep să se dividă mai multe ovocite decât normal (aşa apar chisturile), dar nici unul nu ajunge să se diferenţieze la ovul matur. Oricum, în condiţii normale, mai multe ovocite încep să se dividă, dar numai unul, cel mult două, ajunge să devină ovul matur, celelalte degenerează. Prin acest fenomen, ovulele s-ar epuiza mai repede decât la alte specii. Restricţia calorică reface fertilitatea în sindromul polichistic, probabil prin restaurarea capacităţii de diferenţiere a ovocitelor, dar şi prin inhibarea di

viziunii altora. De asemenea, inhibarea proliferării mai multor ovocite ar explica de ce restricţia calorică prelungeşte în timp fertilitatea, probabil prin conservarea mai multor celule precursoare. Interesantă ar fi diferenţa dintre numărul de ovocite care încep să se dividă în faza foliculară la om faţă de cimpanzeu. Dar o diferenţă importantă dintre om şi cimpanzeu este grosimea stratului adipos, care afectează sensibilitatea la insulină. Desigur, nu toate femeile sunt obeze, dar stratul adipos, chiar la femeile slabe, este superior celui de la cimpanzeu. De aici ar rezulta o anumită hiperinsulinemie, cu efectele prezentate mai sus.

O predicţie a ipotezei prezentate aici, conform căreia menopauza ar fi legată de grosimea stratului adipos, caracter al speciei umane, hiperinsulinemia care apare ca o consecinţă a acesteia, menopauza ar trebui să apară şi la alte mamifere cu strat adipos substanţial. Mamiferele marine sunt exemplul clasic în acest sens. Cel puţin această predicţie se verifică, pentru că menopauza a fost semnalată la unele specii de balene şi delfini, dar originea ei a fost explicată prin rolul social pe care îl joacă (McAuliffe & Whitehead, 2005).

Menopauza ar putea fi urmarea unei pleiotropii antagoniste, cum s-a propus şi în cazul îmbătrânirii. O specie atât de sensibilă la diabet ar putea avea un fenotip particular de îmbătrânire a funcţiei reproductive, printre altele. Dacă mecanismul propus aici va fi demonstrat experimental, atunci fenomenul se poate extrapola şi în cazul altor tipuri de celule stem adulte, care se află în toate ţesuturile, ceea ce ar explica şi alte particularităţi ale îmbătrânirii umane, dar şi unele aspecte legate de efectele antiîmbătrânire ale restricţiei calorice. În maladia Alzheimer, pentru care diabetul e factor de risc, ar putea interveni o epuizare a capacităţii proliferative a celulelor stem neuronale din anumite zone din creier.

Funcţia reproductivă la om, ca şi la bonobo, a suferit unele modificări. Pe lângă rolul pur de perpetuare a speciei, aceasta are şi un important rol social. Probabil omul investeşte cam aceeaşi proporţie din resursele organismului pentru reproducere, ca şi alte mamifere. Dar investiţiile pentru fertilitate şi dezvoltarea intrauterină a puiului într-o oarecare măsură fac loc investiţiilor pentru componenta socială a comportamentului sexual. Societatea umană actuală, cu toată complexitatea ei, e în mare măsură un dar al comportamentului sexual.

În loc de concluzii

- Omul are cea mai redusă fertilitate; fertilitatea e afectată în restricţie calorică la cele mai multe specii, de la viermi până la mamifere;
- Exacerbarea instinctului sexual la om, ca şi la cimpanzeii bonobo, ar fi o consecinţă a neoteniei, legată de îngrijirea prelungită a puiului;
- Semnele fecundităţii sunt inexistente la femela de om, deoarece aceasta, ca şi femela de bonobo, este receptivă sexual în afara perioadei fertile; semnele fecundităţii ar reprezenta mai degrabă semnele receptivităţii sexuale, care astfel nu ar mai avea nici un rol;
- La om, faptul că în timpul sarcinii consumul resurselor se face în detrimentul mamei, nu al puiului, ca la celelalte mamifere, ar face parte dintr-o strategie adaptativă de suprainvestire în puii foarte debili, care ar avea mai multe şanse, atât înainte, cât şi după naştere;
- Orgasmul feminin, al cărui rol adaptativ este necunoscut, ar fi consecinţa unei sensibilităţi crescute;
- Declinul reproductiv abrupt la femelele de om (menopauza) ar fi consecinţa adaptării la consum redus de resurse; funcţia reproductivă e energofagă, iar animalele în restricţie calorică tind să-şi diminueze această funcţie, investind mai mult în supravieţuire.
- Menopauza, care apare şi la unele specii de mamifere marine, ar proveni dintr-o epuizare a celulelor precursoare ale ovulelor, fenomen legat de hiperinsulinemie şi grosimea stratului adipos.

9. Misterele limbajului uman

Primatele antropoide nu pot vorbi fizic, aparatul lor fonator nu le permite să emită sunete articulate. De vină pentru aceasta ar fi poziţia osului hioid, un os în formă de U, situat între rădăcina limbii şi laringe conectat prin muşchi de laringe, maxilar şi limbă. De fapt, aparatul fonator uman permite emiterea unei mari varietăţi de sunete. Această abilitate se datorează unor modificări importante ale orificiului bucal şi tractului respirator superior. La om, gura formează cu spaţiul faringeal un unghi de 90 de grade, atunci când faţa este îndreptată înainte. Baza limbii a fost împinsă înainte până a format o parte a peretelui anterior al tractului faringeal superior. Spaţiul faringean şi epiglota s-au alungit. Pe scurt, aparatul fonator uman formează un cilindru, care poate servi drept cutie de rezonanţă. La cimpanzeu, de exemplu, limba nu astupă tractul faringeal superior, iar unghiul dintre gură şi faringele superior este mai mare. Când aerul trece prin coardele vocale, se produce un zumzăit variat ca intensitate şi durată. Dar numai trecerea aerului prin tractul faringian şi cavitatea bucală şi apoi ieşirea prin gură produce varietatea de tonuri care determină sunetele. Această cutie de rezonanţă accentuează anumite frecvenţe, emise de corzile vocale. De fapt, structura caracteristică a aparatului fonator uman, unică în lumea animală, e responsabilă de versatilitatea sunetelor, nu de producerea acestora. Cu alte cuvinte, orice om, nu doar Maria Callas, are un fel de fluier în gât. Coardele vocale nu sunt însă apanajul omului. Aşa cum faptul de a emite sunete nu este nici pe departe privilegiul exclusiv al speciei noastre. Dar numai omul are limbaj articulat, adică limbaj cu sunete articulate.

Când a apărut limbajul articulat? Cum nu se pot păstra urmele fizice ale acestuia, abilitatea de a vorbi la speciile fosile se estimează indirect prin studiul unor organe implicate în vorbire. Prima a fost aria Broca, situată în emisfera dreaptă, girusul frontal inferior. Urme ale ariei Broca au fost descoperite la genul *Homo* (*Homo rudolfensis* şi speciile ulterioare), dar nu şi la australopiteci (Lewin[a], 2005). Dar funcţia limbajului nu se reduce la o singură arie corticală. Alte indicii ale existenţei limbajului s-au căutat la aparatul fonator al speciilor fosile. Poziţia laringelui, estimată prin forma bazei craniului, plată la speciile cu laringele poziţionat sus şi la copilul mic de om, şi curbată la omul adult, se pare că a ajuns în forma omului modern abia acum 300000 ani, la *Homo sapiens* arhaic. Laringele a început să coboare abia la *Homo ergaster*, la care ocupa poziţia unui copil de 8 ani. Australopitecii aveau aparatul fonator apropiat de cel al marilor primate, prin urmare e posibil să nu fi fost capabili să articuleze unele dintre vocalele importante din limbajul uman. Surprinzător, omul de Neanderthal pare să fi avut laringele situat mai sus decât *Homo sapiens* arhaic, cel puţin aşa se deduce după forma bazei craniului, care varia totuşi în diferite zone geografice. S-a speculat că acestea ar fi fost consecinţe ale particularităţii tractului respirator superior, adaptat la un climat rece. Descoperirea unui os hioid, identic cu cel uman ca formă şi mărime, a reaprins controversele legate de capacitatea de a vorbi a omului de Neanderthal. S-a propus chiar ca la dispariţia acestuia ar fi contribuit abilităţile scăzute de comunicare, poziţie pe care s-au situat majoritatea antropologilor.

Dar ar putea ca poziţia laringelui să fie consecinţa dezvoltării altor oase, adică a unui gât foarte lung? Nu e nevoie de studii de anatomie comparată ca să observi că omul are gâtul mai lung decât rudele sale care nu vorbesc, pentru că multe dintre oasele sale sunt mai alungite. Lungimea gâtului la om a fost considerată şi o adaptare la mersul biped (Wilson[b], 2003). Cum am menţionat deja, tractul faringian superior este mai lung la om. Odată cu alungirea gâtului, poziţia osului hioid s-ar fi modificat, dar şi lungimea faringelui.

Dacă despre alungirea oaselor membrelor inferioare putem spune că a avut loc ca urmare a creşterii mai îndelungate, a vieţii „mai lente", putem spune acelaşi lucru şi despre vertebre? Puiul de om are gâtul foarte scurt, creşterea acestuia având loc mai târziu. Mai mult, coborârea laringelui are loc în copilărie, la vârsta de 1,5-2 ani, pentru ca abia în jurul vârstei de 14 ani să atingă configurația de la adult (Lewin[b], 2005).

Ar putea fi poziția osului hioid și a laringelui consecința ritmului dezvoltării și la speciile de hominide fosile? Se consideră că la australopitheci, acesta era similar celui de la marile primate actuale, ca la genul Homo să încetinească mai mult. *Homo ergaster* (Turkana boy) avea totuși un ritm de creștere mai rapid decât omul modern, și se pare că nu cunoștea adolescența. Omul de Neanderthal, deși ar fi cunoscut adolescența, s-ar fi dezvoltat mai rapid decât omul modern. Corelația dintre ritmul creșterii și poziția laringelui pare destul de clară. Dar poziția laringelui influențează pronunția unor vocale, dar nu capacitatea psihologică de a vorbi. Copilul de om începe să vorbească înainte de a avea o poziție „propice" a laringelui. Mai mult, laringele coboară în timpul comunicării la unele specii de păsări și mamifere (câine, unele felide) și este permanent coborât la unele specii de cerbi, dar și de păsări (Fitch, 2002).

Alte posibile indicii anatomice ale prezenței limbajului sunt grosimea nervului hipoglos, care controlează limba, și care este mult mai mare la om decât la primatele nonumane, și secțiunea transversală a coloanei vertebrale (adică a măduvei spinării) în regiunea toracică, implicată în controlul fin al respirației (Lewin[c], 2005). La *Homo ergaster*, așa cum se observă la Turkana boy, de acum 1,6 milioane de ani, aceasta e mult mai redusă decât la omul modern. Secțiunea transversală a măduvei toracice, ca și grosimea nervului hipoglos, par să fi atins dimensiunile actuale acum 400000 ani. Canalul nervului hipoglos la omul de Neanderthal era similar în dimensiuni cu cel de la omul modern (Lewin[d], 2005). Probabil omul de Neanderthal, chiar dacă nu ar fi putut emite toate vocalele din limbile actuale, ar fi fost capabil să vorbească.

Limbajul consoanelor

Ce înseamnă sunete articulate? În nici un caz numai vocalele. Cei mai mulţi lingvişti şi biologi care studiază originea limbajului dau mare importanţă capacităţii de emitere a acestora, deoarece sunt esenţiale. Dacă numai vocalele ar fi sunete articulate, atunci cântecele păsărilor ar fi limbajele articulate cele mai complexe. Pentru că păsările sunt capabile de a emite incomparabil mai multe vocale decât există în toate limbile Pământului la un loc. Câinele are şi el un „limbaj" care conţine câteva vocale, iar delfinul şi balena pot să comunice cu ajutorul unor vocale pe care omul nu le poate articula. Chiar marile primate emit şi ele nişte vocale, în cadrul limbajului lor. Majoritatea vocalelor esenţiale care intră în limbajul articulat pot fi emise de cimpanzei, a căror vocalizare conţine mai mult „o" şi „u", dar şi de bonobo, care emite sunete mai înalte, bogate în „a" şi „e" (de Waal, 1995). Pe de altă parte, chiar omul e capabil de a pronunţa mai multe vocale decât cele conţinute în limbajul articulat. Dacă urmărim un copil mic care învaţă să vorbească, ne convingem uşor de acest lucru. Copilul mic „vorbeşte" din instinct şi limbajele cimpanzeilor babuinilor, şi ale macacilor, în sensul că emite spontan sunetele pe care le folosesc aceste specii în comunicare (Wilson, 2003).

Dar la ce folosesc în general aceste vocale în natură? La comunicarea la distanţă. Lătratul câinelui e auzit de la sute de metri şi chiar kilometri de alţi câini, maimuţa ţipă şi de asemenea ceilalţi membri ai grupului reacţionează, chiar dacă se află la oarecare depărtare, cântecele păsărilor (numite vocalize în limbajul de specialitate) se aud de la kilometri distanţă, iar „cântecele" balenelor pot fi ascultate de congeneri de la distanţe şi mai lungi, de cel puţine 10 km.

Există vreun animal care să emită consoane? Da, şarpele şi gâscanul emit un fel de consoane şuierătoare. Dezavantajul acestor sunete este acela că nu pot fi auzite de la distanţă. Şuieratul şarpelui şi al gâştei sunt semnale de avertizare care nu pot fi percepute decât de un eventual duşman aflat în apropiere. Când emit aceste sunete, respectivele animale introduc limba printre dinţi, în mod asemănător articulării acestor consoane de către om. Imaginea şarpelui care sâsâie cu limba printre dinţi este celebră. Postura etalării dinţilor, care ar putea corespunde sâsâitului şarpelui există şi la mamifere. Câinele îşi arată dinţii şi mârâie, adică emite nişte vocale de avertizare. Maimuţa îşi arată şi ea dinţii, şi emite sunete ameninţătoare (tot vocale). De ce nu sâsâie şi mamiferele ca şarpele? Pentru că nu au nevoie. Etalarea dinţilor mai mari şi mult mai convingători decât ai şarpelui, şi emiterea unor vocale, care în mod sigur fac mai mult zgomot decât sâsâitul şarpelui, sunt mult mai eficiente. Pe cine ar speria un şarpe dacă şi-ar arăta pur şi simplu dinţii? Dacă nu ar fi descoperit veninul sau constricţia, nu i-ar lua nimeni în seamă pe şerpi cu consoanele lor. În aceste condiţii, ce rost ar avea ca animalele să emită consoane, având în vedere rolul comunicării acestora, adică transmiterea mesajelor cât mai departe? Omul, dacă vrea să transmită mesaje la distanţă, o face tot cu ajutorul vocalelor. Când strigăm, lungim cât mai mult vocalele. În caz de pericol iminent, în care intervine comportamentul înnăscut, adică instinctul, se apelează la limbajul non-verbal, adică la ţipete. Ţipetele sunt mult mai funcţionale în această situaţie decât limbajul articulat, şi pentru că se aud mult mai departe.

Limbajul articulat prezintă dezavantajul că poate fi receptat de la o distanţă mai mică decât vocalele aşa-zis nearticulate, ce formează limbajul natural al primatelor antropoide.

Consoanele nu constituie o mare problemă în ce priveşte pronunţia, ele pot însoţi vocalele, atât la animale, cât şi la copilul mic, dar interesul pentru consoane este ceva nou. Consoanele par să fi apărut în cadrul unui limbaj „intim“, ca şi tangoul. Ele servesc unei comunicări între indivizi aflaţi la distanţă mică.

Limba şi limbajul articulat

Cum au apărut consoanele, şi de ce? Ca şi în cazul şarpelui care sâsâie, oamenii care emit consoane folosesc în mod obligatoriu limba. Cu alte cuvinte, limba e indispensabilă articulării consoanelor, adică limbajului articulat. Se spune „îţi tai limba ca să nu mai vorbeşti", nu „îţi tai osul hioid". Într-adevăr, absenţa limbii face imposibilă vorbirea, pe când operaţiile pe laringe, care afectează poziţia coardelor vocale, afectează de asemenea vorbirea, dar aparatele de amplificat sunetele o restaurează în cazul în care aparatul bucal, care include în primul rând limba, este funcţional. Există însă oameni care şi-au pierdut complet laringele, şi au învăţat să substituie rolul acestuia în vorbire.

Limbajul vine de la limbă, iar „limba", în sensul de „vorbire", în foarte multe limbi, vine de la „limbă", organul musculos, care se află în cavitatea bucală. Ce are limba umană atât de special încât să permită limbajul articulat? E mare, groasă, musculoasă şi se poate plia uşor în toate felurile. În primul rând, e prea mare pentru dimensiunile cavităţii bucale. Nu ştim cum era limba speciilor fosile de hominide, dar s-ar putea stabili cu aproximaţie după inserţiile mandibulare. Creşterea gradului de ortognatism, adică reducerea botului, a dus la micşorarea cavităţii bucale şi la „creşterea" limbii în raport cu aceasta. Limba umană ocupă un spaţiu mai mic decât cea a cimpanzeului, care are o poziţie mai relaxată în cavitatea bucală, mai puţin „înghesuită". De ce a apărut ortognatismul sau mai precis de ce gradul de ortognatism e legat de creşterea cutiei craniene? O ipoteză recentă susţine că o mutaţie ar fi dus la dispariţia unei peptide, lanţul greu al miozinei, care la primate se află în muşchii masticatori. După dispariţia acesteia, muşchii masticatori ar fi devenit mai slabi, ceea ce ar fi permis dezvoltarea cutiei craniene (Stedman et al., 2004). Acest eveniment, care aproape ar fi coincis în timp cu creşterea gradului de encefalizare la genul *Homo*, ar fi avut loc acum 2,4 milioane ani. Dar punctul de plecare pentru reducerea ortognatismului, după date mai vechi, îl constituie mersul biped, mai precis poziţia erectă (Wilson[c], 2003).

Este posibil să fi dispărut această proteină, aşa cum probabil au dispărut şi altele şi în alte grupe de muşchi, nu numai în cei masticatori. Dar la reducerea aparatului masticator probabil au contribuit mai mulţi factori, nu numai această mutaţie. Aparatul masticator s-a redus, prin mecanisme evolutive specifice, pentru că organismul a investit mai mult în căutarea şi procesarea hranei cu ajutorul sistemului de relaţie, decât în masticaţie performantă. Pe de altă parte, creierul a crescut din aceleaşi motive (vezi mai sus). Între cele două fenomene există o corelaţie, observată la speciile de hominide fosile, pentru că acestea ar putea fi simptome ale adoptării aceleaşi căi evolutive. Mai concret, între ele nu ar exista o relaţie de cauză efect, ci ar fi consecinţe ale aceluiaşi fenomen. Dar adaptarea la mediul cu puţine resurse pe această linie ar reprezenta numai o cale evolutivă din multe altele pe care primatele rămase într-un mediu cu puţine resurse le puteau adopta. Australopitecii robuşti, cu un aparat masticator bine dezvoltat, sunt un exemplu în acest sens.

Ortognatismul a avut drept consecinţă o limbă prea mare în raport cu cavitatea bucală. Dacă limba e prea mare, ea poate fi uşor muşcată în procesul de masticaţie şi nu numai. Animalele şi oamenii needucaţi în acest sens (copiii) nu au obiceiul de a-şi ascunde limba tot timpul. Copiii mici îşi etalează limba fără reţineri, şi numai prin educaţie reuşesc s-o menţină în cavitatea bucală. Copiii cu deficienţe, (emblematic în acest sens este cazul copiilor cu sindromul Down), nu reuşesc acest lucru. Probabil şi omul primitiv nu îşi ascundea adesea limba. Ţinând limba printre dinţi, avea mari şanse s-o rănească.

De asemenea, dacă ne gândim la meniul foarte variat şi neconvenţional al omului primitiv, găsim tot atâtea posibilităţi de accidentare a acestui organ. Probabil omul mânca tot felul de plante mai mult sau mai puţin iritante sau foarte condimentate. Omul este unul dintre puţinele animale care pot consuma condimente. La popoarele primitive, condimentele chiar au funcţii rituale. Pe lângă faptul că în cantitate mare, condimentele suprimă foamea, acestea irită limba.

Pe de altă parte, probabil trecerea de la modul de hrănire frugivor la cel omnivor a crescut mult importanţa limbii. Alimentele consumate puteau avea combinaţii ale gusturilor principale: dulce, sărat, amar. Pentru a percepe aceste gusturi, alimentele trebuiau „plimbate" mai mult prin gură, deoarece trebuia să vină în contact cu zonele sensibile la aceste gusturi, care sunt situate pe diverse zone ale limbii şi cavităţii bucale. Temperatura alimentelor, odată cu îmblânzirea focului, a lărgit spectrul informaţiilor obţinute prin intermediul limbii.

În creier există o arie a integrării sensibilităţii generale a corpului, unde diverse zone ale corpului sunt reprezentate în funcţie de importanţa lor. Acest hommunculus senzitiv (omuleţ, deoarece seamănă cu un om disproporţionat) arată că limbii îi corespunde o zonă disproporţionat de mare faţă de dimensiunile acestui organ. Zone întinse corespund de asemenea buzelor, obrajilor şi mâinii. Importanţa în sensibilitatea termică dureroasă, tactilă şi bineînţeles gustativă a limbii a crescut „interesul" creierului faţă de ea. Chiar dacă modelul hommunculus-ului este destul de contestat la ora actuală, importanţa limbii ca organ de simţ, precum şi marea ei motilitate nu pot fi contestate.

În concluzie, din cauza hranei sau a accidentelor, limba foarte sensibilă şi capabilă deja de mişcări variate, era expusă rănirilor. Limba rănită are o anumită particularitate - se inflamează foarte mult. Odată inflamată, are şi mai multe şanse să nu mai aibă loc în gură. În aceste condiţii, emiterea sunetelor obişnuite, care serveau comunicării în acel timp, adică a unor vocale, devine dificilă.

Nu ştim cum comunicau oamenii înainte de inventarea limbajului articulat. O ipoteză mai veche afirmă că limbajul s-a format din sunetele bogat gradate de tipul celor utilizate de cimpanzeu şi maimuţa rhesus (Marler, 1965 citat de Wilson[d], 2003).

Dar e foarte posibil însă ca oamenii primitivi să fi încercat mai întâi să imite sunete din natură, emise de alte animale. Maimuţa imită orice, şi învaţă prin imitaţie. Ar imita probabil şi cuvinte, dar nu poate fizic. Omul probabil imita sunete emise de alte animale, mamifere sau păsări. Imitarea unor astfel de sunete trebuie să fi avut chiar o oarecare utilitate. Aşa cum procedează astăzi vânătorii, aşa şi oamenii primitivi vor fi încercat să imite sunete care făceau parte din limbajul altor animale, pentru a le deruta, adică a le îndepărta sau vâna. Darwin descrie un trib de aborigeni din America de Sud pe care l-a întâlnit în timpul călătoriei pe Beagle, care imitau orice sunet, inclusiv cuvinte şi replici în limba exploratorilor auzite în premieră şi fără a le fi lor adresate (Darwin, 1839). Faptul că limbajul ar fi produsul imitării sunetelor naturale face obiectul uneia dintre cele mai importante teze biologice ale originii acestuia (teoria bow-how). Alta este aceea că limbajul a apărut din evoluţia mişcărilor şi sunetelor în mod spontan expresive ale emoţiilor la om şi animal (teoria pooh-pooh) (Mounin[b], 1999).

Încercarea de a emite semnalele sonore normale, pe care omul le-a emis înainte de inventarea limbajului articulat, sau a imita sunete din natură, ar fi avut drept efect secundar emiterea altor sunete inutile - consoanele. Aceste evenimente ar fi putut atrage atenţia asupra acestui organ unic, care este limba, şi din curiozitate specifică omului, ar fi încercat să-i exploreze calităţile, adică să emită sunete articulate. Copiii explorează şi în prezent capacitatea de a emite sunete (nearticulate) a limbii, ceea ce reprezintă uneori criteriu de performanţă. Există aproximativ 40 sunete principale, dar numărul lor total ar fi mult mai mare.

Faptul că limbajul articulat înseamnă în primul rând consoane, se observă şi din unele aspecte culturale. Chineza Han, una dintre cele mai vorbite limbi de pe Pământ nu cunoaşte sunetul „r", care este înlocuit cu „l“ în numele străine. Alfabetul arab actual transcrie numai consoane, vocalele fiind ceva de umplutură, la latitudinea cititorului. De aceea, cuvintele au sonorităţi diferite în diferite dialecte arabe. Alfabetul fenician, din care ar fi derivat apoi alfabetul grecesc şi cel roman era tot unul consonantic. Mai mult, sisteme de scriere mult mai vechi precum cea sumeriană, notau consoanele. Dacă pentru limbile semitice, la care rădăcina cuvintelor reprezintă un schelet consonantic, acest lucru era oarecum normal, sumeriana nu era semitică (Mounin, 1999).

Dacă limbile primitive conţin mai puţine consoane, atunci limbile cele mai „evoluate“ ar trebui să conţină foarte multe consoane. Limba sacră numită sanscrită, în care erau scrise textele clasice indiene, conţinea cam toate consoanele care există în toate limbile indo-europene vorbite în prezent în Europa, şi încă multe în plus (Angot, 2002). Era vorbită doar de casta brahmanilor, care erau singurii care aveau acces la scrierile sacre. Pentru a pronunţa multitudinea de consoane, brahmanii acordau o mare atenţie... limbii.

Dar populaţiile primitive dau de asemenea o mare importanţă limbii, dar nu neapărat pentru pronunţarea unor sunete dificile. În diferite culturi, aflate la mii de kilometri distanţă, din America până în Asia, există dansuri rituale în timpul cărora oamenii îşi pun în valoare limba vizibilă emiţând sunete nearticulate repetitive.

Forma noastră de limbaj nu este singura posibilă, aşa cum limbile diferite conţin sunete diferite, atât vocale, cât şi consoane. Există o mare varietate de sunete pronunţate în diferite limbi. În limbile africane (de exemplu hotentota) apar tot felul de consoane palatale foarte greu de pronunţat pentru europeni. Chiar în limbile europene există diferite sunete sau acelaşi sunet se pronunţă diferit. De exemplu, sunetul "r" pronunţat în engleză sau franceză poate fi mai vibrant sau mai puţin vibrant. Ideea care se desprinde este aceea că oamenii au descoperit de-a lungul timpului diferite sunete, cu care şi-au format limbajul. Izolarea grupurilor umane a condus la apariţia limbilor total diferite, cu sunete foarte deosebite. Probabil cu timpul s-au fixat sunetele care se pronunţă relativ mai simplu. Dar în limbile foarte vechi şi mai izolate, aceste sunete foarte dificil de pronunţat s-au păstrat până în prezent. Însă lumea în care ar fi apărut limbajul articulat şi în care mai apoi ar fi existat o expansiune a limbilor şi dialectelor, nu semăna probabil cu lumea actuală în care cultura se exportă ca orice marfă.

Izolarea, dar şi dorinţa de protejare a unor informaţii ar fi putut contribui în trecut la varietatea foarte mare a limbilor. Oamenii trăiau în comunităţi mici, iar dacă fiecare comunitate avea idiomul ei, greu inteligibil de comunităţile apropiate, aceasta puteau contribui la creşterea coeziunii grupului, la definirea acestuia. Legătura dintre limbaj şi complot ar fi putut fi foarte timpurie. Limbajul articulat instituie un cu totul alt mod de comunicare, care face aproape nelimitat transferul de informaţii. De asemenea, face posibilă o disimulare foarte mare a mesajului, acesta nemaifiind perceput decât de persoana căreia îi este adresat. Limbajul natural al primatelor, cu gesturi, posturi şi sunete nearticulate nu permitea acest lucru. Cu limbajul articulat se poate minţi mai uşor decât cu limbajul gesturilor, dar se pot spune şi secrete. Etologul şi lingvistul E.H. Sturtevant[1] a emis ipoteza că limbajul uman a devenit elaborat pentru că a conferit avantaje selective tocmai prin posibilitatea de a înşela alţi oameni. Deoarece vocalizările şi exclamaţiile pot exprima starea afectivă reală, oamenii au învăţat să le ascundă prin limbaj pentru avantaje personale.

Orice sistem uman de comunicare a avut şi o componentă puternică de criptare. Scrisul în Antichitate nu era accesibil tuturor, tocmai din acest motiv. Diversele coduri apărute ulterior sunt exemple în acest sens. Argoul hoţilor, dar şi limbajul copiilor mai mari, conţin elemente de criptare. Primul rol al limbajului trebuie să

1. http://en.wikipedia.org/w/index.php?title=E._H._Sturtevant&action=edit

fi fost acesta. Indivizii capabili de a emite sunete dificile, ar fi inventat limbaje, mai întâi mai simple, apoi mai complicate, pentru a se face înţeleşi într-un grup limitat. Oamenii maturi învaţă greu o limbă, deci însuşirea acestui limbaj ar fi fost dificilă pentru alţi indivizi, dinafara grupului. Limbajul s-ar fi generalizat ulterior deoarece copiii mici învaţă orice limbă.

Dacă înainte se considera că limbajul ar fi consecinţa colaborării strânse a oamenilor în procesul de vânătoare şi culegere a plantelor, mai recent, explicarea originii limbajului apelează la zona mentalului şi a contextului social, mai degrabă decât la necesitatea comunicării. Mai precis, aşa cum spune Harry Jerison „avem nevoie (de limbaj) pentru a spune poveşti decât de a direcţiona acţiuni" (Jerison, 1991). De asemenea, Robin Dunbar a sugerat că limbajul ar fi evoluat pentru a creşte coeziunea socială, asemenea grooming-ului (Lewin, 2005). Toate aceste fenomene sunt în legătură. Coeziunea în cadrul unui grup creşte când acest grup are secrete sau chiar rivalităţi cu altul.

Necesitatea limbajului

Cu ajutorul limbii s-ar fi putut descoperi unealta numită limbaj articulat. Dar acest lucru ar fi fost posibil după ce au existat deja nişte modificări anatomice care să permită acest lucru, şi bineînţeles nişte modificări ale creierului, care să susţină exacerbarea comportamentului de explorare, printre altele. Când a inventat limbajul, omul era deja „om", adică dispus la acţiuni care să nu-i fie indispensabile pentru supravieţuire şi gânditor în simboluri. E drept că pentru primatele antropoide, limbajul articulat este imposibil din punct de vedere anatomic. Dar ele ar fi putut inventa un altfel de limbaj complex. Edward Wilson presupune că pentru un animal inteligent, un singur cuvânt este suficient pentru inventarea unui întreg limbaj (Wilson, 2003). I se pot adăuga acestuia variaţii în tărie, durată şi ritm, crescându-i astfel puterea de transmitere. De fapt

Wilson, prin această idee reinventează limbile tonale, în care aceeaşi combinaţie, uneori foarte modestă, de sunete, poate avea şi zeci de semnificaţii diferite. Multe limbi sunt tonale, de exemplu chineza Han, hotentota, dar şi unele limbi europene.

În cazul cimpanzeilor, combinarea sunetelor pe care le pot emite, eventual asociate cu gesturi şi posturi, ar fi permis dezvoltarea unui protolimbaj, asemănător cu limbajul muţilor, de exemplu. Dar pentru tipul lor de comunicare, acest lucru ar fi fost inutil. În anii '60, un cimpanzeu femelă, Washoe, în vârstă de 8-14 luni la începutul antrenamentului, a arătat că primatele antropoide, chiar dacă nu cunosc vorbirea articulată, pot comunica foarte bine cu oamenii (Gardener & Gardener, 1969). Washoe a fost învăţată să folosească cu succes limbajul american al surzilor. După 22 luni de antrenament, ea putea utiliza aproximativ 30 semne, iar la 4 ani, era capabilă să folosească 132, dar putea şi forma peste 30 de combinaţii de 2-3 cuvinte. Deşi un copil de 4 ani cunoaşte aproximativ 3000 cuvinte, totuşi performanţele ei au fost surprinzătoare. De exemplu, putea spune că merele sunt în castron sau perele în farfurie. Ba mai mult, se poate spune că Washoe înţelesese principiul compunerii cuvintelor în limbajul surzilor. La un moment dat, a inventat un semn nou. Când a fost întrebată „Ce e asta" despre o lebădă, ea a răspuns că e „pasăre de apă (water bird)". Mai mult, Washoe a avut un pui, pe care a început ea însăşi să-l înveţe limbajul surzilor.

Ceea ce e interesant este faptul că după succesul înregistrat cu Washoe, au mai fost antrenaţi în acelaşi mod şi alţi cimpanzei. După ce aceştia au învăţat limbajul surzilor, au fost lăsaţi împreună. Spre surpriza cercetătorilor, aceştia nu comunicau între ei în limbajul surzilor, aşa cum făceau cu oamenii. Pentru comunicarea în cadrul speciei lor, foloseau limbajul lor ancestral. Deci cimpanzeii aveau nevoie de ceva mai mult decât de un limbaj care să conţină multe concepte exprimate clar şi simplu, asemănător limbajului articulat. Cimpanzeii nu aveau nevoie doar de un astfel de limbaj, ci de necesitatea de a-l folosi. Să le ceri cimpanzeilor să folosească acest limbaj al semnelor în locul limbajului lor natural e ca şi cum ai cere oamenilor actuali să renunţe la limbajul obişnuit, în care trebuie să înveţi atâtea cuvinte şi expresii, şi să adopte un limbaj de programare simplu, de exemplu C, în care două funcţii sunt suficiente pentru a scrie orice program, indiferent cât de complicat ar fi. Probabil în acest fel a tratat Washoe limbajul semnelor care o ajuta să comunice cu oamenii, cum tratează un programator limbajul C, care îl ajută să comunice cu maşina (computerul). Pentru semenii săi, un programator foloseşte limbajul normal.

Dar oamenii, înainte de inventarea limbajului articulat, au avut un astfel de limbaj? Faptul că surdo-muţi din zone izolate, cum au fost copiii nicaraguani, care nu au avut acces la învăţarea limbajelor consacrate pentru surzi, şi-au pus la punct propriile limbaje, fără ajutor din afară, sugerează acest lucru (v. mai jos). Aceste limbaje urmăresc liniile generale ale sintaxei limbilor moderne. Dar oamenii respectivi, chiar dacă nu înţeleg limbajul articulat, trăiesc printre oameni, deci au avut ocazia de a învăţa nişte principii de comunicare pe care le-au aplicat propriului limbaj artificial. E foarte posibil ca oamenii să fi avut un astfel de limbaj înainte de inventarea limbajului articulat. Acesta trebuie însă să fi fost diferit de limbajele actuale ale muţilor, nu numai pentru că ar fi conţinut şi sunete, dar ar fi avut principii uşor diferite. Sintaxa limbilor moderne şi mai puţin moderne face obiectul unor perfecţionări şi simplificări pe parcursul a cel puţin câteva mii de ani. Oricum, limbajul articulat s-a impus în faţa acestui tip de limbaj pentru că e mai economic din punct de vedere energetic, permite crearea practic nelimitată de noţiuni, dar are şi capacitatea de a fi mai greu învăţabil de adulţi.

Simţul limbajului şi sensul cuvintelor

Sunetele aşa-zis articulate au început să fie emise, dar cum s-au transformat în cuvinte? Adică în ce fel s-a ajuns la asociere de sunete (şi eventual tonuri) la un cuvânt cu o anumită semnificaţie? De „vină" este şi aici organizarea creierului uman. Dacă majoritatea adulţilor şi copiilor mari, nu asociază un cuvânt decât cu semnificaţia sa, eventual un cuvânt dintr-o limbă străină îl asociază cu alte cuvinte cu formă apropiată din limba sa maternă, copiii mici văd lucrurile cu totul altfel. Copiii care deja ştiu să vorbească asociază sonoritatea unui anumit cuvânt cu anumite imagini, de obiecte existente sau imaginare. Pentru ei, adesea cuvintele au o componentă vizuală.

Există însă oameni adulţi, la care orice sunet, nu numai cuvintele, dar şi notele muzicale sau literele au culoare, dar uneori şi gust şi miros. Această proprietate se numeşte sinestezie (adică simţuri împreunate, syn - împreună, aisthesis - senzaţie). Sinestezia poate fi perceptuală, determinată de stimuli ca sunete şi imagini, dar şi conceptuală, determinată de concepte abstracte. Dacă mulţi nu resimt nici un disconfort, unii dintre aceşti oameni devin adesea muzicieni, iar viaţa lor nu e deloc uşoară, fiind copleşiţi de tot felul de senzaţii la auzul unor sunete. Aceşti oameni hipersensibili reprezintă un caz particular al unui fenomen general. Deşi cazurile de sinestezie la adulţi sunt foarte rare (1 la 2000), iar unii autori le asimilează unor simptome ale schizofreniei, la copii situaţia e diferită. Daphne Maurer (1993) şi Catherine Mundloch de la Universitatea McMaster din Ontario, Canada, sugerează că toţi copiii mici îşi încep viaţa ca sinestezi, până la 4 luni, când începe modularizarea simţurilor. Cu alte cuvinte oamenii, dar şi unele animale, se nasc cu creiere imature foarte maleabile. Există mai multe teorii care încearcă să explice fenomenul sinesteziei. Una se referă la disfuncţii ale modularităţii. Dacă funcţiile corticale sunt date de module, sinestezia s-ar datora unor legături anormale între modulul responsabil de limbaj şi cel de procesare a culorilor) (Baron-Cohen, 1993). O alta, consideră sinestezia ca o dezinhibiţie a feedback-urilor din zone multisenzoriale, care sunt în mod normal inhibate înainte de a ajunge în ariile de asociaţie unimodale (Grossenbacher & Lovelace, 2001). Oricare dintre aceste teorii va fi confirmată experimental, sinestezia arată modul de formare a simbolurilor.

Interesant e că ea poate fi indusă de consumul de halucinogen (LSD), leziuni cerebrale, convulsii.

Experienţele lui Pavlov arată că învăţarea are loc prin asocierea unui stimul din mediu (clopoţel sau bec) cu alt stimul (de exemplu hrana). Animalele învaţă în acest fel în natură. Atunci când apare un stimul, excitaţia iradiază pe scoarţă, atingând tot felul de zone. Spre deosebire de alte mamifere, creierul uman are o scoarţă mult mai mare, aşa că excitaţia are şanse să atingă mai multe zone senzitive. Dobândirea vorbirii la om reprezintă un mare lanţ de reflexe condiţionate. Copiii mici, atunci când învaţă să vorbească, probabil caută să găsească o legătură între un sunet sau un grup de sunete şi un fenomen sau obiect din mediu, mai precis o amprentă vizuală (senzorială) bizară a acestora. În procesul învăţării limbajului, se nasc astfel tot felul de reflexe condiţionate inedite, care apoi nefiind întărite, se pierd. Neavând suficiente cunoştinţe despre mediu, ei pot face puţine legături complicate, de tipul definiţiilor, raţionamentelor, metaforelor. Dar gândirea simbolică e prezentă şi aici. De exemplu, unui copil, „un pian" poate să-i sugereze, să zicem, un romb, de fapt o formă care aduce a romb galben, cu o anumită consistenţă a texturii. Având în vedere că la diferiţi sinestezi, un anumit cuvânt sau asociere de sunete le determină senzaţia de culori diferite, probabil experienţa personală are un rol mare în acest fenomen. Conform ipotezei sinesteziei neonatale, la copiii mici, un sunet ar putea determina experienţe vizuale şi tactile. Probabil la adulţi, sinestezia ar fi o reminiscenţă a modului primordial de învăţare a limbajului, dar şi de percepţie a sunetelor. La aceşti indivizi, unele asociaţii se fixează mai repede şi mai puternic.

Dar asocierile de sunete le trezesc senzaţii şi adulţilor care nu suferă de sinestezie. Aceasta se observă la reacţia diferită în faţa unor nume proprii. Sunt nume care unora le plac mult, le sunt indiferente sau li se par respingătoare. E vorba de nume fără o semnificaţie semantică, etimologică etc. Sensibilitatea la coloratura afectivă a unui nume variază în funcţie de persoană. Probabil şi primii oameni când au emis sunete articulate au simţit că acestea sună a ceva, un anumit obiect din natură. Adică un anumit grad de sinestezie ar fi fost la originea apariţiei cuvintelor. Dar sinestezia adevărată ar reprezenta doar forma extremă a unui mecanism de atribuire a unor sunete de coloraturi afective sau sugestii de obiecte, comun cu cel al formării simbolurilor.

Cum la om simţul vizual este cel mai puternic, adică oferă cea mai mare cantitate de informaţii despre mediu, nu numai sunetele ar fi determinat la început senzaţii în primul rând vizuale, dar denumirea obiectelor se face în principal pe criterii vizuale. Adică se denumesc în primul rând lucruri care se pot vedea. Abundenţa de cuvinte pentru tot felul de specii de plante, de animale, discriminate după detalii de formă şi culoare, de fenomene ale naturii cu impact vizual (fenomene atmosferice) n-ar fi fost posibilă la alte mamifere decât primatele.

Gramatică şi limbaj articulat

Gramatica sau mai precis originea ei e marea problemă a celor care studiază originea limbajului articulat. Gramatica presupune sintaxă, adică o anumită regulă a înşiruirii cuvintelor care să aibă un anumit sens, şi numai unul. E diferenţă între expresia „Ursul l-a mâncat pe George“ şi „George a mâncat ursul“. Despre originea sintaxei s-au emis mai multe ipoteze, dintre care două sunt cele mai importante, numite *modelul structurii profunde învăţate* şi *modelul structurii profunde înnăscute* (Wilson[f], 2003). Prima se referă la faptul că în învăţarea limbajului presupune învăţarea unor principii după care se formează propoziţiile şi frazele, care sunt în număr limitat pentru o anumită limbă. A doua, care este legată tot de numele lui Noam Chomsky, propune un determinism genetic, cel puţin parţial, al acestor principii formale după care se aranjează cuvintele în fraze.

În sprijinul acesteia vine faptul că structura profundă a gramaticii tuturor limbilor este oarecum aceeaşi, în ciuda multiplelor diferenţe superficiale. Chomsky vorbeşte de „o gramatică universală", concept care la ora actuală e destul de controversat, în special din cauza faptului că au fost descoperite limbi, care par a se sustrage acestei reguli (de exemplu Piraña).

Desigur, ceva genetic, tipic uman, în apariţia gramaticii trebuie să fie. Acel ceva se regăseşte în primul rând în gândirea simbolică. Probabil mai întâi a fost gândirea umană, apoi metaforele literare, pentru că gândirea umană este ea însăşi o metaforă. Oamenii au inventat gramatica pentru că aceasta le făcea comunicarea mai uşoară. De exemplu, dacă se transmit numai semnalele „George" şi „urs" împreună şi doar atât, receptorul poate crea nenumărate tablouri mentale în care apar ursul şi George. Animalele la care succesiunea elementelor unui semnal sonor nu contează, de exemplu păsările, la care cântecul trebuie să conţină anumite triluri, dar ordinea lor nu determină o semnificaţie diferită, sunt capabile de a recepţiona un anumit mesaj şi numai unul la emiterea unui semnal. Chiar pentru Washoe, ordinea cuvintelor era puţin importantă, uneori o ignora.

Dacă nu s-ar fi inventat gramatica, limbajul ar fi constat dintr-o inflaţie extraordinară de cuvinte care să cuprindă simboluri complicate, cu semnificaţii de tipul „George a împuşcat ursul cu alice" sau „George a împuşcat ursul cu gloanţe". Culmea e că natura umană chiar a făcut astfel de experimente. Alfabetul chinez cu zeci de mii de semne, idiograme, dintre care 2000 sunt esenţiale pentru citirea unui ziar, e o dovadă în acest sens. Dar există şi limbi primitive, în care din cauza formei cuvintelor, analiza gramaticală este foarte facilă. Aceste limbi, numite aglutinante, la forma de bază a unui substantiv de exemplu, adaugă sufixe care indică numărul şi cazul, precum şi alte informaţii. Aşa apar în maghiară şi finlandeză, de exemplu, cuvinte care se întind pe câteva rânduri. Acestea sunt modificări morfologice, nu afectează la prima vedere sintaxa. De fapt de multe ori o substituie, deoarece un asemenea cuvânt poate fi înlocuit de o frază.

Faptul că în toate limbile există gramatică e o consecinţă a gândirii simbolice universal umane. Dar oamenii pot crea simboluri în mod diferit, în funcţie de experienţa personală, mediul de viaţă şi chiar de configuraţia lor genetică, aşa că vocabularul, dar şi gramatica, vor fi foarte variate. Probabil în limbajul uman intervine un model al structurii profund învăţate, dar şi înnăscute. Deşi gândirea specific umană se află la originea limbajului artificial, învăţarea e foarte importantă în achiziţionarea limbajului, plin de convenţii, care nu ţin numai de gramatică, ci şi de mediul de viaţă şi epoca respectivă. Textele vechi sunt uneori greu de descifrat, deşi cuvintele utilizate sunt cunoscute. Pe de altă parte, cunoaşterea cuvintelor unei limbi străine nu e suficientă pentru înţelegerea şi „stăpânirea" limbii. Darwin descrie acest fenomen la unele triburi de indieni, pe care i-a întâlnit în călătoria sa pe Beagle. Deşi aceştia cunoşteau suficiente cuvinte englezeşti, şi înţelegeau engleza satisfăcător, erau capabili să exprime foarte puţine despre ei şi lumea lor (Darwin, 1839).

A vorbi despre caracterul genetic sau învăţat al gramaticii echivalează cu a vorbi despre originea genetică sau învăţată a tendinţei umane de a face ordine în propriile lucruri. O componentă este înnăscută, dar există şi nişte reguli arbitrare, învăţate.

Copiii neajutoraţi şi învăţarea limbajului

Totuşi rămâne întrebarea, ce vârstă aveau acei oameni care au început să dezvolte limbajul, ştiut fiind faptul că după o anumită vârstă, învăţarea vorbirii devine imposibilă? Cel puţin aşa o arată studiul copiilor abandonaţi. Dar copiii crescuţi de animale sau singuri sunt în primul rând copii traumatizaţi, cu puternice deficienţe afective. Pe de altă parte, unii copii crescuţi în familii, nu încep să vorbească decât la vârste destul de înaintate (Einstein se spune că a vorbit la 5 ani), apoi se dezvoltă normal.

Oamenii care au dezvoltat limbajul erau deja oameni, deci aveau deja un comportament artificial. Pentru a fi foarte creativi şi cu spirit ludic, probabil erau tineri sau chiar copii. În Nicaragua, copiii surzi nu primeau educaţie specializată. După revoluţia sandvinistă, aceştia au ajuns la şcoli specializate, dar au ignorat limbajele învăţate acolo pentru comunicarea dintre ei, pentru care şi-au creat propriul limbaj al surzilor, pe care l-au îmbunătăţit continuu (Senghas, 2003).

Ceea ce dobândesc foarte timpuriu copiii crescuţi în condiţii normale, de alţi oameni, este probabil tipul de atenţie specific uman. Omul are privilegiul de a-şi putea concentra atenţia pe fenomene care nu sunt relevante pentru supravieţuire. Copilul învaţă să fie atent la comportamentul altor oameni, care transmit semnale foarte subtile. De fapt viaţa cu alţi oameni înseamnă în primul rând o mare siguranţă, care te face să iei în calcul stimuli neimportanţi. Puiul de antilopă care trebuie să alerge de cum se naşte nu ar putea să înveţe în natură ceva atât de artificial. Apoi înseamnă stimuli subtili şi recompense la fel de subtile. Dacă nu eşti obligat de mic să trăieşti într-un mediu atât de dificil, nu ai de ce să înveţi limbajul articulat şi alte comportamente tipic umane. Ca să înveţi limbajul, trebuie să înveţi să pronunţi consoane, care nu prea au relevanţă în natură. Dar te afli în imposibilitatea de a comunica, şi eşti obligat să înveţi. Dacă ai o alternativă, dacă reuşeşti să comunici altfel cu cei din jur, într-un mod mai natural şi mai simplu, nu stai pe gânduri.

În 1933, Winthrop şi Luella Kellog, crezând că dacă vor creşte un cimpanzeu de mic într-o familie de oameni, cu care acesta va avea contact permanent, va învăţa să vorbească, eventual să comunice cu oamenii. După ce au adus un pui de cimpanzeu femelă de 7 luni, Gua, în propria familie, au observat că acesta nu numai că nu dădea semne că ar învăţa să vorbească, dar mai mult, fiul lor, Donald, la început de 10 luni, îşi pierduse (pe parcursul experimentului care a durat 9 luni) şi el interesul în acest sens. Donald era mult mai înclinat să înveţe limbajul natural al cimpanzeului.

Probabil aşa se întâmplă şi cu copiii crescuţi de câini sau alte animale. Învaţă un mod de comunicare mult mai simplu, natural, care le oferă rezultate rapide. Copiii mici, dacă ar avea de ales, ar prefera să fie crescuţi de alte animale sociale decât de acele fiinţe bizare, cu care nu pot comunica.

Limbajul artificial a făcut viaţa oamenilor şi mai artificială. Când vorbim, noi suntem mai atenţi la sunetele pe care le emite o persoană decât la limbajul natural care însoţeşte aceste sunete - gesturi, atitudini, expresia feţei. Pentru că aşa învăţăm să facem din primele luni de viaţă. Stând în pat, fără a se putea mişca autonom, copilul mic nu are altceva de făcut decât să plângă, ceea ce nu-i e de mare folos, şi să fie atent la ceea ce se aude în jurul său. De multe ori, nici măcar feţele celor din jur nu-i sunt accesibile, pentru a le percepe expresia.

În sprijinul ideii că învăţarea limbajului articulat se face de fiinţe neajutorate, aflate în imposibilitatea de a comunica altfel vin experimentele efectuate de Sue Savage-Rumbaugh de la Georgia State University[2]'s Language Research Center in Atlanta, Georgia[3], cu un pui de cimpanzeu bonobo. Unul dintre aceşti pui, numit Kanzi, a învăţat singur să compună fraze cu care nu mai luase contact, cu ajutorul unor figuri (lexigrame), cu care era antrenată mama sa. Mama sa era condiţionată pentru a învăţa astfel de semne, şi a comunica cu ajutorul lor. Kanzi însă nu a fost condiţionat, el doar a stat în apropierea mamei sale. Kanzi a simţit şi siguranţa maternă necesară atenţiei la stimuli neimportanţi, dar şi imposibilitatea comunicării alternative cu oamenii din mediul lui, care ofereau recompense. Nevoia lui de comunicare l-a determinat să înveţe aceste semne, pe care le-a asociat probabil cu recompensele primite de

2. http://en.wikipedia.org/wiki/Georgia_State_University

3. http://en.wikipedia.org/wiki/Atlanta%2C_Georgia

mama sa. De fapt puiul de om, ca şi Kanzi, ar învăţa orice l-ar putea ajuta să comunice.

Oamenii au nu numai limbaj articulat, ei au o comunicare tipic umană, care a precedat probabil apariţia în forma actuală a limbajului artificial. Dincolo de semnalele lingvistice, există cele paralingvistice (non-verbale), gesturi, posturi, expresii faciale, mişcările şi atingerile, al căror număr se situează între 150 şi 200 (Wilson[g], 2003). Acest repertoriu depăşeşte cu puţin totalul repertoriilor maimuţelor rhesus şi cimpanzeilor luate la un loc.

În loc de concluzii

- Limbajului articulat uman îi sunt specifice consoanele, utile în principal în comunicarea la distanţe mici între indivizi;
- Particularităţile aparatului fonator uman, cu laringele situat mai jos, ar fi o consecinţă a ritmului lent de dezvoltare, care ar permite alungirea unor oase care cresc în anumite perioade ale dezvoltării;
- Anatomia şi funcţia importantă a limbii în sensibilitatea gustativă mai variată odată cu adoptarea dietei specific umane, dar şi termică şi dureroasă, au contribuit la creşterea importanţei senzitive şi motorii a limbii, şi probabil şi a interesului omului primitiv faţă de acest organ; explorarea performanţelor acestuia a dus la descoperirea limbajului articulat;
- Grupurile de sunete apărute în acest proces ar fi căpătat sens datorită sinesteziei, prezente la unii oameni, dar mai ales la copiii mici;
- Prima funcţie a limbajului articulat a fost probabil una criptică, având funcţia de a contribui la creşterea coeziunii grupului;
- Copiii mici sunt foarte neajutoraţi şi dependenţi de adulţi, ceea ce le dă posibilitatea atenţiei sporite la stimuli neimportanţi din punct de vedere biologic, aşa cum sunt sunetele din limbajul articulat;
- Învăţarea facilă a oricărei limbi de către copiii mici a condus la generalizarea limbajului articulat.

10. De la foamete la civilizaţie

Mediul în schimbare

Se disting trei etape ale umanizării: etapa pădurilor tropicale pluviale, de tipul celor în care trăieşte cimpanzeul, etapa savanei cu arbori, unde trăia *Australopithecus* şi etapa savanei cu tufişuri, unde îşi ducea existenţa genul *Homo* (Mayr[a], 2004).

Nu se cunoaşte cu exactitate arborele genealogic al speciei umane. De fapt acesta este aproape imposibil de trasat în lipsa unor probe ADN şi chiar a unor resturi fosile corespunzătoare. Cele mai multe fosile sunt incomplete şi în număr mic, iar ADN-ul nu rezistă atâta timp. În perioada cuprinsă între 6 şi 13 milioane de ani, nu se cunoşteau până de curând nici fosile de cimpanzeu, nici de hominide (Mayr[b], 2004). În ultimul timp, acestea au început să apară. O specie de hominid fosil vechi, de aproximativ 7 milioane de ani, *Sahelanthropus tchadensis*, care mergea biped şi avea dentiţie de om, descoperită în Ciad în 2001, pare să aibă o importanţă deosebită (Brunet et al., 2002). Totuşi, nu se ştie cu exactitate care din speciile de primate fosile erau strămoşii omului sau cel puţin nu se ştie acelaşi lucru pentru mai multe decenii la rând. Istoria speciei umane e plină de verigi lipsă şi incertitudini.

Prima etapă a umanizării o reprezintă pădurile tropicale pluviale, unde trăieşte la ora actuală cimpanzeul. *Sahelanthtropus* trăia la vest de riftul African, acolo unde trăiesc marile primate actuale.

Divergenţa ramurii care a dus la om faţă de cea care a dus la cimpanzeu s-ar situa aproximativ 5-7 milioane de ani, dar date recente de biologie moleculară sugerează că ar fi existat hibridizări între linia evolutivă a cimpanzeilor şi cea a oamenilor, după iniţiala divergenţă. Datele de genetică sunt contradictorii cu cele de paleontologie. În 2001 se sugera că cele două linii s-ar fi separate cu

4,6-6,2 milioane de ani în urmă, dar *Sahelanthorpus chadensis*, care a trăit acum 6-7 milioane de ani, a modificat datele. Echipa lui David Reich, genetician şi profesor de genetică la Harvard Medical School, a calculat separarea celor 2 linii la 6,3 milioane de ani, şi mai precis la 5,4 milioane de ani. Rezultatele lor sugerează că cromozomul X s-ar fi separat aproximativ 1,2 milioane de ani, mai recent decât alţi cromozomi. Explicaţia ar fi hibridizarea (Patterson & Reich, 2006).

Cimpanzeul e foarte bine adaptat la viaţa arboricolă, dar nu perfect. Dacă ar fi mai mic şi mai uşor ar fi mai bine pentru el, pentru că ar putea să se deplaseze pe crengile mai subţiri (adică aflate la o înălţime superioară), fără ca acestea să se rupă. În aceste condiţii, ar avea acces la surse suplimentare de hrană. Se presupune că o parte din inteligenţa primatelor se datorează faptului că ele trebuie să aprecieze rezistenţa ramurilor. De fapt, cimpanzeul bonobo, *Pan paniscus*, numit şi cimpanzeu pigmeu, pare mai bine adaptat, fiind aproape exclusiv vegetarian. Faptul că e mai mic, deci mai uşor, i-ar putea permite accesul la resurse vegetale mai abundente. E mai puţin agresiv, ceea ce denotă mai puţine probleme, societatea lui e oarecum mai matriarhală. Agresivitatea (intraspecifică) la animale, ca şi la oameni, e un barometru al concurenţei intraspecifice. Cimpanzeul bonobo e considerat mai neoten, dar nu numai datorită comportamentului său. Deşi nu e semnificativ mai mic decât cimpanzeul comun, având dimensiuni medii care corespund celor ale cimpanzeilor mai mici, este mai subţire, cu membrele mai lungi. Acest caracter ar putea fi pus pe seama mediului umed, deoarece pigmeii care trăiesc în zone apropiate au raportul dintre membre şi trunchi asemănător cu al negrilor nilotizi (deci au membre lungi), dar înălţimea lor diferă (Lewin[a], 2005). Mai mult, cimpanzeii comuni trăiesc în medii mai aride şi mai deschise decât bonobo (de Waal, 1995), ceea ce ar reprezenta o contradicţie cu ipoteza prezentată aici. Dar australopithecii robuşti par a fi urmaşii celor gracili, deci reprezintă o adaptare ulterioară la schimbările climatice

(v. mai jos). Divergenţa celor două specii de cimpanzeu ar fi avut loc acum aproximativ 2 milioane de ani (de Waal, 1995), şi ar putea furniza informaţii despre evoluţia homininelor. Deşi sunt consideraţi mai neoteni, cimpanzeii bonobo au indicele de encefalizare (raportul dintre greutatea a corpului şi a creierului) mai mic decât cimpanzeii comuni, 1,80 faţă de 2, 38, omul având 6, 28 (Martin, 1984).

Probabil strămoşul comun al omului şi cimpanzeului (pentru că cimpanzeul e mai rudă cu omul decât cu gorila, conform datelor furnizate de studiul ADN şi al altor molecule) era arboricol, dar petrecea mai mult timp pe sol. Ca dimensiuni era probabil de mărimea unui cimpanzeu, poate puţin mai mare. Animalul respectiv se hrănea preponderent cu fructe, deplasându-se de la un arbore la altul, culegând fructele şi frunzele de pe ramurile inferioare. Acesta e doar un portret robot, creat după datele actuale. Totuşi, nu e exclus ca evoluţia spre umanizare să fi început în pădure, cu un primat specializat pentru acest mediu, ca cimpanzeul bonobo. Cel puţin, neotenia ar fi putut începe atunci. Crize de resurse apar şi în pădure, şi afectează adaptarea unor mari primate (ex. urangutanul), dar posibilităţile de rezolvare comportamentală a acestor probleme, dar şi alternanţa abundenţei resurselor, ar fi determinante pentru creşterea creierului.

Omul şi cimpanzeul au evoluat divergent, pornind de la un regim preponderent frugivor (pe baza de fructe), dar care să includă ocazional şi ouă, insecte sau animale mici. Cimpanzeul a încercat să se adapteze spre un regim cât mai vegetarian, pe când omul a devenit omnivor. Cimpanzeii „vânează" şi ei uneori. Dar fac acest lucru nu cu ajutorul armelor, ci pur şi simplu prind animale mai mici, cum ar fi maimuţe *Colobus*. Preferă puii acestora, a căror carne e mai moale. Când vânează cimpanzeii? E o regulă sau o excepţie a comportamentului lor? Probabil fac acest lucru când simt o penurie de resurse sau vânătoarea efectuată de masculi e o demonstraţie a agresivităţii şi „talentului" care au un rol de recunoaştere socială bine determinat.

În ultimele decenii, ca urmare a defrişărilor masive, arealul cimpanzeilor s-a redus mult, ca şi numărul acestora, fiind obligaţi să trăiască în pâlcuri de pădure la marginea terenurilor agricole. Se pare că de atunci comportamentul lor s-a schimbat, sau mai precis s-a adaptat la mediu. Nu se ştie dacă acum vânează mai mult decât în trecut, dar „vânatul" s-a diversificat, incluzând şi copii mici, pe care îi prind, şi îi consumă după modelul puilor de *Colobus.* Cazurile de răpiri de copii ai fermierilor şi de ucidere a acestora în scopul consumului sunt din ce în ce mai frecvente. Dincolo de aspectul frapant, în acest comportament există răspunsul la întrebarea „de ce maimuţele care au dus la apariţia omului au început să mănânce carne? " E simplu: de foame, la fel ca şi cimpanzeii actuali, care nu mai găsesc probabil suficientă hrană vegetală, care să le asigure aportul energetic.

Savana cu arbori

Flexibilitatea relativă a regimului alimentar trebuie să fi fost o premisă a umanizării în sensul că omul trebuie să fi evoluat din primate care să nu fie foarte strict specializate în sensul consumul de hrană exclusiv vegetală. Cu ce s-au hrănit primele primate care au părăsit pădurea tropicală? Cu tot ce se găsea pe sol... Fructele de pădure, nucile, insectele făceau parte din dieta primei maimuţe bipede, numită Omul Mileniului (*Orrorin tugenensis*), de acum 6 milioane de ani, descoperită recent (2000) în Kenya. Ştim asta după dentiţia acestuia, cu incisivi asemănători maimuţelor antropoide actuale, dar cu molari adaptaţi la spartul alimentelor, asemenea omului actual. De asemenea, smalţul dinţilor era subţire, ca la om (Senut el al., 2001). Nu se ştie dacă acest primat a fost strămoşul omului, dar din modul lui de hrănire ne putem face o imagine despre ce se găsea pe „piaţa alimentară“, în mediul în care trebuie să fi trăit în epocă şi strămoşul omului.

Faptul că dentiţia omului mileniului se preta spargerii alimentelor înseamnă că acesta, pentru a-şi completa regimul frugivor, consuma seminţe, nuci şi insecte, adică era nevoit să recurgă la hrană mai greu accesibilă. Marile primate actuale, din punct de vedere al procurării hranei, chiar sunt în paradisul animalelor. E ceva mai uşor decât să consumi fructe şi frunze, şi să le mănânci pur şi simplu? Adam şi Eva aveau o livadă cu fructe în paradis, nu grâne sau mai ales vânat din belşug.

A trece de la frunze şi fructe la nuci şi insecte înseamnă un efort în procurarea, cât şi procesarea hranei. Nici o specie nu trece de plăcere de la alimentele care sunt uşor de găsit, şi se consumă în stare nativă, la cele pentru care trebuie să depună efort. O face doar dacă nu are de ales. Mediul în care trăia *Orrorin* trebuie să fi fost diferit de cel în care trăiesc primatele actuale din Africa. Nişa ecologică a acestora ori era ocupată, ori nu mai exista. Cauza putea fi ori înmulţirea primatelor care îşi căutau noi nişe, ori modificarea mediului prin simpla rărire a unor specii de arbori capabili să găzduiască primate mari. Se estimează că cea mai mare parte a Africii era ocupată de savană cu arbori în perioada respectivă, de acum 5-8 milioane de ani. După numărul mare de specii fosile de primate descoperite în zonă, se pare că mediul oferea noi provocări. Conform teoriei echilibrului punctual, această speciaţie intensă, însoţită de exticţie, ar sugera intervenţia unor modificări ale mediului (catastrofe) care să impulsioneze procesele evolutive, al căror ritm nu e constant în timp.

Dar reprezentative pentru perioada savanei cu arbori sunt numeroasele specii (de fapt populaţii) de *Australopithecus*, descoperite în special în estul Africii, din Etiopia până în Tanzania, dar şi în sudul continentului. Dintre acestea, doar unele candidează la locuri în genealogia omului. Aceştia sunt aşa-numiţii australopitheci gracili, *Australopithecus africanus* în sudul Africii și *Australopithecus afarensis* în est, care au trăit între 3,8-2,4 milioane de ani în urmă, pe când australopithecii robuști, care au coabitat cu aceștia, sunt excluși. Cei gracili au fost incluși printre strămoșii omului din alte motive decât cele estetice. Se considera că australopithecii robuști erau urmașii celor gracili. Pe de altă parte, studii mai detaliate arată că „robustețea“ acestora era mai degrabă o caracteristică a aparatului masticator decât a întregului corp (Lewin[b], 2005). Faptul că aparatul masticator a devenit mai puternic sugerează o adaptare la hrana mai dură, probabil mai disponibilă.

Australopithecii erau mai apropiați de maimuțele antropoide actuale decât de om. Aveau un puternic dimorfism sexual (femelele cu 50% mai mici decât masculii), creierul mic (430-485 cm^3), brațele lungi și picioarele scurte, incisivii mari. Molarii sunt mai mari decât la cimpanzei, probabil adaptați pentru hrană mai dură. Australopithecii erau în cea mai mare parte vegetarieni, cel puțin așa se consideră la ora actuală. Cei robuști, care aveau o constituție asemănătoare celor gracili, se pare că erau foarte puternici. Nu s-au găsit unelte de piatră aparținând australopithecinelor. Totuși, o descoperire trebuie să fi făcut, așa cum sugerează unii antropologi: consumul organelor de rezervă pe care le dezvoltă plantele în sol, cum sunt rizomii și tuberculii, comune în zonele aride (Mayr[c], 2004). Dar procurarea acestor alimente trebuie să fi necesitat un oarecare efort, atât fizic, cât și intelectual, din partea acestor primate. Nu e sigur dacă australopithecii au avut acest obicei alimentar, dar o descoperire recentă vine în sprijinul acestei ipoteze.

Niște populații de maimuțe capucin (*Cebus apella libidinosus*) din America de Sud au obiceiul unic la specia lor (cel puțin așa se pare deocamdată), de a dezgropa rădăcini de plante și tuberculi cu ajutorul unor „unelte“ de piatră (de Moura & Lee, 2004). Acest comportament sugerează ideea că maimuțele caupucin ar avea idee de cauză-efect. Deşi unii cercetători consideră că dezgroparea rădăcinilor ar deriva din nişte comportamente instinctuale, specifice acestor maimuţe, cum ar fi săritul repetat care conduce la apariţia unor mici gropi în pământ, utilizarea uneltelor în acest scop este caracteristică numai oamenilor, dintre toate celelalte specii de primate. Totuşi, aceste maimuţe trăiesc într-un mediu diferit de cele în care trăiesc alte speciile înrudite: un mediu cu resurse precare, destul de arid. Ele sunt orientate mai mult spre viaţa pe sol, faţă de celelalte, care sunt arboricole, şi au acces la fructe şi hrană vegetală. Faptul că există specii de animale capabile de comportamente care denotă cunoaşterea relaţiei cauză-efect nu este însă atât de contestat. Corbii fac cârlige din sârmă pentru a culege inele şi „pescuiesc" viermi de sub frunziş cu beţe. De fapt păsările sunt cunoscute ca animale capabile de a utiliza unelte, dar pentru maimuţe (neantropoide) acest gen de comportament ar fi o noutate.

Aceste maimuţele capucin, care trăiesc în nord-estul Braziliei, sunt bine cunoscute ca animale foarte inteligente, care utilizează unelte nu numai în laborator, ci şi în libertate. Ele sparg nuci de cocos cu pietre aduse uneori de la kilometri distanţă. De asemenea, explorează orificiile din arbori sau pietre cu ajutorul unor ramuri pe care le desfrunzesc, pentru a extrage apă, miere sau insecte. Obţinerea hranei cu eforturi şi în cantităţi suficiente doar să le asigure supravieţuirea este o constantă a vieţii acestor animale. De aceea ele se dovedesc foarte creative în ceea ce priveşte întocmirea meniului zilnic, descoperind alimente unde alte specii nici nu şi-ar pune problema să caute, de exemplu în mlaştinile pădurilor de mangrove. De notat că maimuţele capucin în general (Cebus sp.) au un indice de encefalizare foarte mare, 3,25, superior cimpanzeului (Martin, 1984).

Australopithecii care ar avea şansele cele mai mari pentru a se număra printre strămoşii omului trebuie să fi fost cel mai prost adaptaţi din punct de vedere fizic la mediul respectiv.

Australopithecii robuşti care aveau acces la mai multe resurse, cu un mai mare randament de conversie a acestora, au puţine şanse. Poate cei mai subţiri, ceea ce poate indica un metabolism bazal mai redus, eventual cu dentiţia mai puţin adecvată consumului de alimente disponibile în mediu, au şansele cele mai mari. De ce? Aceştia şi-ar fi putut dezvolta cu o mai mare probabilitate un comportament social complex, care să contracareze carenţele adaptării fizice.

Un alt comportament al capucinilor, total „nepotrivit“ la nişte primate, este acela că aceste maimuţe sunt cooperante. Experimentele de laborator arată că dacă un individ i-a „împrumutat“ altuia o unealtă cu care acesta din urmă a reuşit să ajungă la o sursă de hrană, al doilea individ îşi împarte prada cu primul. La alte primate, inclusiv la maimuţele antropoide, aşa ceva e greu de conceput. Dacă un cimpanzeu tânăr reuşeşte să vâneze o maimuţă mică, se întâmplă adesea ca şeful grupului să-l deposedeze fără drept de apel.

Faptul că maimuţele capucin, care trăiesc într-un mediu sărac în resurse au devenit şi cooperante, arată că foamea este un factor de mediu apt să modifice comportamentul, chiar şi la primate. În condiţii ostile, animalele tind să devină cooperante. Primatele care s-au angajat pe drumul umanizării au avut probabil un comportament cooperant, aşa cum şi oamenii au avut la început un astfel de comportament. Limbajul este o dovadă în acest sens.

Nu se cunoaşte gradul de cooperare al australo-pithecinelor. Ceea ce se ştie este că acestea se deplasau biped, de la un arbore la altul. Dormeau şi se adăposteau în copaci, dar probabil petreceau destul timp pe sol în căutarea hranei, asemenea babuinilor actuali.

Savana cu tufişuri

La un moment dat, Australopithecii trebuie să se fi adaptat satisfăcător, deoarece timp de 1,5 milioane de ani, aceştia nu au suferit schimbări importante. Dar pentru maimuţele din savana africană, aventura nu s-a încheiat încă. În urmă cu aproximativ 2,5 milioane de ani, era glaciară sosea în Africa. Arborii din savană dispar treptat, odată cu fauna dependentă de mediul respectiv. Unii australopitheci supravieţuiesc o perioadă, dar cei mai mulţi probabil au pierit în următoarele sute de mii de ani. Unele populaţii, „periferice", după exprimarea antropologilor, adică de la marginea arealului, au condus la genul *Homo*, stăpânul savanei cu tufişuri. Dintre speciile de hominide, *Homo erectus* se pare că se numără printre strămoşii omului modern. *Homo erectus*, ca şi ruda sa *Homo rudolfensis*, era făuritor de unelte de piatră, numite cultura Acheulian. Se pare că îmblânzise şi focul, cu care se apăra de carnivore, cel puţin noaptea. Îmblânzirea focului este considerat principalul pas spre umanizare. Datorită acestei cuceriri tehnice, pe care se pare că îl utiliza şi pentru producţia de alimente, dantura sa s-a modificat, molarii devenind mai mici (Wrangham et al., 2001).

Ca tehnici de apărare diurnă în faţa acestor prădători s-au avansat mai multe speculaţii, printre care aruncarea cu pietre, prăjini lungi, asemenea unor cimpanzei din vestul Africii, agitarea unor ramuri spinoase, şi chiar tobe (Mayr[e], 2004).

Principala apărare a acestora în faţa prădătorilor, ar fi fost însă mersul biped, adoptat anterior, cel puţin de la Australopitheci. Oricare primat care a ajuns să trăiască pe sol a trebuit să găsească soluţii pentru a scăpa de prădători. Gorila are 200 kg (masculul), şi nu se regăseşte în meniul prădătorilor locali, singurii ei duşmani naturali fiind leopardul şi vărul său, omul. Acesta din urmă a ales mersul biped, de fapt un truc care să mimeze dimensiunile impresionante. Babuinii sunt alergători destul de buni.

Dar cele mai mari realizări ale lui *Homo erectus* sunt cele pe plan biologic. În primul rând, creierul lui s-a dublat, de la mai puţin de 500 cm^3 la australopitheci, la aproape 1000 cm^3. *H. erectus*, mai avea şi alte caractere umane, printre care mâinile scurte şi picioarele lungi, toracele plat, reducerea dimorfismului sexual, femelele fiind cu doar 15% mai uşoare decât masculii. Se consideră că la *Homo erectus* ar fi apărut şi naşterea prematură a copilului - un prematur de 17 luni. Aceasta ar fi antrenat, conform unor ipoteze actuale, şi alte adaptări (Mayr[f], 2004).

Deşi datele actuale sunt contradictorii în ce priveşte selecţia pozitivă pentru genele implicate în dezvoltarea creierului, ideea generală este că a existat o presiune enormă pentru creşterea creierului, deoarece un creier mare era asociat cu o inteligenţă superioară, esenţială pentru supravieţuire. Copilul a trebuit să se nască cu un creier mai mare, dar un canal de naştere mai mare era incompatibil cu mersul biped. Atunci copilul a trebuit să se nască prematur, astfel încât creierul său să-şi continue dezvoltarea după naştere. Cum mama avea mâinile eliberate de mers, putea să-l îngrijească. Copilul avea nevoie de căldură, de aceea s-a născut cu un strat adipos superior. Problema e că dacă stratul adipos mai dezvoltat era un caracter util numai noului născut sau copilului mic, cu timpul acesta s-ar fi putut dispensa de el, aşa cum face cu multe alte caractere, de la păr până la hemoglobină. De asemenea, o mamă mai înaltă aveau o forţă mai mare pentru a-şi purta copilul, de aceea dimorfismul sexual, în sensul diferenţei de talie dintre sexe, s-a redus. (Mayr, 2004).

Ipoteza expusă aici are unele explicaţii alternative pentru problemele de mai sus, discutate în alte capitole. Saltul tehnologic, îmblânzirea focului şi unele date despre indivizi de *Homo erectus* cu handicapuri, care totuşi au supravieţuit, fără îndoială, doar prin grija celorlalţi, sugerează un comportament social complex şi o colaborare strânsă între indivizi (Walker et al., 1982).

De ce animalele devin sociale? Pentru că au un interes comun, în general de obţinerea hranei, apărare sau de creştere a puilor în comun. Exemplu de astfel de animale: leii, primatele, mangustele. De ce animalele sociale devin cu adevărat cooperante şi grupurile lor sunt guvernate pe principii pe care noi le-am numi democratice? Pentru a obţine hrană împreună, în special a vâna. Canidele care trăiesc în astfel de grupuri (lupii, câinii de vânătoare africani) sunt un exemplu viu. Aceste animale au ceva dificil şi important de făcut împreună. Primatele sunt sociale, dar ele de fapt caută surse de hrană, pe care le semnalizează membrilor grupului, la fel ca şi pe eventualele pericole. Ele nu o obţin prin operaţii complicate. Spre deosebire de canide şi alţi prădători, hominidele din savana cu tufişuri aveau o sarcină şi mai grea. Ele nu se puteau baza decât pe inteligenţă (canidele sunt şi ele animale inteligente), şi eventual pe o strânsă cooperare. Relaţiile sociale, care trebuia să corespundă unor activităţi dificile, au fost probabil destul de democratice, asemănătoare celor ale prădătoarelor sociale. La aceste animale, dimorfismul sexual este foarte redus. De exemplu la câinii de vânătoare africani sau lupi, femelele seamănă foarte bine cu masculii. La hienă, sexele sunt foarte greu de deosebit. Cooperarea afectează selecţia sexuală, monogamia fiind din ce în ce mai răspândită. Probabil dimorfismul sexual la *Homo erectus* s-a redus probabil din cauza slăbirii selecţiei sexuale, într-o lume a colaborării strânse între indivizi. Această supersocializare ar fi condus şi la creşterea inteligenţei şi implicit a creierului.

Dimorfismul sexual puternic s-a considerat mult timp că ar fi datorat numai selecţiei sexuale, al cărui obiect îl reprezintă masculii, mai avantajaţi cu cât sunt mai mari. Dar recent, Robert Martin de la Field Museum, Chicago, a propus că la originea selecţiei sexuale ar putea fi femelele, care, dacă au dimensiuni mai mici, se reproduc mai repede (Lewin[d], 2005). Atunci când selecţia în sensul reproducerii cât mai rapide a scăzut, femelele mici nu ar mai fi fost avantajate. Acesta ar putea fi un motiv pentru care şi la alte mamifere (prădătorii de mai sus) femelele ar avea dimensiuni apropiate de masculi. La aceste specii, nu există nici un avantaj pentru femelele şi masculii apţi să se reproducă mai devreme, deoarece oricum nu au acces la reproducere o perioadă de câţiva ani, timp în care îşi îngrijesc fraţii şi/sau nepoţii mai mici. Să fi fost şi la *Homo erectus* un comportament asemănător?

Probabil la genul *Homo*, cooperarea între femele s-a intensificat datorită gătitului, operaţiune mai complicată decât simpla culegere a plantelor. Ele ar fi putut avea un rol foarte mare în prepararea hranei, mai ales după îmblânzirea focului. Francis Thackerage de la Transvaal Museum consideră că focul era utilizat de *H. erectus* pentru gătit şi apărare, deşi probabil nu-l stăpânea. Date recente (Gibbons, 2007) provenind din compararea mai multor clase de animale (peşti, păsări, primate) sugerează că un consum mai mare al cărnii ar fi condus la creşterea creierului datorită consumului energetic mai mic pe care îl impune digestia, ceea ce ar făcut posibilă micşorarea intestinului. Chiar dacă *H. erectus* consuma puţină carne, şansa ca aceasta să fie mai bine utilizată de organism creşteau prin prepararea ei.

Femelele îşi puteau îngriji puii împreună. Creşterea şanselor ca puii să supravieţuiască, fiind mai bine apăraţi şi hrăniţi, ar fi slăbit selecţia pentru reproducerea cât mai rapidă. Ce au în comun prădătorii menţionaţi (canidele, hienele)? Femelele au un mare rol în obţinerea hranei. Dimorfismul sexual este mai redus şi în cadrul societăţilor de agricultori şi cele de vânători – culegători moderne, care consumă multă hrană vegetală, decât era la oamenii moderni din Pleistocenul târziu. Cu cât hrana vegetală are o pondere mai mare în alimentaţie, cu atât dimorfismul sexual e mai redus (Lewin[e], 2005). Ponderea hranei vegetale are legătură cu importanţa activităţilor feminine la oameni, în consecinţă cu importanţa relaţiilor dintre acestea. Unele îşi amânau propria reproducere, investind mai mult în copiii altor rude. În unele culturi rurale, dar nu numai, există obiceiul ca fiicele mai mici să-şi aştepte surorile mai mari înainte de a-şi întemeia o familie. Cooperarea între femele ar fi dat un impuls neoteniei, cu şansa supravieţuirii puilor şi mai neajutoraţi. Puii neajutoraţi sunt asociaţi cu o presiune mică a prădării. Creşterea creierului, dar şi alte caractere specific umane care apar atunci, ar fi dovezi în acest sens.

Până recent, specia la care ar fi apărut dezvoltarea lentă de tip uman era considerată *H. ergaster*, cu creierul de aproximativ 850 cm^3, dar studiile efectuate de Holly Smith de la University of Michigan asupra dezvoltării dentiţiei sugerează că aceasta ar fi apărut mai târziu pe linia *Homo*, iar *H. ergaster* ar fi avut un ritm al dezvoltării intermediar între cel al omului şi al marilor primate. Dacă la cimpanzeu, primul molar apare la 3 ani, iar la om la 5,9 ani, la *H. ergaster* acesta apărea la 4,6 ani, Turkana boy, celebrul *H. ergaster*, având astfel 8 ani (Lewin, 2005). Aceste rezultate, consideră Alan Walker, care a studiat scheletul de la Turkana, pun la îndoială legătura dintre dimensiunile creierului şi ritmul lent al dezvoltării. De fapt, conform ipotezei prezentate aici, ritmul lent al dezvoltării apare în condiţii de criză. *H. ergaster*, dacă ar fi avut un ritm de dezvoltare al creierului după naştere similar cu cimpanzeul, acesta ar fi atins la maturitate 600 cm^3, având în vedere că la naştere, conform dimensiunilor canalului de naştere, ar fi putut avea aproximativ 275 cm^3. Se remarcă oricum o încetinire a ritmului dezvoltării înainte şi după naştere faţă de marile primate. Dar ritmul dezvoltării poate deveni mai rapid dacă apare o abundenţă relativă. Nu dispunem de date referitoare la dentiţie, dar dezvoltarea fizică şi reproductivă a atins un ritm mai rapid la populaţiile umane din ţările dezvoltate (Walker et al., 2005). Ritmul lent al dezvoltării umane a apărut probabil în etape, odată cu alternanţa perioadelor de criză şi abundență. Selecția (sau slăbirea ei) pentru dezvoltarea postnatală rapidă ar fi contribuit și ea la ritmul dezvoltării.

Pătrunderea într-un mediu nou a condus la noi provocări, la noi strategii adaptative. Inteligența a crescut, dar au apărut și unele modificări biochimice. Deplasarea pe distanțe lungi, ceea ce însemna un efort suplimentar față de viața în savana cu arbori, a fost un factor care a influențat metabolismul. Era necesară o nouă adaptare a metabolismului, de data asta în sensul creșterii eficienței. Resursele energetice nu trebuia să satisfacă doar supraviețuirea, ci și efortul fizic destul de intens. Mersul, eventual chiar alergarea, au determinant modificări ale aparatului locomotor și a celui respirator. *Homo erectus* avea tendoanele mai lungi, dar și toracele mai plat decât australopithecinele (Lieberman et al., 2006). Respirația cu ajutorul unui torace mai plat, care se dilată ca o armonică, era mai economică decât respirația de la alte mamifere. Probabil această adaptare se datora modificărilor unor proteine implicate în cartilagii (intercostale), dar și în oase și tendoane. Interesant este că și cimpanzeii bonobo, *Pan paniscus*, pe lângă alte caractere care îi apropie de om, au și cutia toracică mai îngustă. Toracele plat prezintă avantaje adaptative pentru mersul biped. Se apreciază că există o diferență între bipedismul autralopitecinelor și al lui *Homo*. *H. erectus* era de asemenea mai înalt, având o înălțime asemănătoare membrilor speciei umane.

În urmă cu 1,9-1,7 milioane de ani, *Homo erectus* s-a răspândit din Africa în Asia, ajungând până în estul Asiei (Beijing), Java, dar și în Georgia. În Africa, urme ale acestei specii s-au descoperit în sud și est. Timp de cel puțin un milion de ani, specia nu a suferit modificări majore. Ultimii reprezentanți africani ai acestei specii, de acum circa 1 milion de ani, au început să semene din ce în ce mai bine cu *Homo sapiens*, ceea ce vine în sprijinul ideii că omul a apărut în Africa (Mayr[g], 2004).

Adaptări ale omului la procurarea hranei şi viaţa pe sol

Întorcându-ne la anatomie, una dintre diferenţele notabile dintre omul actual şi marile primate de azi este aceea că omul are braţele (membrele superioare) mult mai scurte în raport cu corpul. Desigur, nu mai are nevoie de braţe foarte lungi, ca ale cimpanzeului, pentru că nu se mai urcă în copaci. Dar ce avantaj evolutiv pot prezenta braţele mai scurte în faţa celor lungi? Braţele mai scurte sunt mai utile când lucrezi ceva la nivelul ochilor, sau mai aproape de ochi. Cu braţele lungi, această operaţiune este mai dificilă pentru că braţele lungi sunt mai grele. În acest caz, braţele trebuie să se fi scurtat după începerea fabricării uneltelor? Datele despre lungimea humersului la alte specii de hominide fosile, făuritoare sau nu de unelte, ar fi utile în căutarea unui răspuns. Dar braţele prea lungi ar fi fost un impediment pentru mersul biped. Gibonul, *Hylobates sp.*, un primat arboricol, se deplasează pe sol biped, dar membrele superioare foarte lungi par un impediment. Braţele scurte, umerii puternici şi picioarele lungi au fost propuse ca fiind adaptări la alergare (Lieberman, 2006).

Oricum, înainte de a avea o preocupare constantă pentru fabricarea uneltelor, aceştia au avut o altă preocupare constantă - aceea de a-şi procura hrana. Probabil, chiar înainte de a se ajunge la unelte sofisticate (acum cca. 2,5-2 milioane ani), aceştia au folosit unelte în felul în care şi cimpanzeul le foloseşte. Scopul acestora? Spargerea fructelor cu coajă (nuci, de exemplu) prinderea unor insecte (cimpanzeul introduce un băţ în muşuroi şi extrage furnici) etc. Dacă omul e omnivor în prezent, probabil a început să renunţe de mult la „prejudecăţile" alimentare. Orice putea conţine o cantitate cât de mică de principii nutritive era bun de mâncat, chiar dacă pentru asta trebuia să depună ceva efort. Probabil strămoşii omului s-au obişnuit de foarte mult timp cu procesarea hranei, consumând alimente în care principiile nutritive erau greu accesibile. De aici vine probabil nu numai plăcerea consumului de seminţe de floarea soarelui sau dovleac, dar şi obiceiul asociat apoi cu plăcerea gătitului.

Unii autori (Jolly, 1970) merg chiar mai departe. Ei consideră că specializarea pentru hrănirea cu seminţe a fost factorul care a declanşat mersul biped la primele maimuţe pre-oameni. Maimuţele gelada, unul dintre cele trei genuri de primate care trăiesc în spaţii deschise, alături de babuini şi oameni, se hrănesc şi ele cu seminţe şi insecte, deci obiecte mici, care necesită dexteritate. Jolly a observat că aceste maimuţe foarte agresive în cadrul propriei specii, mai au în comun cu omul şi anumite caracteristici ale structurii dentare şi craniene (probabil prin evoluţie convergentă). Acestea se deosebesc de alte primate prin faptul că masculul are păr în jurul feţei şi gâtului, iar femela are nişte podoabe cărnoase pe piept (Wilson[a], 2003). Gelada probabil petrec mult timp şezând pentru a culege seminţe şi insecte, de aceea semnalizarea prin păr a masculilor şi prin podoabe cărnoase a femelelor e utilă, dar ele nu sunt bipede, deşi trăiesc în spaţii deschise. Gelada seamănă oarecum cu babuinii, şi sunt alergători destul de buni.

Comportamentul procesării hranei a devenit foarte important pentru supravieţuire, şi a început să fie recompensat, aşa cum sunt diverse etape ale vânătorii la unele specii de prădători. Pisica se joacă cu şoarecele dacă l-a prins prea uşor. Ea e „programată" să-şi procure prada în mulţi paşi, fiecare reuşită în aceste etape oferindu-i recompense la nivel psihic, adică făcându-i plăcere. De notat e că şi mersul (plimbarea) e recompensat în acest fel, sau mai precis era. Câinele, calul, animale cu un trecut de deplasare pe distanţe lungi, apreciază şi ei plimbarea. Dar porcul sau pisica? Aceasta sugerează că în trecutul speciei noastre, mersul era foarte important.

Obiceiurile alimentare bizare ale omului vin probabil tot din necesitatea lui de a-şi adapta mereu dieta, de a include printre alimentele sale tot ce e disponibil în mediul în care se află. Disponibilitatea celor mai mulţi oameni de a experimenta feluri de mâncare inedite, adesea chiar improprii consumului sănătos.

Dacă mâncarea nu are gust îi adăugăm tot felul de mirodenii, şi îi mascăm acest inconvenient. Omul e singurul animal care mănâncă mirodenii în mod constant şi de plăcere. Dincolo de faptul că salvează gustul unor alimente, mirodeniile mai au şi altă proprietate: suprimă foamea, atunci când sunt folosite în cantităţi mari. În unele culturi, de exemplu în India, mâncarea foarte condimentată are acest scop. Pe această proprietate a mirodeniilor se bazează şi unele reţete de slăbire-minune. Dar când nu foamea, ci satisfacţia mesei se află la originea supraalimentării, aceste reţete nu au cum să funcţioneze.

Strămoşii omului probabil şi-au găsit greu hrana, şi au fost nevoiţi să o prelucreze pentru a extrage din ea ceea ce era comestibil. Probabil aceştia petreceau căutând şi procesând hrana cam tot atât cât petrec marile primate actuale cu consumul acesteia.

O altă deosebire a omului faţă de cimpanzeu este mâna mai mică, cu degetele mai scurte, nu numai braţele. De asemenea, pentru a lucra, degetele mai scurte sunt mai comode. Cu degetele lungi poţi cânta la pian, desena sau arunca mingea la coş mai bine, dar pentru a curăţa seminţe, sunt mai utile degetele scurte. Prelucrând hrana, omul şi-a dezvoltat o excelentă abilitate de a-şi folosi mâinile, o capacitate de control a acestora fără precedent în lumea animală. Se presupune că primatele şi-au dezvoltat inteligenţa şi din cauza faptului că trebuie să-şi controleze mai bine mâna, ceea le e necesar la prins ramuri. La om reprezentarea pe creier a mâinii, atât senzitivă, cât şi motorie, este foarte extinsă, comparativ cu dimensiunile ei ca atare. Adică o foarte mare parte a creierului senzitiv este ocupată cu semnale care vin de la mână şi degete, şi o mare parte a creierului motor este responsabilă de controlul mâinii. Înainte de ajunge la unelte care să necesite o prelucrare mai fină, hominidele care s-au numărat printre strămoşii omului, şi probabil nu numai ele, au trebuit să-şi pună la punct unealta cu care să le facă_mâna cu creierul care o controlează. La cimpanzeu, reprezentarea mâinii nu ocupă un loc atât de important în creier ca la om, deşi acesta are oarece abilităţi de a-şi folosi mâna pe care a căpătat-o culegând fructe şi frunze (Bălăceanu et al., 2006).

Primele unelte mai sofisticate au avut drept scop tot prelucrarea hranei. Într-o zonă caldă, unde singura problemă este procurarea hranei, nici nu ar fi putut avea altă utilitate. Pentru arheologi, un indicator al prezenţei umane sunt oasele de animale sparte intenţionat. Spargerea oaselor se făcea cu corpuri dure, bucăţi de piatră. Osul, alături de lemn şi piatră a fost un material foarte util pentru fabricarea uneltelor. Dar se pare că spargerea oaselor mai avea un scop: extragerea măduvei. Măduva osoasă, dar şi cea a spinării, era mai uşor comestibilă decât alte tipuri de carne, fiind mai moale, ceea ce prezenta un avantaj pentru un animal cu o dentiţie şi un tub digestiv neadaptat pentru consumul cărnii. Canibalii care consumau carne mai mult ritual, aveau o mare preferinţă pentru creier şi măduva oaselor. Probabil acest obicei s-a transmis cultural din aproape în aproape. La început probabil omul sau strămoşii omului au consumat aceste părţi ale corpului animalelor. Cimpanzeii actuali preferă carnea moale a victimelor lor, puii de primate, adică faţa şi membrele, probabil din aceleaşi motive. Ei nu au acces la părţi şi mai moi, pentru că nu cunosc tehnologia spargerii oaselor.

Avantajul consumului cărnii este că aceasta are un conţinut energetic ridicat, deci se poate consuma mai rar. Dar există şi un inconvenient: carnea trebuie obţinută, nu se poate culege. Atunci există două posibilităţi: ori vânezi, ori aştepţi după alţii mai talentaţi, şi mănânci ce rămâne de la masa lor. Animalele fac asta frecvent în natură. Dacă un leu (mai precis leoaică) a vânat ceva, pe margine deja s-au aşezat la rând nişte hiene, iar nişte vulturi se rotesc prin aer.

Omul, adică strămoşii lui, cel puţin la începutul umanizării, nu aveau cum să fie seria întâi la o astfel de masă. Hominidul nu dispunea de nici o calitate cu care să vâneze o pradă adevărată, adică un animal mai mare. De fapt nici un animal de dimensiuni destul de modeste, ca iepurele, nu putea prinde. Apoi nici n-ar fi avut cum să ucidă un animal mai mare, pentru că tot ce poate face un primat este să ştranguleze prada prin forţa muşchilor. Putea ştrangula un pui sau o maimuţă mică, dar nu o căprioară sau, cu atât mai puţin, un bivol. În aceste condiţii, dacă dorea proteine animale, omul trebuia să aştepte resturile de la masa prădătorilor dotaţi. De fapt, majoritatea prădătorilor sunt şi scavengeri (hoitari), adică se hrănesc cu cadavre mai mult sau mai puţin descompletate sau descompuse. Hominidele care au trecut la carne nu aveau cum să facă excepţie. Probabil aceste specii din genul *Homo* şi poate chiar şi *Homo sapiens* la început, când aveau ocazia să întâlnească un animal care fusese exploatat de mai multe specii de prădători, adesea trebuia să se mulţumească doar cu oasele goale, dar pline de măduvă şi creier. În aceste condiţii, e mai uşor să spui că omul (referindu-ne la genul *Homo* fosil) a fost mai întâi culegător - hoitar apoi mult mai târziu culegător-vânător.

James O'Connell de la Utah University, Salt Lake City, a emis recent ipoteza că *Homo erectus* era hoitar, ocupaţie pe care o au în continuare unele populaţii de vânători - culegători, precum populaţia Hadza din Tanzania. Oasele de animale care purtau urme de unelte purtau de asemenea urme ale dinţilor prădătorilor. De asemenea, erau descoperite în apropierea râurilor, acolo unde vânează marii prădători, ceea ce sugerează că resturile de carne nu erau împărţite cu membrii grupului (femele şi pui). Populaţia Hadza caută în astfel de locuri carcase de animale, dar randamentul este de una la două-trei săptămâni. Se estimează că *Homo erectus* ar fi putut găsi un cadavru de mamifer mare o dată la câteva zile în zonele umede sau unul la o lună în cele uscate, deci rolul cărnii astfel obţinute ar fi fost foarte modest în alimentaţie, şi ar fi fost asigurată în primul rând de femelele care ar fi cules plante (O'Connell et al., 2002).

Se pare că *Homo erectus* consuma puţină carne, dar ponderea hranei de origine animală variază foarte mult între populaţiile de vânători-culegători actuale. În funcţie de mediul de viaţă, oamenii şi-au ajustat dieta (Leonard, 2003). Ulterior, oamenii au învăţat să doboare mamifere mari. Dar mai întâi a fost strânsa colaborare dintre ei, organizarea socială complexă, care să permită o bună sincronizare a eforturilor grupului. Ocupaţia de scavanger a lui *Homo erectus* ar fi contribuit de asemenea la creşterea cooperării.

Migraţiile primilor oameni

Dacă hrana vegetală l-a ajutat să obţină dexteritatea pentru a făuri mai târziu unelte sofisticate, consumul hranei animale i-a oferit omului (genului *Homo*) scopul acesteia. Dar pentru a se ajunge la umanizare, mai era nevoie de ceva: mediul în schimbare. De data asta nu mai e vorba doar de schimbări climatice, ci de schimbarea mediului prin propria voinţă, adică deplasarea pe distanţe lungi. Făcând faţă mediilor foarte diferite, de la pădure tropicală la savană aridă, homininele „au învăţat" să depindă mai puţin de mediu pentru a supravieţui.

Homo sapiens este o specie nomadă. Homininele care aveau unelte sofisticate s-au descoperit în toată lumea veche. Fosile de *Homo erectus* au fost găsite din Africa până în Orientul Îndepărtat, iar foarte recent s-au descoperit resturi ale unei specii de hominin pitic în Arhipelagul Indonezian, *Homo floresiensis*, care de asemenea fabrica unelte (Brumm et al., 2006). Considerat iniţial o altă specie, o ramură a lui *Homo erectus*, *H. floresiensis* este mai recent văzut ca o populaţie de oameni moderni (*Homo sapiens*) în care erau indivizi care sufereau de microcefalie (Jacob et al., 2006). Aceste descoperiri sugerează faptul că speciile de hominine făuritoare de unelte au migrat foarte mult.

Până recent, tabloul migraţiei homininelor era destul de clar: *H. erectus* a migrat pe alte continente, apoi din această specie a evoluat

Homo sapiens. Dar noile interpretări ale descoperirilor creează un nou scenariu. Acesta porneşte în primul rând de la faptul că fosilele descoperite au fost atribuite nu unei singure specii, ci două, *H. erectus* şi *H. ergaster*. *H. ergaster*, o specie de hominin uriaş, cu creierul mare a apărut în Africa acum aproximativ 2 milioane de ani, ca succesor al unei specii de *Homo* primitiv, de unde curând a migrat în afara Africii spre Asia, cel puţin acum 1,8 milioane de ani. În aceste zone el a dat naştere speciei *H. erectus*, care apoi şi-a extins arealul în Asia, dar şi înapoi în Africa, poate şi în Europa (dovezile sunt date mai mult de unelte decât de fosile). Acum aproximativ 150000 ani ar fi apărut *H. sapiens* în Africa, probabil din *H. ergaster*, dar posibil şi din *H. erectus* (Lewin[f], 2005).

Ipotezele concurente, modelul originii uniregionale („out of Africa") conform căreia omul ar fi apărut în Africa, de unde a migrat apoi pe celelalte continente înlocuind populaţiile locale de H. erectus, şi modelul originii multiregionale, conform căreia au existat centre locale de umanizare graduală din *H. erectus* în lumea veche, sunt susţinute fiecare de argumente arheologice, iar „out of Africa" în plus şi de dovezi moleculare, dar unii specialişti consideră că procesul apariţiei omului modern a fost mult mai complex (Lewin[g], 2005). Acesta presupune printre altele, mixaje complicate între aceste specii.

Nu se ştie cât de îndepărtate din punct de vedere genetic erau alte specii de hominine, de exemplu *Homo erectus*, de *Homo sapiens*, şi dacă între ele era posibilă hibridizarea. Diferenţa dintre o populaţie şi o specie este destul de vagă, mai ales pentru speciile fosile. Despre speciile actuale ştim că sunt izolate reproductiv de alte specii. Specia este o populaţie cu un fond comun de gene care permite nelimitat reproducerea între membrii ei. Dar măgarul şi calul sunt specii diferite, cu toate acestea catârul există, deşi e steril. Dacă era posibilă hibridizarea cu urmaşi fertili, atunci nu mai e cazul să vorbim de două specii.

Dintre toate speciile de *Homo*, cel mai mare interes îl suscită omul de Neanderthal. În afară de misterioasa lui dispariţie, o altă controversă este cea legată de apartenenţa la strămoşii omului modern. Dacă între omul de Neanderthal (*Homo sapiens neanderthalensis*) şi *Homo sapiens sapiens* (omul modern) reproducerea a fost posibilă, cum sugerează unii specialişti, care pretind că au găsit urme biologice ale unor prezumptivi hibrizi ai acestora, atunci omul de Neanderthal era tot om. Nu ştim dacă urmaşii comuni ai omului modern şi ai celui de Neanderthal au existat cu adevărat, şi dacă au fost fertili în continuare, dar una dintre ipotezele dispariţiei bruşte a omului de Neanderthal este aceea a asimilării acestuia de către omul modern. Dacă este aşa, atunci hibrizii au fost fertili, deci am putea vorbi de aceeaşi specie în cazul oamenilor moderni şi a omului de Neanderthal. Deşi datele de biologie moleculară infirmă identitatea celor două specii, problema rămâne deschisă. ADN-ul mitocondrial provenind de la Neanderthalieni din diverse zone ale Europei şi compararea acestuia cu cel uman sugerează o distanţă mare între cele două specii (Lewin, 2005). O descoperire recentă sugerează hibridizarea dintre cele două populaţii (Plagnol & Wall, 2006). ADN-ul nuclear, recoltat de la oameni originari din nordul şi vestul Europei şi din Africa de Vest, sugerează contaminarea cu un ADN ancestral, care reprezintă cam 5% din ADN-ul nuclear. Acest ADN, consideră autorii studiului, ar putea proveni de la omul de Neanderthal.

Noi privim lucrurile prin prisma situaţiei actuale. Ne aşteptăm ca populaţiile actuale să fie oarecum asemănătoare. Percepţia actuală (a geneticienilor) este că varietatea genetică este mai mare într-o populaţie umană decât diferenţele dintre populaţii. Ceea ce diferenţiază o populaţie de alta este proporţia genelor. De exemplu, între o populaţie de europeni şi una de asiatici, diferenţele ca varietate a genelor sunt mai mici decât în cadrul aceleiaşi populaţii. Dar între europenii actuali şi asiaticii actuali nu a existat schimb de gene de câteva zeci de mii de ani. Ce s-ar fi întâmplat dacă o populaţie umană ar fi fost izolată reproductiv de alta timp de 100 mii de ani sau mai mult? Neanderthalienii au trăit în Europa de acum 150 mii de ani, şi au dispărut acum aproximativ 35000, când oamenii moderni au ajuns la rândul lor pe bătrânul continent.

Marea varietate a genelor în cadrul unei populaţii actuale se datorează multiplelor hibridizări între populaţii de-a lungul timpului. La nivel empiric, să ne gândim la varietatea figurilor din cadrul aceleiaşi populaţii, evidentă pentru europizi, provine din amestecul multor populaţii. Dar atunci când Neanderthalienii convieţuiau cu omul modern, populaţiile erau foarte mici, şi contactele dintre ele trebuiau să fie foarte slabe, ca şi schimburile de gene. Diferenţele chiar din cadrul populaţiilor de *Homo sapiens* trebuie să fi fost foarte mari. Datele de care dispunem noi despre epoca aceea sunt foarte precare. Să presupunem că n-am mai şti nimic despre specia noastră şi am găsi indicii disparate despre Ghiţă Mureşan şi Danny de Vito. Deşi acum nimeni n-are nici un dubiu că sunt din aceeaşi specie, chiar aceeaşi populaţie (rasă - europizi). Izolarea reproductivă îndelungată putea conduce la diferenţe genetice mari între populaţii. Aceste caractere puteau fi chiar boli genetice neletale.

Oamenii trebuie să fi trăit în grupuri foarte mici şi prin consangvinizare şi-ar fi putut impune în cadrul unui grup anumite caractere, ceea ce ar fi făcut ca acest grup să difere destul de mult de altul, care trăia la numai câteva zeci de kilometri distanţă.

De ce a dispărut omul de Neanderthal? Probabil, omul modern, după încetarea glaciaţiunii şi reducerea vânatului a reuşit să supravieţuiască menţinându-şi probabil consumul redus. Neanderthalienii, care s-au adaptat timp de 100.000 ani unui climat rece, dar cu hrană animală abundentă, probabil nu au făcut faţă întoarcerii la un mediu cu resurse limitate.

Cultura pare a fi principalul factor care diferenţia omul modern de omul de Neanderthal. Omul modern era nomad venit recent din Africa, pe când Neanderthalienii erau, se pare mai specializaţi la mediul în care trăiau, deşi de asemenea nomazi. Oamenii moderni fabricau unelte (cultura Aurignacian), ca şi Neanderthalienii (cultura Mousterian), dar ceva mai bine prelucrate. Uneltele pe care oamenii timpului le utilizau, nouă azi nu ne-ar spune nimic. Poate că şi scopul lor era, cel puţin în unele cazuri, cu totul altul decât cel pe care îl presupunem noi azi. Am putea extrapola ceea ce s-a întâmplat de-a lungul istoriei cu populaţiile diferite cultural. De multe ori, cultura mai evoluată a asimilat cultura mai rudimentară. De cele mai multe ori, şi în istoria mai recentă, cultura cuceritorilor, deci mai mobilă, s-a impus în faţa celei sedentare, chiar dacă aceasta era mai evoluată.

O investiţie mai mare în unelte presupune o eficienţă mai mare. O unealtă mai bună pentru răzuit carnea de pe oase, pentru spart oase sau pentru a îndepărta blana animalului în condiţii mai bune conduce la un randament al exploatării vânatului mai mare. Poate succesul brut la vânătoare al oamenilor moderni a fost mai redus decât al Neanderthalienilor, dar necesităţile lor, din cauza eficienţei, erau probabil mai mici.

Un alt aspect important este acela că de la Neanderthalieni nu s-a descoperit până acum nici un obiect de artă, pe când oamenii de Cromagnon erau făuritori de obiecte de artă, figurine din piatră sau picturi rupestre. De ce? Răspunsul la această întrebare nu s-ar afla neapărat în faptul că oamenii de Neanderthal ar fi avut creierul mai puţin dezvoltat. De fapt, creierul lor era mai mare, ajungând la 1600 cm^3, comparativ cu 1300 cm^3 la *Homo sapiens*, dar în principal din cauza dimensiunii corpului. Neanderthalienii erau mai robuşti, aveau unelte mai puţin prelucrate, deci trăiau într-o lume în care forţa era mai importantă decât dexteritatea. Meşteşugul fabricării uneltelor, care implică atât dexteritate, adică un bun control al mâinii, cât şi gândirea abstractă şi imaginaţie, dezvoltă nişte talente care se cer exersate şi înafara „producţiei". În epoci mai apropiate de noi, cioplitorii în piatră au devenit sculptori, iar pictorii se recrutau din rândurile zugravilor. În plus, viaţa într-un mediu dur, probabil le oferea oamenilor de Neanderthal mai puţin timp pentru „preocupările artistice", aşa s-ar putea explica lipsa obiectelor de artă. Istoria mai recentă consemnează alte diferenţe de talent artistic, manifestat în olărit, între populaţiile din nord, care trăiau în condiţii mai grele, şi cele din sud, care practicau agricultura în neoliticul european. Până la urmă, din punctul de vedere al dexterităţii, e mai greu să inventezi unelte (ceea ce făceau oamenii atunci) decât să transpui în piatră obiecte care deja existau în natură. Omul de Neanderthal se pare că era mai puţin îndemânatic (dispunea de o dexteritate inferioară) decât omul modern (Niewoehner, 2001). Deşi s-a propus că această abilitate a omului modern ar fi contribuit la migraţia sa, aceasta ar fi putut contribui şi la dispariţia omului de Neanderthal, care n-ar fi făcut faţă concurenţei „tehnologice".

Dar în perioada în care vorbim, e greu de crezut că o populaţie dispunea de mijloacele de a extermina fizic o altă populaţie, aşa cum s-a vehiculat. S-a propus că la originea dispariţiei omului modern ar fi exterminarea acestuia de către omul modern. Cel mai probabil, soarta populaţiilor numite de Neanderthal a fost variată. În primul rând, numărul lor trebuia să fie redus din cauza mediului dur în care au trăit. Unii poate au dispărut neputându-se adapta, aşa cum probabil s-a întâmplat şi cu multe populaţii de *Homo sapiens*, alţii au fost asimilaţi de oamenii moderni, atât genetic, cât mai ales cultural. În cazul acesta, asimilarea omului de Neanderthal pare a fi prima asimilare culturală din istorie. Dovada în acest sens ar putea fi uneltele de tip Aurignacian, asociate oamenilor moderni din Paleoliticul Superior vest-european, pe lângă cele de tip Mousterian, aparţinând oamenilor de Neanderthal, descoperite într-un sit de Neanderthalieni vechi de 36000 ani (Lewin[h], 2005).

Foamea şi originea agriculturii

Peste câteva mii de ani, multe populaţii de *Homo sapiens* vor deveni sedentare. Definitiv. Sedentarismul a însemnat o nouă probă a flexibilităţii comportamentale, o nouă strategie adaptativă. Dincolo de toate beneficiile vieţii nomade, civilizaţia, în sensul dezvoltării oraşelor şi culturii urbane, era de neconceput fără agricultură. Dar de ce omul a renunţat la viaţa de nomad? Chiar dacă ar fi ştiut ce avea să urmeze după practicarea agriculturii, dacă ar fi avut viziuni cu o societate supertehnologizată, oamenii tot nu s-ar fi angajat de bunăvoie la sacrificiile pe care le implică viaţa de agricultori.

Dar lumea n-ar fi fost ceea ce este azi, şi în nici un caz populaţia Globului nu ar fi ajuns la 6 miliarde, dacă, în urmă cu 12 mii de ani în Orientul Apropiat, Siria, apoi în Mesopotamia, aşa-numita Semilună Fertilă, şi mai târziu în Asia de sud-est nu ar fi început Revoluţia Neolitică, adică agricultura şi domesticirea animalelor. Date recente sugerează că în Ecuador practicarea agriculturii datează cam din aceeaşi perioadă ca în Orientul Apropiat (Lewin[i], 2005). Dacă la începutul Neoliticului, populaţia globului era estimată la 10 milioane de locuitori, peste 4000 de ani, aceasta a ajuns la 100 milioane.

Deocamdată nu există un răspuns satisfăcător la întrebarea, de ce au început oamenii să practice agricultura, şi astfel au devenit sedentari. Până recent acesta era că au devenit sedentari pentru a practica agricultura. Fenomenul ar fi fost abrupt, având drept consecinţe creşterea complexităţii sociale şi politice. Între timp, au apărut incertitudini legate de începutul vieţii sedentare, care ar fi anterioară practicării agriculturii (Lewin[j], 2005). Unele descoperiri sugerează existenţa unor aşezări umane vechi de 15000 pe teritoriul de azi al Ucrainei, iar în Câmpia Rusă există urme ale unor locuinţe semipermanente de aproximativ 30000 ani. În lumea nouă, totuşi, domesticirea plantelor ar precede sedentarismul cu cel puţin 1000 ani.

Probabil lucrurile sunt mai nuanţate. Chiar în cazul populaţiilor actuale nomade, gradul de nomadism diferă. Unele descoperiri arheologice sugerează că tranziţia de la nomadism la sedentarism, cel puţin în unele cazuri, a fost graduală. Deşi Ierihonul, în Cisiordania, este un exemplu tipic de tranziţie bruscă, săpăturile de la Abu Hureya, nordul Siriei, sit locuit de acum 11500 ani până acum 7000 ani, pare să fi fost la început o comunitate de vânători-culegători de 50-300 indivizi, care exploata flora bogată, care includea şi cereale, dar şi migraţiile anuale ale unor ierbivore. Apoi, acelaşi sit a fost locuit de o comunitate care practica agricultura, dar nu şi domesticirea animalelor, pe care a adoptat-o după aproximativ un mileniu (Lewin[k], 2005).

Pentru începuturile agriculturii, au fost vehiculate diferite cauze, printre care în primul rând schimbările climatice, având în vedere faptul că tranziţia neolitică are loc la sfârşitul glaciaţiunii din Pleistocen. Schimbările climatice ar fi condus la schimbări ecologice, iar unele specii de plante, precum cerealele, şi-ar fi modificat arealul. Acest fenomen ar fi avut o importanţă deosebită în Levant, şi ar fi coincis cu stabilirea aşezările de la Abu Hureya (Lewin[l], 2005). Dar modificările florei nu acompaniază în toate cazurile apariţia sedentarismului. În plus, ar fi existat perioade mult anterioare sfârşitului Pleistocenului, care ar fi putut fi propice practicării agriculturii.

Presiunea demografică a fost de asemenea vehiculată drept cauză a tranziţiei neolitice. Mark Cohen de la State University of New York, Plattsburgh, este principalul susţinător al ipotezei presiunii populaţionale. El consideră că o creştere a populaţiei ar fi cauza, nu numai consecinţa revoluţiei neolitice. Drept argument în acest sens îl constituie urmele de malnutriţie pe care le prezintă unele schelete din Paleoliticul târziu. Dar sedentarismul şi apariţia agriculturii au avut loc, cel puţin în unele regiuni ale globului, cum sunt platourile înalte din sudul Mexicului, în absenţa creşterii populaţiei. Astfel, argumentul presiunii populaţionale rămâne neconvingător pentru mulţi antropologi (Lewin[m], 2005).

Ipoteza emisă de Barbara Bender, de la Universitatea din Londra aduce în discuţie importanţa aspectelor sociale în tranziţia neolitică. Conform acesteia, creşterea complexităţii sociale ar fi fost cauza, nu consecinţa apariţiei agriculturii, (Lewin[n], 2005). Complexitatea socială, asociată cu stratificarea socială a condus la noi exigenţe în ce priveşte producţia hranei, care nu puteau fi satisfăcute de grupurile mici de nomazi. Bender şi adepţii ei consideră că aceasta nu ar fi singura cauză, dar aspectelor demografice şi tehnologice li s-a dat prea mare importanţă, în detrimentul celor sociale. Totuşi rămâne întrebarea de ce complexitatea socială a avut nevoie de 90 mii de ani de la apariţia omului modern pentru a se manifesta.

Despre organizarea socială din Paleolitic se ştiu puţine lucruri. Părerea generală a fost că oamenii Paleoliticului erau nomazi, şi trăiau în grupuri nu mai mari de 25 indivizi, care se deplasau de la o tabără la alta. Acest model se bazează pe studiile efectuate în anii '60 asupra grupului etnic !Kung San (boşimanii) din Kalahari, organizate de antropologii Richard Lee şi Irven DeVore de la Harvard University. Rezultatele acestui studiu arătau că populaţia !Kung, deşi trăia într-un mediu cu puţine resurse, supravieţuia din vânătoare şi cules, care necesitau numai câteva ore pe zi. În plus, viaţa socială era armonioasă, egalitară.

Din mai multe motive, printre care faptul că acest studiu a fost cel mai complet şi documentat ştiinţific studiu etnografic, portretul boşimanilor!Kung a ajuns imaginea stilului de viaţă al vânătorilor-culegători din lumea modernă, dar şi din preistorie. Ulterior, acest model a suferit modificări, odată cu noile descoperiri arheologice, istorice şi ecologice. S-a stabilit că există o mare variabilitate a modului de viaţă în societăţile de vânători culegători, iar unele caracteristici considerate a fi ale societăţilor de agricultori, cum ar fi inechitatea socială, specializarea ocupaţională, inovaţiile tehnologice, războiul, schimburile la distanţe lungi, au fost descoperite şi în societăţile de vânători-culegători, arată antropologii James Brown şi T. Douglas Price (Lewin°, 2005).

În aceste condiţii, Revoluţia Agricolă n-a mai fost privită ca o revoluţie, ci ca o tranziţie spre un grad mai mare de sedentarism şi complexitate socială, urmat de adoptarea domesticirii treptate a plantelor şi animalelor.

Atunci, pentru descifrarea cauzelor tranziţiei neolitice, rămâne problema sedentarismului. Desigur, practicarea agriculturii ar fi fost un catalizator al sedentarismului. Dar sedentarismul sau creşterea gradului de sedentarism, ar putea fi determinat de posibilitatea exploatării de resurse abundente în anumite zone sau, mai probabil, de limitarea deplasării grupurilor umane.

Africa e un continent în care abundă culturi tradiţionale. Existenţa acestor relicve culturale se datorează izolării prin obstacole naturale. La un moment dat, ca urmare a modificărilor climatice, culoarele naturale pe care se deplasau grupurile umane nomade în anumite zone ale globului, s-ar fi putut închide. Ca urmare a sfârşitului glaciaţiunii din Pleistocen, clima a devenit mai umedă în multe regiuni ale globului, inclusiv în Orientul Apropiat, unde anterior clima fusese aridă, aşa cum este şi azi. În afară de modificările florei, ar fi existat şi posibilitatea inundaţiilor, care ar fi creat pericole pentru oamenii care se deplasau de-a lungul râurilor.

Ideea potopului biblic, care apare în mai multe culturi antice, ar ilustra probabil pericolul reprezentat de inundaţii în perioade istorice. O ipoteză recentă, emisă de geologii William Ryan şi Walter Pitman de la Columbia University în 1998 leagă expansiunea agriculturii din Balcani în alte zone din Europa de revărsarea apelor Mării Mediterane peste un prag în Bosfor, ceea ce ar fi dus la extinderea Mării Negre în vest şi nord. Fenomenul, care ar fi avut loc prin 5600 î. Cr.şi ar fi fost foarte violent, implicând mase imense de apă, şi ar fi inspirat povestea Potopului Biblic. De asemenea ar fi condus la migrarea populaţiilor din zonă şi la exportul agriculturii în alte arii geografice. Deşi ideea potopului de la Marea Neagră în sensul catastrofic a pierdut teren în ultimii ani, faptul că în acea perioadă au existat modificări geologice şi hidrografice nu este contestat. Pentru a crea ideea potopului era însă nevoie de câteva revărsări ale unor fluvii, cum ar fi Eufratul, nu de fenomene catastrofice. Probabil în câteva generaţii, orice comunitate umană aflată în apropierea unui râu va avea un mit al potopului. Toate societăţile sunt inundabile. Mitul potopului a fost semnalat nu numai la sumerieni, caldeeni, babilonieni, dar şi la aborigenii din Australia, America şi Africa.

Se considera că oamenii perioadei postglaciare ocupau preponderent luncile marilor fluvii, dar se pare că ei preferau într-o măsură mai mare platourile înalte, probabil pentru a se adăposti de inundaţii, frecvente în perioada respectivă, dar şi de alţi factori de mediu nocivi. Platourile înalte, aflate în apropierea unor râuri, dar şi a unor munţi care să servească drept refugiu, ar fi fost zone mai puţin expuse inundaţiilor, unde oamenii s-ar fi deplasat în mai multă siguranţă, exploatând flora şi fauna locală. Migraţiile erbivorelor în căutare de terenuri de păşunat ar fi oferit o sursă de vânat. Abu Hureya, care se afla în apropierea Eufratului, este un exemplu în acest sens. În prezent, Abu Hureya se află sub un lac de acumulare construit în secolul XX, ceea ce descrie bine poziţia sa geografică.

Dar încetarea glaciaţiunilor a condus la modificări ale florei. Tundra, care ajungea până în centrul Europei, a fost înlocuită cu păduri. Oamenii Paleoliticului, urmând turmele de ierbivore în stepă, probabil cunoscuseră deja multe specii de erbacee. Cerealele sunt ierburi cu seminţe comestibile, iar omul avea deja un interes vechi pentru seminţe. Pe aceste platouri bat vânturi, şi ierburile, de fapt vegetaţia puţin înaltă, este favorizată. Interesant este că plantele de cultură îşi au originea pe platourile înalte, unde există un mediu foarte variat, cu multe nişe ecologice, care face posibilă existenţa multor specii şi subspecii de cereale, cu proprietăţi diferite. Aceste proprietăţi diferite înseamnă productivitate şi rezistenţă la diferiţi factori de mediu nocivi sau la boli. Geneticianul Nicolai Vavilov numea aceste platouri înalte, pe care el le considera „leagănul" plantelor de cultură - centre genice mondiale. Descoperirea faptului că agricultorii timpurii cunoşteau multe soiuri de cereale diferite i-a uimit pe unii cercetători, deoarece acestea se obţin acum printr-o activitate dificilă de selecţie artificială, care include tehnici complicate de ameliorare. Probabil atunci oamenii nu cunoşteau foarte bine aceste tehnici, dar natura le oferea varietatea soiurilor datorită mediului unde au apărut, apoi unde erau cultivate.

Omul a devenit sedentar probabil mai întâi pentru a culege, apoi pentru a cultiva el însuşi cerealele, care nu cresc peste tot. La început oamenii trebuie pur şi simplu să fi păzit culturile naturale, pe care apoi ar fi învăţat să le producă singuri. Acest fenomen ar fi avut loc cel puţin în unele zone, cum ar fi Semiluna Fertilă (ex. Abu Hureya). În lumea nouă, de exemplu platourile înalte din Mexic, cultivarea primei plante, acum 9000 ani, precede cu 1000 ani sedentarismul. Probabil dinamica relaţiei dintre practicarea agriculturii şi tranziţia la sedentarism a depins de disponibilitatea terenurilor pe care creşteau spontan plantele de cultură. În unele zone, e posibil ca oamenii „să fi păzit" mai multe astfel de culturi naturale, aşa că nu aveau nevoie să devină sedentari. Tehnologiile implicate în agricultură sunt destul de complicate, ca şi înţelegerea unor aspecte legate de creşterea plantelor, aşa că probabil exploatarea pasivă a culturilor naturale a precedat cu mult practicarea propriu-zisă a agriculturii.

Dacă platourile înalte sunt locul de origine al plantelor cultivate, atunci şi locul de origine al agriculturii ar trebui să fie acesta. Pe de altă parte, este cunoscut faptul că primele aşezări neolitice umane erau situate pe platouri înalte, în apropierea unor râuri. Çatal Hüyük, aşezare de agricultori locuită între acum 8500 şi 7800 ani se află în Podişul Anatoliei, unde se află leagănul a numeroase civilizaţii antice. „Hüyük“ înseamnă în limba turcă „deal, colină în formă de tort“. Çatal Hüyük este situat în Câmpia Konya, înaltă de peste 1000 m. Despre Konya, capitala regiunii cu acelaşi nume, oraş numit în Antichitate Iconium, o legendă frigiană spune că ar fi primul oraş din lume, care s-ar fi înălţat după potop. Limbile semitice conţin şi ele toponime care includ echivalentul cuvintelor turceşti „hüyük “ sau „tepe“. Platon plasa oraşul legendar Atlantida în apropierea unui munte unde existau minereuri metalice, pe un platou, aproape de mare. Această descriere să fi reprezentat doar locaţia ideală pentru un oraş antic? Iar distrugerea acesteia să fi fost doar mitul european al izgonirii din Paradis?

Conform ipotezei de mai sus, sedentarismul şi tranziţia neolitică ar fi consecinţe ale necesităţii de a exploata intensiv resursele din anumite zone, din cauza limitării deplasării spre altele, deci practic a limitării accesului la resurse. Numai anumite populaţii au devenit sedentare şi au domesticit plantele la sfârşitul Pleistocenului, aflate în anumite zone, probabil pentru că numai acelea au avut posibilitatea sau mai probabil au fost constrânse s-o facă. Platourile înalte, locuri relativ ferite de inundaţii, dar şi traversate de ierbivore, au oferit condiţii apariţiei sedentarismului şi a agriculturii prin faptul că erau şi locul de creştere al cerealelor cultivate. Sedentarismul ar fi legat de cereale, de exploatarea acestora în stare sălbatică sau cultivate. Dacă cerealele ar fi crescut în cantitate mare în pădure, ar fi făcut parte din flora spontană din multe regiuni ale globului, n-ar fi fost nevoie ca oamenii să devină sedentari, cel puţin nu strict sedentari, cum sunt agricultorii de azi. Dar cerealele sunt ierburi firave (erbacee), atacate de tot felul de dăunători, şi care constituie sursa de hrană pentru multe specii de animale, de la insecte la rozătoare. De aceea ele se găsesc în natură într-o cantitate insuficientă nevoilor umane chiar de atunci.

Ce avantaj au avut cerealele faţă de alte plante pe care oamenii le exploatează de mii de ani astfel încât acestea le-au modificat modul de viaţă? Oamenii Paleoliticului, cel puţin până spre sfârşitul acestei perioade, nu păreau a suferi de malnutriţie. Dacă totul mergea atât de bine, de ce oamenii au ales să îşi procure hrana prin eforturi mari, având în vedere cât de grea este munca în agricultură? De asemenea, oamenii au fost nevoiţi să formeze grupuri mai mari, deci să treacă peste agresivitatea lor naturală, şi să-şi tolereze semenii, cu care altă dată probabil s-ar fi luptat.

O ipoteză interesantă emisă de biologii australieni Greg Wadley şi Angus Martin susţine că oamenii au început să cultive cereale din cauza conţinutului lor de opioide, care ar avea efect de relaxare, şi ar creşte astfel toleranţa la prezenţa altor oameni (Wadley & Martin, 1993). Un caz particular al acestei ipoteze este acela că începutul agriculturii este legat de începutul producerii nu a pâinii, ci a berii. Opioidele, ca şi alcoolul, stimulează sistemul de recompensă, iar omul, atunci, ca şi acum, nu ezita să-şi stimuleze acest sistem. Dar în pădure există tot felul de plante care conţin substanţe cu efect euforizant şi chiar halucinogen, cu efect mult mai puternic decât opioidele din pâine. Spre deosebire de alte animale, care le gustă şi ele cu plăcere, omul dispune de mijloace pentru a le găsi cu un randament incomparabil cu al altor animale.

Totuşi, în sprijinul ipotezei originii euforizante a agriculturii vine faptul că societăţile care au practicat agricultura, în sensul cultivării legumelor, dar nu şi a cerealelor, nu au condus la apariţia civilizaţiei. Adică agricultura fără cereale, deci fără substanţe euforizante care să "relaxeze" şi relaţiile dintre oameni astfel încât să facă posibilă apariţia unor comunităţi mai mari, nu înseamnă civilizaţie. Dar oare neapărat opioidele sunt substanţele conţinute în cereale care au dus la apariţia agriculturii, şi apoi a civilizaţiei?

Să ne gândim de unde s-a plecat atunci când s-a trecut la agricultură. De la dieta din Paleolitic. Deşi despre binefacerile acestei diete se vorbeşte atât de mult, câţi sunt amatori s-o adopte? Foarte puţini, deoarece pentru a ţine timp îndelungat această dietă îţi trebuie un ingredient important: voinţa. Acum, când oamenii au de ales, nu sunt prea dornici să mănânce numai fructe, legume şi foarte rar, carne. Pentru simplul motiv că această dietă garantează pe lângă unele avantaje asupra sistemului cardiovascular, o senzaţie permanentă de foame. În schimb cerealele fierte, coapte sau preparate sub formă de pâine înlătură cu foarte mare succes această senzaţie. Unii oameni care trăiesc în ţări în care agricultura se practică de mii de ani declară că nu se pot sătura dacă nu mănâncă şi pâine la masă. Cerealele conţin cantităţi mari de amidon (o componentă a amidonului) care au proprietatea de a se umfla în contact cu apa, proprietate pe care se bazează fabricarea aluatului şi a pâinii. Orezul şi porumbul fiert de asemenea se umflă. Dar aceste cereale, mai precis amidonul din ele, nu se umflă doar în procesul preparării hranei, ele continuă să lege apa şi în tubul digestiv. Umflarea în stomac a amidonului, care nu este încă scindat la glucoză, determină distensia pereţilor stomacului, care mai departe determină saţietate, printr-un mecanism nervos. Inhibarea foamei prin ingestia, chiar a unei cantităţi mic de cereale, funcţionează pe principiul balonului introdus în stomac în scopul slăbirii sau ingestia de lichide recomandată în acelaşi scop.

Deşi nu erau mai nutritive şi mai sănătoase decât dieta din Paleolitic, cerealele erau mai „săţioase". În afară de proprietatea inhibării mecanice a foamei, ele mai au o proprietate, care le ajută să inhibe foamea nu doar pe moment, ca ingestia de lichide, ci pe termen lung. Amidonul, care este de fapt glucoză condensată, adică un lanţ lung de glucoză înfăşurat, care prin hidroliză eliberează glucoza încet, împiedică hipoglicemia, adică scăderea concentraţiei de glucoză din sânge, care este răspunzătoare de senzaţia de foame.

Cerealele sunt indicate pentru prevenirea hipoglicemiei, dar şi a foamei, pentru că se spune că au indice glicemic mic, spre deosebire de dulciurile concentrate, adică au un conţinut mare de glucoză pe care îl eliberează treptat, inhibând scăderea glucozei în sânge, şi deci şi foamea. Spre deosebire de acestea, dulciurile concentrate au un gust mult mai dulce, dar au mai puţină glucoză per total. Cantitatea mare de glucoză inhibă foamea pe moment, dar determină creşterea secreţiei de insulină, care apoi determină înlăturarea din circulaţie a glucozei şi deci hipoglicemie, apoi foame. Astfel dulciurile concentrate stimulează ingestia de alimente.

Cerealele, nu atât prin opioidele din ele, cât prin amidonul pe care-l conţineau, aveau darul de a relaxa relaţiile dintre oameni şi de a creşte toleranţa, inhibând una dintre cele mai neplăcute senzaţii: foamea. Apariţia agriculturii în sensul cultivării cerealelor a reprezentat o ultimă redută câştigată în lupta cu... foamea.

Odată cu practicarea agriculturii, randamentul omului a mai făcut un salt. După ce a început să cultive cereale, omul nu numai că a putut să-şi scadă necesităţile alimentare şi mai mult, dar numai datorită agriculturii a fost posibilă explozia demografică de azi şi nu numai. Pentru a crea o civilizaţie, e nevoie de colaborarea între mase mari de oameni, de schimburi culturale între aceştia. Dar agricultura a adus şi multe neajunsuri. Pentru că oamenii nu mai simţeau foamea, îşi permiteau nu numai să mănânce puţin, dar să mănânce şi prost. Carenţele de vitamine şi minerale nu se simt imediat, spre deosebire de foame, de aceea acestea au fost ignorate odată cu practicarea agriculturii.

Civilizaţia foametei

Probabil, când oamenii au început să practice agricultura, viaţa nu era atât de grea cum a devenit apoi. Cultivarea cerealelor nu reprezenta singura sursă de hrană. Vânatul reprezenta încă o sursă importantă de proteine. În plus, animalele începeau să fie domesticite. Descoperirile de la Abu Hureya sugerează această situaţie. Cultivarea cerealelor trebuie să fi început sub bune auspicii. Apoi creşterea din ce în ce mai rapidă a populaţiei a condus la foamete şi la o viaţă din ce în ce mai grea a agricultorilor.

Cultivarea cerealelor se practică însă şi în lunci (Lunca Nilului), probabil la început orezul a fost cultivat la început în lunci inundate, având în vedere mediul în care acesta este cultivat şi acum. Luncile oricum sunt un mediu propice creşterii erbaceelor. În Egipt, ca şi în China, agricultura a apărut mai târziu şi acestea sunt civilizaţii care se pare că sunt puţin influenţate de celelalte. În China a pătruns modul de a face agricultură din Orientul Apropiat (grâne), dar şi cel din sud-estul Asiei tropicale (orez şi plante cu tuberculi, dar şi trestie de zahăr). Primul centru de cultivare a plantelor de câmp de adâncime a fost Asia de sud-est.

Civilizaţiile misterioase, care au apărut „de nicăieri", ar fi de fapt civilizaţii în care agricultura a apărut „de nicăieri", din cauza mediului ecologic specific din ţările de origine ale acestor civilizaţii. Unde a existat cultura cerealelor, a fost posibilă şi civilizaţia. De aceea nu este exclus ca în diferite părţi ale lumii să se descopere civilizaţii mult mai vechi, care să nu aibă nici o legătură cu cele cunoscute. Agricultura trebuie să fi apărut independent şi în America Centrală şi de Sud. În această parte a lumii porumbul, ca şi alte plante de cultură se cultivau pe terasele artificiale de pe versanţii muntoşi. Civilizaţiile Lumii Noi sunt concentrate în zone propice agriculturii, adică versanţii muntoşi şi zonele mlăştinoase din Peninsula Yucatan, dar la prima vedere greu accesibile şi cu climă neprietenoasă pentru om. Aceste civilizaţii deosebite nu aveau legătură cu cultura metalelor, populaţiile respective necunoscând nici măcar bronzul, nici măcar cunoaşterea scrierii. Statul incaş (în secolul al XVI-lea) se pare că nu cunoştea scrierea, cel puţin în forma cunoscută în restul lumii. De asemenea, statul chinez a apărut se pare, înaintea scrierii.

Dar practicarea agriculturii a fost esenţială pentru apariţia civilizaţiei.

Oricum, practicarea agriculturii nu a fost un fenomen universal. Pe lângă societăţile moderne de vânători-culegători, au existat şi crescătorii de animale nomazi. Mediul ar fi dictat forma de organizare socială. Domesticirea plantelor şi animalelor nu a avut loc concomitent. Abu Hureya este un exemplu în acest sens, unde domesticirea plantelor a precedat-o pe cea a animalelor. Crescătorii de animale nomazi au apărut atunci când domesticirea animalelor a precedat-o pe cea a plantelor. Unele astfel de populaţii de crescători de animale au adoptat agricultura relativ recent. Evreii şi Arabii erau în Antichitate crescători de animale nomazi, originari din Peninsula Arabică, teritoriu arid, care nu era propice agriculturii. Probabil şi turmele de ierbivore sălbatice erau reduse în aceste zone, de aceea s-a impus domesticirea lor. Dacă societăţile de vânători sau crescători de animale urmăreau vânatul, respectiv turmele de ierbivore în migraţiile lor spre păşuni mai bune, agricultorii au devenit sedentari pentru că plantele pe care le cultivau nu creşteau spontan peste tot, şi nici nu puteau fi cultivate peste tot.

O altă problemă importantă a tranziţiei neolitice, în afară de sedentarism şi practicarea agriculturii este complexitatea socială. Complexitatea socială a fost probabil consecinţa apariţiei...proprietăţii private asupra mijloacelor de existenţă. Proprietatea e o formă de asigurare în faţa eventualelor crize, apărută din criză. Lucrurile deţinute în proprietate se numesc bunuri, şi au o valoare pentru proprietari. Accesibilitatea facilă şi abundenţa fac un lucru fără valoare. Eschimoşii nu deţin gheaţă, în afară de cea conţinută în iglu.

Proprietăţile se moştenesc, ceea ce a condus la intensificarea relaţiilor de familie, preponderent pe linie feminină la agricultori (de exemplu la romani, ginţile erau la origine matriliniare) iar la crescătorii de animale nomazi, patriliniare, aşa cum apar în Biblie.

Proprietatea a condus la creşterea complexităţii sociale. Oamenii au fost legaţi de bunurile materiale de care depindea existenţa lor - terenurile şi animalele domestice la agricultori şi turmele de animale la crescătorii de animale nomazi. Vânătorii-culegătorii moderni, de exemplu boşimanii !Kung trăiesc în grupuri mici de aproximativ 25 indivizi, societăţile lor sunt echitabile şi armonioase, deoarece mijloacele de subzistenţă ale acestora sunt în natură (şi relativ accesibile), nu se află în proprietatea lor.

Această ipoteză seamănă cu o reîntoarcere la ideile clasicilor socialismului ştiinţific. Numai că aceasta presupune că proprietatea şi acumularea de bunuri a apărut ca urmare a unor crize, nu a abundenţei. De asemenea, conform acesteia, desfiinţarea proprietăţii asupra mijloacelor de existenţă nu ar fi o soluţie pentru desfiinţarea inechităţilor din societate. Soluţia pentru reducerea acesteia ar fi, din contră, accesibilitatea (scăderea valorii) bunurilor de strictă necesitate, concomitent cu întărirea proprietăţii intelectuale şi asupra bunurilor care creează progres real. Cimpanzeii împart (inechitabil) carnea obţinută din vânat, nu fructele, care le sunt accesibile.

Agricultura e o condiţie esenţială, dar nu suficientă pentru apariţia civilizaţiei. Pentru a hrăni mase mari de oameni este nevoie de crearea de surplus. Agricultorii pot fi comparaţi cu erbivorele, al căror număr este foarte mare, faţă de prădători. Dar studiile pe populaţii tradiţionale (aflate în Neolitic), care practică agricultura, arată că acestea nu produc surplus. De asemenea, ele nu au mai mult timp decât unele populaţii de vânători-culegători, cum ar fi boşimanii !Kung (Wilson[c], 2003). Atunci cum a fost posibilă apariţia civilizaţiei? Probabil agricultorii au produs surplus pentru că au fost obligaţi. Cel mai probabil nu a fost suficient să se sature pe ei înşişi, a trebuit să mai sature şi alte populaţii. Nomazii, cu o mare capacitate de mobilizare şi disponibilităţi combative superioare, i-au supus pe aceştia. Eventual pentru a-i apăra de alţi nomazi, le-au perceput o anumită „taxă de protecţie“, sub formă de cereale. Probabil primele state au apărut printr-un fel de simbioză între agricultorii paşnici şi crescătorii de animale războinici. Sau pur şi simplu, mai multe sate au angajat luptători din triburi nomade şi războinice pentru a-i apăra de alţi războinici, situaţie ilustrată în filmul „Cei şapte magnifici“. Istoria consemnează multe imperii, deşi nu pe toate, care au luat fiinţă prin stăpânirea culturilor ţărăneşti de către nomazii crescători de animale, de la akkadieni şi până la Imperiul otoman şi Imperiul manciurian (Geiss, 2002, 20003).

Dovezile că nomazii s-au impus în faţa sedentarilor provin nu numai din istoria mai recentă (începutul Evului mediu), dar şi din lingvistică. În Europa, cele mai multe limbi vorbite sunt indo-europene, adică impuse de nişte populaţii foarte probabil nomade, a căror limbă reconstituită nu conţinea termeni legaţi de agricultură. Nomazii sunt şi buni comercianţi.

Mai întâi agricultorii şi-au redus consumul, apoi şi-au sporit producţia, adică au creat surplus. Nomazii au devenit conducători militari, dar şi administratori, pentru că societăţile lor erau mai adecvate pentru aceste roluri. Stat fără armată şi fără taxe e de neconceput. Sun Tzu în „Arta războiului“, scrisă acum aproximativ 2500 ani, scria că „Pământul (agricultura) este temelia statului“. În plus, probabil nomazii recrutau pentru activităţile lor militare şi administrative agricultori sedentari. În istoria destul de recentă, la începutul Evului mediu, a fost „o modă“ printre europenii „civilizaţi“ să intre în rândurile cuceritorilor nomazi. Unii romani au fost în tinereţe huni sau goţi. După crearea unor astfel de nuclee de simbioză, fenomenul s-a autoperpetuat, înglobând alte asemenea structuri, de cele mai multe ori prin intermediul războaielor, ajungându-se la state mai mari. Tot Sun Tzu sugerează în „Arta războiului“ că scopul unui conflict armat este acela de a face populaţiile cucerite, adică agricultorii, să lucreze pentru învingători.

Eşecul militar echivalează cu jaful, care reprezenta cel mai slab rezultat pozitiv al unui război.

Civilizaţia înseamnă în primul rând aşezări urbane. Dar oraşul reprezintă un loc unde se desfăşoară activităţi comerciale. În unele limbi (de exemplu română), „târg", loc al comerţului, înseamnă şi „oraş". Una dintre caracteristicile importante ale neoliticului o reprezintă schimburile comerciale pe distanţe lungi. Probabil aceste „târguri" au fost la început temporare. În unele zone, de exemplu asemenea aşezări temporare destinate comerţului au fost consemnate şi în Antichitate, de exemplu în India (Angot, 2002). E cunoscut faptul că primele oraşe (schelete de oraş) ar fi apărut din facilităţile pentru bâlciurile anuale. Aşezările temporare comerciale au devenit permanente (oraşe) atunci când au îndeplinit anumite condiţii, printre care acela de a fi susţinute de agricultură. Cetăţile antice aveau sate în jur, care le asigurau alimentele. Cetăţile antice erau oraşe-stat, cu armată şi administraţie proprie.

S-au propus modele cibernetice pentru a ilustra originea statului şi a societăţii urbane (Adams, 1966, citat de Wilson, 2003). Dar acestea nu explică de unde a început de fapt statul.

Agricultură şi obezitate

Dar agricultura nu ne-a adus, cel puţin din punct de vedere biologic, numai boli. Urmaşii vechilor agricultori au şi avantaje. În regiunile din sudul Europei, dar şi din extremul Orient, proporţia obezităţii în populaţie este mult mai mică decât în alte regiuni ale globului. Comparaţia se referă numai la ţările dezvoltate sau în care hrana nu mai e o problemă. În acest fenomen să fie implicate gene apărute ca urmare a consumului îndelungat de cereale? Desigur, probabil există şi diferenţe legate de incidenţa în populaţie a unor gene şi reglaje ale expresiei acestora, dar o pondere importantă ar putea-o avea cultura, obiceiurile alimentare, adică mediul. Dacă ai fost obişnuit să mănânci produse făinoase, pâine, paste, eventual orez, şi să te saturi destul de uşor, când ai acces la alimente la discreţie, cum se întâmplă în ţările dezvoltate şi nu numai acolo, ai şanse mari să mănânci doar până te saturi. Aceste aspecte se referă la populaţii care prin practicarea agriculturii şi-au asigurat subzistenţa, care aveau de înfruntat mai puţine crize. Pentru că, aşa cum deja am menţionat, produsele făinoase sau orezul au proprietatea de a oferi o senzaţie rapidă de saţietate. În schimb, dacă ai fost obişnuit să mănânci puţină pâine sau orez, pentru că acestea erau rare, dar în meniu să intre în proporţie mai mare alimentele care conţin multe proteine, obţii mai greu o senzaţie de saţietate, iar când ai acces la alimente, eşti tentat să mănânci mai mult.

În ţările din nordul Europei se practica agricultura, dar a început mai târziu decât în sud, iar condiţiile pentru a obţine recolte mari de cereale nu erau propice. Aducerea cartofului din America a fost o mare realizare pentru aceste populaţii, în care pâinea era destul de rară. De aceea, oamenii din aceste zone, nu sunt obişnuiţi să considere pâinea principalul aliment. În schimb, în sudul Europei, în Italia sau Grecia, se mănâncă paste cu sos de roşi, fără carne sau alte proteine, un fel de mâncare care se serveşte şi acum în restaurante. În ţările arabe producătoare de petrol de asemenea există mulţi obezi, iar incidenţa diabetului este de aproape 50% în populaţia adultă. Arabii erau crescători de animale, obişnuiţi să mănânce multe proteine. Acum oamenii din aceste ţări au mâncare la discreţie, şi au început să consume şi dulciuri concentrate, la care sunt foarte sensibili, şi despre al căror efect în saţietate am discutat deja.

Se ştie că pâinea şi pastele îngraşă, iar proteinele nu. Atunci cum te îngraşi dacă mănânci multe proteine, şi rămâi suplu dacă mănânci paste? E vorba doar de valoarea energetică totală a alimentelor ingerate. Dacă alimentul de bază, din care vrei să te saturi, sunt făinoasele, ai şanse să mănânci mai puţin, pentru că te saturi mai repede. Dacă mănânci de obicei proteine, carne sau brânză, şi completezi cu alte alimente până te saturi, ai şanse să mănânci mai mult şi mai consistent. Dieta Atkins, care se bazează pe proteine, e neconformă cu necesităţile organismului, şi de aceea e foarte greu de urmat. Dacă nu o respecţi întocmai, ai şanse să te îngraşi. Dacă o respecţi, ai şanse să te îmbolnăveşti. Cea mai bună dietă este cea cu alimente variate, dar în cantitate mai mică. Julie Mattison, care a participat la mai multe studii ale efectelor restricţiei calorice, recomandă o astfel de dietă, în care se renunţă eventual la o masă în fiecare zi. Dacă o astfel de dietă nu pare suficient de saţiabilă, trucurile pentru a ajunge la saţietate sunt deja inventate, de mii de ani. De fapt cele mai bune diete, care oferă nu numai slăbire, dar şi prospeţime, sunt deja inventate. E de ajuns să te uiţi la o populaţie ca să-ţi dai seama ce mănâncă. De exemplu dieta japoneză nu e recomandată de nimeni, deşi pentru unii europeni o călătorie în Japonia echivalează cu o cură de slăbire.

Dar dincolo de obiceiurile alimentare transmise cultural, în problema obezităţii există un mecanism mult mai important. Cultura fast-food-ului şi a consumului în general s-a suprapus pe o trăsătură mai veche a omului. Dacă omul ar mânca doar ca să se sature, lucrurile ar fi mai simple. Dar omul mănâncă de plăcere.

Sistemul lui de recompensă, mai ales în perioadele de stres, îşi cere drepturile. Maimuţele antropoide mănâncă două treimi din timp. Omul până acum n-a avut această posibilitate. Acum o are şi profită de ea, obţinându-şi o plăcere constantă şi sigură. De fapt, foarte mulţi obezi urmăresc plăcerea de a fi la masă şi de a îngurgita, nu de a se simţi sătui. Pentru combaterea obezităţii trebuie luptat cu găsirea recompensei în mâncare, ceea ce e foarte greu. E o formă de dependenţă psihică plină de implicaţii. Plăcerea oamenilor de a sta la masă ar putea fi recompensate prin consumul de alimente în restaurante cu regim hipocaloric.

În loc de concluzii

- După reducerea suprafeţelor împădurite din Africa de acum 5-7 milioane, primatele din zonă ar fi trebuit să facă faţă unor crize care să le modifice dieta, comportamentul, dar şi unele caractere biologice;
- Diversificarea dietei cu includerea tuberculilor, rădăcinilor, insectelor şi animalelor mici, dar şi a cărnii, precum şi folosirea uneltelor ar fi consecinţe ale condiţiilor precare de mediu;
- Modificarea în continuare a mediului a condus la noi adaptări la genul *Homo* (*H. erectus*), printre care creşterea gradului de cooperare, probabil şi în prepararea hranei, dar şi în creşterea puilor, fenomen ce ar fi dus la stimularea neoteniei;
- Agricultura a apărut prin „păzirea" şi exploatarea în stare sălbatică a uneia sau mai multor suprafeţe pe care creşteau natural cerealele;
- Condiţie esenţială a apariţiei civilizaţiei a fost agricultura, dar producerea surplusului de către agricultori, care nu apare în societăţile agrare primitive, a fost datorată simbiozei în scop de apărare a acestora cu crescători de animale nomazi; această interacţiune ar fi stat la originea statului.

11. Umanizarea continuă

Omul se diferențiază de oricare altă specie prin faptul că oricare individ uman este mai mult decât un „exemplar" din specia sa. Animalele pe care adaptarea la mediu le-a înzestrat cu calități extraordinare, cum sunt felinele, delfinii sau păsările, pot fi foarte agile, foarte inteligente, foarte eficiente. Omul nu e extraordinar prin nici o calitate naturală, în afară de aceea de a fi capabil de orice. Fiecare om e o instituție, și nu poate fi definit prin nume, caracteristici fizice, ocupație, etc. E ușor să declari că ești ființă umană, dar e greu de definit ființa umană, care sunt limitele puterii umane de a schimba mediul în care trăiește.

Natură și societate

Omul poate fi limitat în forța sa asupra naturii doar de alți oameni. De ce timp de atâtea milenii progresele sociale și tehnologice s-au înregistrat atât de lent? După apariția agriculturii, a fost nevoie de mii de ani pentru a se ajunge la Revoluția industrială. De ce aceasta a avut loc în Europa, când mai bine de o mie de ani înainte, în China, dezvoltarea prelucrării metalelor crease premisele tehnologice pentru aceasta? Pentru apariția progresului tehnologic, care se traduce de fapt prin crearea de noi unelte, este nevoie de un anumit mediu social. Oamenii au fost întotdeauna creativi și inteligenți, dar relațiile dintre ei au fost altele în diverse perioade istorice. Dacă în societate există un oarecare echilibru, dacă în mediu există suficiente resurse pentru subzistență, eventual supraviețuirea la un anumit standard considerat dezirabil la un moment dat, oamenii își canalizează eforturile pentru a se adapta la societate, nu la mediu, și progresul încetează. Așadar, în aceste condiții se vor întoarce la o societate „naturală" în cazul lor, asemănătoare cu cele ale primatelor, adică superierarhizate, cu relații interindividuale complexe, plină de inechităţi, nepotism şi corupţie de toate felurile. Din păcate, am evoluat din primate, nu din leoparzi, şi genele noastre predispun la astfel de comportamente. Într-o astfel de societate, oamenii au mai puţine şanse să creeze valori, pentru că e mai simplu să le împartă, aşa cum ştiu ei, pe cele existente. Progresul e excepţia, nu regula în societatea umană.

Catastrofele schimbă însă datele problemei. Progresul social, economic şi tehnologic actual îşi are rădăcinile în Europa Evului mediu, cea mai neagră perioadă din istoria acestui continent. Moartea Neagră care a lovit Europa prima dată în secolul al XIV-lea. Prin efectele demografice devastatoare, a produs modificări profunde în societate, de la ruperea ierarhiilor şi promovarea oamenilor din pături sociale defavorizate, până la creşterea interesului pentru studiul naturii. Probabil Moartea Neagră nu a fost singurul factor care a dus la apariţia Renaşterii, dar a fost unul decisiv. Evul mediu European a început să se clatine, arta, ştiinţa, societatea, chiar religia, au suferit schimbări.

Dar nu a fost de ajuns. Europa, în afară de noi valuri ale epidemiei, a mai primit o mare lovitură. Lumea tehnologizată în care trăim probabil n-ar fi existat dacă Imperiul Otoman nu ar fi cucerit Constantinopolul în 1453. După acel „nefericit“ eveniment, dinamica apariţiei invenţiilor, oarecum lineară până atunci şi foarte lentă, a înregistrat un salt uriaş. Probabil nimeni n-ar fi ascultat măcar fanteziile lui Columb cu 100 sau chiar 50 ani înainte, pentru că ar fi fost inutil, dar să le mai şi finanţeze. Marile descoperiri geografice care au rezultat de aici au schimbat imaginea supra lumii. Dincolo de resursele pe care le-au adus, aceste descoperiri au modificat ierarhiile deja existente, creând noi ocupaţii şi dând posibilitatea de a se îmbogăţi unor categorii sociale care altădată nu aveau nici o şansă. Dar poate una dintre cele mai importante consecinţe ale marilor descoperiri geografice este explozia pirateriei, care recruta oameni din toate păturile sociale, mai ales cele mai marginalizate. Democraţia fără precedent existentă pe vasele de piraţi a creat modelul democraţiilor moderne, în primul rând al celei americane.

De atunci, domino-ul crizei s-a declanşat în Europa. Descoperirile geografice au determinat nu numai colonizări de noi teritorii şi apariţia de noi resurse, dar şi războaie pentru supremaţia pe mare între marile puteri ale timpului. Flotele mai mari însemnau mai mulţi arbori pentru corăbii, adică defrişări care au dus la o criză a lemnului, înlocuită apoi cu cărbunele drept combustibil. Asta a însemnat mai multe mine de cărbune, care aveau o mare problemă: se inundau. Maşina cu aburi a lui James Watt, care a însemnat începutul Revoluţiei industriale, a fost folosită mai întâi pentru a evacua apa din galerii.

Un alt moment important al istoriei vestului a fost foametea din Irlanda din prima jumătate a secolului al XIX-lea. Aceasta a arătat cât de nesigură poate fi o economie bazată pe agricultură (cultivarea cartofului). În Irlanda, în câteva secole, crescuse foarte mult populaţia care se ocupa cu cultivarea cartofului, pe loturi din ce în ce mai mici. Reorientarea forţei de muncă spre industrie devenea o soluţie pentru evitarea altor asemenea crize. Este recunoscut faptul că acea criză a cartofului, care a afectat Irlanda, dar într-o măsură mai mică şi alte ţări din nordul Europei, a condus la creşterea importanţei industriei.

În tot acest timp, sistemul democratic care a apărut în Occident în secolul al XVII-lea în Olanda, apoi Marea Britanie, s-a perfecţionat. Dar acest sistem, care în prezent constituie o valoare universală, şi a devenit o normă pentru cele mai multe societăţi, este unul artificial, care în mod natural apare doar în situaţii de criză, şi nu numai la primate.

Democraţia în statele moderne se menţine cu un mare consum energetic, cu ajutorul unor instituţii specializate şi a alegerilor periodice. Dar starea de echilibru energetic al unei societăţi actuale nu este aceasta, de aceea orice societate tinde să alunece spre dictatură. Sau cel puţin spre autoritarism. Democraţia este însă garantul progresului pentru că dă posibilitatea colaborării reale între indivizi. În plus, competiţia între ei apare pe baza capacităţii de a rezolva probleme, nu a rangului obţinut prin naştere sau apartenenţă la un anumit grup. La cele mai multe primate sociale, împărţirea prăzii se face pe baza rangului indivizilor, care n-are legătură cu aptitudinile lor, nici măcar de a vâna, dar poate avea legătură cu rangul mamei.

Catastrofele impulsionează evoluţia biologică, dar se pare că efecte asemănătoare au şi asupra evoluţiei societăţii umane. În timpul catastrofelor, oamenii sunt nevoiţi să se adapteze la natură, nu la structurile sociale, care nu le mai pot oferi nimic. Ştiinţa este o încercare de înţelegere a naturii, care are drept scop adaptarea la natură. Nu e întâmplător faptul că ştiinţa modernă a apărut în Europa. Dacă în Europa oamenii au fost mai înclinaţi să observe şi să identifice corect relaţia cauză-efect dintre lucruri, pe care se bazează ştiinţa modernă, nu înseamnă că au fost mai inteligenţi decât alţii, care nu au inventat nici roata. În Europa, mediul variat şi foarte ostil i-a făcut pe oameni să fie mai aproape de relaţia cauză-efect, foarte uşor observabilă în natură, şi mai puţin sensibili la revelaţii metafizice. Amerindienii nu au folosit roata, însă se pare că o cunoşteau, deoarece s-au descoperit jucării pe roţi din perioada precolumbiană. În plus, abundenţa resurselor nu i-a stimulat pe aceştia să se îndrepte mai mult spre exploatarea inteligentă a naturii. Dar au avut posibilitatea să creeze sisteme sociale aberenate, foarte crude (Maya) sau despotice (Inca).

Toate abuzurile din aceste societăţi şi din societăţile nedemocratice în general au ca origine corupţia, adică încercarea unui grup de a-şi menţine avantajele, sacrificând alţi indivizi. Corupţia e una dintre caracteristicile societăţilor primatelor foarte înrudite cu omul. Dar maimuţele nu au mijloace să creeze societăţi autodistructive la scară mare. Oamenii au. Comunismul şi fascismul sunt doar eşantioane. Şi acestea au apărut în Europa. Istoria se poate repeta oricând. Şi asta nu pentru că toţi oamenii ar fi neapărat psihopaţi periculoşi. Dar în orice societate există foarte mulţi oameni manipulabili, conformişti. Sociobiologii spun că oamenii chiar au nevoie să fie manipulaţi (Wilson, 2003). Pentru simplul motiv că oamenii conformişti au mai puţine tendinţe centrifuge, adică de părăsire a societăţii, decât cei nonconformişti. Progresul se face pe seama celor nonconformişti, dar coeziunea socială pe seama compromisurilor conformiştilor. Există perioade istorice în care noncoformiştii au fost eliminaţi, vânătorile de eretici fiind doar câteva astfel de exemple.

Dacă mediul se schimbă, se schimbă şi organizarea socială, şi în consecinţă, şi rata progresului.

Scopul creează mijloacele

Depinde de specia umană ce vrea să escaladeze: capacitatea de explorare, creativitatea, inteligenţa sau agresivitatea autodistructivă şi înclinarea naturală spre sisteme sociale ierarhizate şi inechitabile. Pentru a menţine un ritm rapid al progresului tehnologic, ştiinţific şi social, ar trebui să menţinem şi o rată a provocărilor (a problemelor de mediu) ridicată. Parafrazându-l pe Kenedy, „această specie trebuie să-şi propună un scop“ (this race should commit itself).

Nu e deloc greu să ne propunem astfel de scopuri. În ultimele două secole, speranţa şi încrederea în progres au reprezentat un astfel de scop. În prezent, interesul şi încrederea în ştiinţă au scăzut foarte mult faţă de acum 100 ani, de exemplu. Fenomenele de tip OZN semnalate la sfârşitul secolului al XIX-lea erau bănuite a fi invenţii ale unor excentrici ai epocii, care uneori aveau ocupaţii destul de banale, ca dentişti (Clarck, 1999). Deşi azi oricine îşi poate construi o bombă atomică în garaj, OZN-urile trebuie să fie opera unor forţe dacă nu supranaturale, măcar supraumane. Deşi dintre cercetătorii din toate timpurile, cei mai mulţi sunt contemporani cu noi, şi se alocă sume astronomice pentru cercetare, oamenii nu mai au încredere în ştiinţă, pentru că ideile şi conceptele mari, capabile de salturi cu adevărat mari în înţelegerea naturii, sunt rare. Oamenii au nevoie de vise, de fantezii, pentru a crede în ceva, şi acestea nu le mai sunt de mult alimentate, ceea ce se întâmplă şi cu speranţele lor. Şi în ştiinţă e nevoie de legende, pe care să le visăm transformate în realitate. O „legendă" ştiinţifică trebuie să meargă foarte departe, pornind de la o descoperire deja existentă. Piatra filozofală, de exemplu, nu mai face pe nimeni să viseze azi, dar fantezia umană nu s-a terminat.

De ce se întâmplă asta? Pentru că şi structurile implicate în cercetarea ştiinţifică sunt supuse aceloraşi legi ca şi întreaga societate. Ierarhia şi selecţia pe criterii de tip primate îi determină pe cei implicaţi în acest domeniu să depună mai multe eforturi pentru a obţine titluri şi fonduri decât pentru a descoperi ceva important.

Până acum, omul, în cea mai mare parte a istoriei lui, a luat obiecte din natură, şi le-a adaptat scopurilor lui. Chimia şi industria farmaceutică se îndepărtează puţin de această tendinţă, deşi materiile prime pentru acestea sunt tot în natură, deşi aproape de epuizare. Dar omul, din momentul în care a început să-şi fac unelte pe scară largă, a devenit o specie artificială. A început să se adapteze preponderent prin cultură, nu prin natură. A cere omului să fie în echilibru cu natura echivalează cu a-şi nega propria natură.

Următoarea etapă ar fi însă un grad şi mai mic de dependenţă faţă de natură. Civilizaţiile pe care le-a creat sunt doar o mică parte din ceea ce ar putea crea. Poate şi viziunile science fiction, cu societăţi de nivel I, II, III şi IV sunt modeste. Până acum, noi oamenii am creat doar civilizaţii de nivel I, în care am cucerit propria planetă. Sistemul solar şi alte sisteme sunt doar următoarea etapă. Extinderea arealului speciei noastre este doar unul din parametrii dezvoltării. Civilizaţiile sunt dependente de o sursă constantă de energie, dar esenţa unei civilizaţii este aceea de a creşte randamentul unei societăţi. Cu cât randamentul faţă de mediu al unei civilizaţii este mai mare, cu atât aceasta este mai avansată.

Arealul necesităţilor şi al problemelor rezolvate poate fi mult mai extins. Creând necesităţi şi rezolvând probleme care nu au o rezolvare naturală sau au o rezolvare precară în natură nu ar face decât să crească randamentul speciei, adică să continue drumul început pe calea umanizării. Dacă descoperim o metodă de a vindeca o anumită boală sau de a face posibilă respiraţia în medii ostile (acvatic, de exemplu) nu facem decât să creştem randamentul speciei. De exemplu, înainte de descoperirea antibioticelor, aproape jumătate din copii nu supravieţuiau din cauza infecţiilor, ceea ce scădea randamentul speciei. Posibilitatea supravieţuirii într-un mediu ostil, care nu permite viaţa în condiţii obişnuite, cu ajutorul unor tehnologii eficiente, înseamnă tot creşterea randamentului speciei. Creşterea duratei vieţii, dar şi intervalele mai mari dintre generaţii, care apar acum, au acelaşi efect. Naşterea tardivă a urmaşilor, care trăiesc mai mult, e mai ieftină pentru specie.

Asiaticii spun că omul e ca planta. Omul e ca planta în sensul că are necesităţi de resurse din mediu foarte reduse. Plantei îi trebuie doar oxigen pentru respiraţie şi dioxid de carbon pentru fotosinteză. Ca şi plantele, oamenii au ocupat întreaga planetă, cu excepţia mediului acvatic (deocamdată).

De la foamete la poluare alimentară

Dacă foamea a fost factorul care a declanşat evoluţia în direcţia umanizării, ce s-ar putea întâmpla dacă acele condiţii care au dus la apariţia omului s-ar schimba brusc? Deşi o bună parte a populaţiei globului nu trebuie să-şi facă deocamdată griji din această cauză, fenomenul s-a întâmplat deja în ţările dezvoltate şi nu numai. În aceste ţări, oamenii chiar nu mai au grija hranei zilei de mâine, ci eventual a abuzului de mâncare al zilei de mâine. Obezitatea este doar una şi cea mai vizibilă dintre problemele care au apărut după ce oamenii au început, cu câteva generaţii în urmă, să mănânce *ad libitum*. Un nou tip de poluare a invadat lumea civilizată: poluarea alimentară. Dacă în privinţa altor tipuri de poluare s-au luat câteva măsuri, şi s-au înregistrat oarecare succese, poluarea alimentară pare cel mai greu de combătut. În Statele Unite s-a propus chiar introducerea accizelor pentru mâncare, ca pentru tutun sau alcool, pentru a se limita supraalimentarea.

Modificarea factorilor de mediu cu efect asupra expresiei genelor ar putea conduce la modificări ale unor caractere deja existente. De exemplu, dacă restricţia calorică sau consumul energetic redus a dus la creşterea duratei maxime a vieţii la om faţă de ruda sa cea mai apropiată, cimpanzeul, expunerea la un mediu care să vină în contradicţie cu factorii la care omul s-a adaptat în atâtea milioane de ani, ar putea conduce la o îmbătrânire mai rapidă şi mai agresivă. Acest fenomen se pare că deja a avut loc. Explozia diabetului de tip II în populaţiile care au trecut de la penurie la abundenţă alimentară, ar fi o dovadă în acest sens. Fenotipul îmbătrânirii la om a început să se schimbe din cauza poluării alimentare. Şi nu e singurul fenomen. Restricţia calorică prelungeşte nu numai viaţa (durata maximă de viaţă), ci şi viaţa sănătoasă.

Dar probabil omul se va adapta şi la dieta actuală, cum a mai făcut-o în istorie. Trecerea la agricultură şi creşterea animalelor a reprezentat o provocare nu numai pentru organizarea socială, cât şi pentru metabolismul uman. În populaţiile de caucazieni există cei mai mulţi oameni capabili să consume lapte la orice vârstă fără a avea probleme de sănătate. Cei mai mulţi negroizi şi mongoloizi nu sunt pregătiţi pentru consumul de lactate la maturitate, pentru că nu au o enzimă care metabolizează lactoza din lapte, lipsa acesteia determinând tulburări digestive după consumul de lapte. Cazeina din lapte şi glutenul din cereale au fost de asemenea probleme pe care metabolismul celor mai mulţi urmaşi ai crescătorilor de animale şi agricultorilor le-au rezolvat, în câteva mii de ani. Aceste proteine sunt puternic imunogene, dar foarte puţini oameni din aceste populaţii suferă de maladii cauzate de consumul acestora.

Pe de altă parte, s-ar putea ca populaţiile din ţările dezvoltate să se adapteze la poluare alimentară, şi în câteva generaţii problemele actuale să se atenueze. În aceste condiţii, o foamete subită ar putea avea efecte mai distructive asupra populaţiilor care ar fi adoptat de mult timp o dietă hipercalorică, şi şi-au dereglat mecanismele de supravieţuire în cazul restricţiei calorice.

Dar cele mai spectaculoase consecinţe ale modificării mediului ar fi cele asupra caracterelor tipic umane. Dacă umanizarea s-a produs prin modificarea expresiei unor gene, ne putem aştepta ca anumite condiţii să reverseze activitatea acestor gene, astfel încât într-o zi să ne trezim că nu mai suntem oameni. Evoluţia nu înseamnă neapărat progres, şi mai ales dezvoltarea inteligenţei. Inteligenţa, deşi cu un determinism genetic complex, e un caracter adaptativ ca oricare altul. Dacă la un moment dat, legile evoluţiei îl înlătură, nu e nici o minune.

Creierul uman nu a cunoscut o creştere continuă de-a lungul evoluţiei, din contră a înregistrat şi regrese, ca şi alte caractere (înălţime, dezvoltarea scheletului şi a musculaturii) după ultima glaciaţiune din Pleistocen la cele mai multe populaţii umane. Dar s-ar putea ca efectele să fi fost şi mai spectaculoase. Omul de Flores, descoperit în anul 2004, în insula Flores din Indonezia, era de mărimea unui hobbit (aproximativ 1,20 m), dimensiunile sale fiind proporţionale cu ale omului modern. Adică era o figură asemenea (proporţională) a unui om mai mic. Spre deosebire de pigmei, raportul dintre mărimea craniului şi înălţime sugerează o scădere a dimensiunilor craniului odată cu diminuarea înălţimii. Considerat mai întâi o ramură a lui *Homo erectus*, această specie era făuritoare de unelte şi deci inteligentă. Într-un mediu fără prădători şi cu puţine resurse, piticismul pare să fi fost avantajos. Denumit deja *Homo floresiensis*, acest „hominid" a dispărut cu 18000 ani în urmă. Mai recent indivizii de acest tip au fost clasaţi ca aparţinând speciei *Homo sapiens,* suferind de microcefalie (Jacob et al., 2006). Mulţi indivizi au craniul deformat, cu asimetrie a emisferelor, ceea ce sugerează defecte ale dezvoltării creierului. Microcefalia poate fi asociată cu maladii grave de dezvoltare, însoţite de deteriorarea funcţiilor cognitive, dar *Microcephalia vera* nu conduce decât la o afectare uşoară a funcţiilor cognitive (Verloes, 2004). S-ar putea ca „omul de Flores" să fi mers şi mai departe cu scăderea cerinţelor faţă de mediu, reducându-şi dimensiunile corpului, dar şi pe ale creierului, care, deşi consumă 20% din energia destinată întregului organism, este un mare devorator de glucoză, pentru că nu poate arde alte substraturi energetice în mod direct? Datele viitoare ar putea aduce lumină în acest caz. Dar, conform ipotezei prezentată aici, oamenii de Flores ar fi putut fi indivizii *Homo sapiens* care nu dispuneau de mecanisme suficient de performante de a suprainvesti în pui în timpul dezvoltării intrauterine, care ajunşi într-un mediu foarte precar ca resurse (insulă), şi-au redus dimensiunile fără a le putea prezerva pe ale creierului. Microcefalia apare ca urmare a unor defecte de programare genetică, cum ar fi exprimarea genei pentru IGF-2 (v. „Urmele foamei"). Consangvinizarea, dar şi mediul puţin variat de pe insulă, în care selecţia era mai slabă, au contribuit probabil la propagarea acestor caractere.

Evoluţia continuă

Diferenţele foarte mici dintre om şi cimpanzeu arată cât de fragil este echilibrul umanizării. Un şir de condiţii excepţionale a transformat nişte primate în oameni, dar în noi zace permanent o maimuţă incapabilă de adaptare. O maimuţă care nu mai poate să se caţere în arbori, dar mai distructivă şi mai înclinată spre excese de tot felul.

Rămâne întrebarea: omul mai poate evolua în continuare? Ne putem aştepta să apară subspecii umane în viitor? Geneticienii exclud această posibilitate. Izolarea reproductivă a unei populaţii umane, premisă a speciaţiei, e acum mai improbabilă ca oricând, având în vedere circulaţia persoanelor. Dar ceea ce se observă la ora actuală, cel puţin la nivel social şi cultural, este o mare varietate. Se considera că progresul economic va duce la nivelare culturală, acceptarea unanimă a progresului tehnologic şi a democraţiei. Se pare însă că lucrurile stau exact invers. Dezvoltarea economică a dus la o mare divergenţă culturală, care s-ar putea adânci în viitor. Terorismul e o dovadă în acest sens.

Ceea ce s-a întâmplat chiar trebuia să se întâmple. Condiţiile stricte de mediu impun puţine soluţii, care duc spre uniformitate. Evoluţia convergentă e un aspect. Dar când există multe resurse, când mediul e variat, apar multe specii. Ceea ce s-a întâmplat cu specia umană în ultimele secole, ca să folosim o metaforă, e ca părăsirea unei bălţi pentru oceanul planetar. Dacă acum 200 ani, majoritatea oamenilor trăiau în izolate, acum izolatele, cel puţin din punct de vedere cultural şi chiar economic, nu mai există. Ne influenţează oricând ceea ce se întâmplă la mii de kilometri distanţă. Trăim într-un ocean informaţional şi nu numai, în care trebuie să ne adaptăm. Poate de aici fascinaţia mai nouă pentru viaţa acvatică. Şi cele mai multe vertebrate sunt peşti. Oceanul oferă cele mai multe soluţii evolutive, pentru că e mediul cu cele mai multe influenţe. Peştii oceanici sunt adaptaţi pentru foarte mulţi factori de mediu, cu alte cuvinte ei sunt pregătiţi pentru orice. Globalizarea face ca mediul nostru să semene din ce în ce mai mult cu oceanul planetar.

De izolare geografică nu mai poate fi vorba în cazul omului. Dar de izolare reproductivă? La mamifere, de cele mai multe ori, speciaţia are loc doar când există izolare geografică. Dar alte ordine, specii extrem de asemănătoare, care împart acelaşi mediu, sunt izolate reproductiv, şi deci constituie specii distincte. Iar divergenţa culturală face uneori imposibilă nu numai reproducerea, dar şi anumite contacte între grupuri umane. Şi aici nu e vorba doar de diferenţe spirituale mari, ci, de exemplu, de gusturi muzicale. Rockerii şi maneliştii pot coexista în aceleaşi medii, dar şansele contactelor strânse dintre ei sunt foarte mici.

Odată cu supertehnologizarea vor apărea probabil alte divergenţe culturale. Conflictul dintre oameni şi maşini, prevăzut de scriitorii de science fiction, ar căpăta o nouă dimensiune. Războiul maşinilor s-ar putea concretiza printr-o falie de comunicare între cei care controlează maşinile, care le înţeleg, şi care se află în spatele lor, pe de o parte, şi cei care se lasă controlaţi de acestea. Proporţiile misticismului şi oscurantismului din ultimul timp, în ciuda dezvoltării tehnologiei, sunt un simptom al faptului că unii oameni se mulţumesc cu folosirea maşinilor, în loc să le înţeleagă modul de funcţionare. Aparatele ne rup de natură, de adevărata relaţie cauză-efect.

Probabil biologic omul nu va mai evolua, cel puţin în sensul clasic. Dar microevoluţia nu e exclusă. Oamenii vor avea din ce în ce mai puţină nevoie de alţi oameni pentru supravieţuire, dacă progresul tehnologic se menţine. În aceste condiţiile, necesităţile lor psihologice vor deveni din ce în ce mai evidente. S-ar putea crea populaţii umane pe baze culturale şi psihologice, între care ar exista puţine contacte. Societatea cel puţin ar evolua, în sensul de a se schimba. Evoluţia e o lege a materiei vii, şi se manifestă indiferent de accepţiunea umană.

Faptul că foarte mulţi oameni nu acceptă nici azi evoluţia arată că de fapt omul se crede zeu. E omenesc să ne credem zei, să nu acceptăm că suntem primate, şi prin urmare e în firea noastră să trăim în societăţi superierarhizate, să ne placă discriminările de tot felul, corupţia şi nepotismul, promiscuitatea sexuală, şi mai ales să acceptăm oricând o dictatură. Dacă evoluţionismul ar fi arătat că strămoşul omului e o felină sau un vultur, poate teoria lui Darwin ar fi fost acceptată mai uşor. Dar cele mai multe culturi nu ar accepta un zeu cimpanzeu după chipul căruia am fost făcuţi, noi oamenii.

Creaţionismul sau mai nou, designul inteligent (inteligent design) ne oferă garanţii mult mai puternice şi ne insuflă optimism. E trist să crezi că o minune sau mai precis un şir de minuni, adică fenomene cu o probabilitate extrem de mică, au dus la umanizare, alte minuni au dus la apariţia civilizaţiei, care a apărut foarte recent pe scară istorică. O civilizaţie tehnologizată ca aceea în care trăim e o altă minune, care avea cele mai multe şanse să nu apară. Probabil există şanse încă şi mai mici ca oamenii să creeze societăţi supertehnologizate sau inimaginabil de complexe pentru perioada actuală. Dar suntem oameni, şi oamenii fac minuni. E o certitudine istorică. Aceasta ar trebui să ne ofere mai multă siguranţă, din unele puncte de vedere, decât ideea de creaţie. Toate speciile la dispariţia căreia am contribuit ar fi trebuit să fie şi ele create, ca şi noi. Cu ce le-a ajutat asta? Cu ce ne-ar ajuta dacă am crede în apariţia şi destinul nostru divin autodistrugându-ne? Toate soluţiile la problemele noastre nu se pot găsi decât dacă vor fi căutate. Explorarea ne-a făcut oameni şi explorarea ne ajută să rămânem oameni şi poate să evoluăm în continuare.

Poate că nu există nimic strălucitor şi eroic în evoluţia umană, cum nu e nimic de acest tip nici în ontogeneză. Nimic în afară de rezultatele acestor procese. Inteligenţa şi creativitatea umană sunt astfel de rezultate.

Bibliografie

Urmele foamei în biologia umană

Ackah, E. et al., "Akt1/protein kinase Balpha is critical for ischemic and VEGF-mediated angiogenesis", Journal of Clinical Investigation 2005;115: 2119-2127.

Aiello L.C., Wheeler P.. "The expensive-tissue hypothesis: the brain and the digestive system in human and primate evolution". Curr Anthropol 1995;36:199-221.

Altomare, D.A. et al. "Cloning, chromosomal localization and expression analysis of the mouse Akt2 oncogene". Oncogene 1995; 11(6): 1055-60.

Angelucci, F. et al. "BDNF in schizophrenia, depression and corresponding animal models", Molecular Psychiatry 2005; 10: 345–352. doi:10.1038/sj.mp.4001637 Published online 18 January 2005

Apte, U.M. et al. „Mechanisms of Increased Liver Tissue Repair and Survival in Diet-Restricted Rats Treated with Equitoxic Doses of Thioacetamide" Toxicological Sciences 2003;72: 272-282

Arai, Y., "Lipoprotein Metabolism in Japanese Centenarians: Effects of Apolipoprotein E Polymorphism and Nutritional Status", Journal of the American Geriatrics Society 2001; 49:1434-1441, 1568-1569

Arnstene, A. et al., "Enzyme Linked To Mania And Schizophrenia Impairs Higher Brain Functions", Science 2004; 306:882-884

Barker, D.J., et al.,"Type 2 (non-insulin-dependent) diabetes mellitus, hypertension and hyperlipidaemia (syndrome X): relation to reduced fetal growth", Diabetologia 1993; 36(1):62-7.

Barthel, A, et al., "Protein kinase C modulates the insulin-stimulated increase in Akt1 and Akt3 activity in 3T3-L1 adipocytes".Biochemical and Biophysical Research Communications 1998; 243(2): 509-513

Beasley, C.L., et al., "Reductions in cholesterol and synaptic markers in association cortex in mood disorders". Bipolar Disord 2005: 7: 449–455

Benzi, G. and Moretti, A.," Are reactive oxygen species involved in Alzheimer's disease?"Neurobiology of Aging,1995;16 (4):661-674.

Berrettini, W.H. "Susceptibility loci for bipolar disorder: overlap with inherited vulnerability to schizophrenia". Biol Psychiatry. 2000 Feb 1; 47(3):245-51

Birnbaum, S. G. et al., “Protein Kinase C Overactivity Impairs Prefrontal Cortical Regulation of Working Memory”,Science 2004; 306: 882-884 ,DOI: 10.1126/science.1100021

Björkhem, I., Meaney, S., “Brain Cholesterol: Long Secret Life Behind a Barrier” Arteriosclerosis, Thrombosis, and Vascular Biology. 2004;24:806.

Bohr, I. J. “Does cholesterol act as a protector of cholinergic projections in Alzheimer's disease?”Lipids in Health and Disease 2005, 4:13 doi:10.1186/1476-511X-4-13

Bons, N., et al., “Identification of amyloid beta protein in the brain of the small, short-lived lemurian primate Microcebus murinus. Neurobiol Aging 1994;15(2):215-20.

Brice, A:T. “The blood fats in schizophrenia”. J Nerv Ment Dis 1935;81:613-32.

Brown, A.S. et al. “Neurobiological plausibility of prenatal nutritional deprivation as a risk factor for schizophrenia”, Journal of Nervous and Mental Disorders 1996; 184 (2): 71-85

Brown, R. L. “Stem Cell Exhaustion and Atherosclerosis”, Journal of Anti-Aging Medicine, Sep 2003; 6(3): 279 -279

Burks, D. J. et al. “IRS-2 pathways integrate female reproduction and energy homeostasis” Nature 2000; 407: 377-382, doi:10.1038/35030105

Cabo, R. de, et al. “In in vitro model of caloric restriction”, Experimental Gerontology2003; 38 (6): 631-639

Carroll, B.J., Cassidy, F. Hypocholesterolemia during mixed manic episodes,Eur 'Eur Arch Psychiatry Clin Neurosci.');". 2002 Jun;252(3):110-4,

Castro-Rodriguez, J.A., et al., “Increased incidence of asthmalike symptoms in girls who become overweight or obese during the school years”. Am J Respir Crit Care Med 2001;163:1344-1349.

Celedon, J.C., et al. “Body mass index and asthma in adults in families of subjects with asthma in Anqing, China”. Am J Respir Crit Care Med 2001;164:1835-1840..

Cheng, D., et al., “Functional interaction between ApoE4 and LDL isoforms in Alzheimer's disease”, J.Med. Genet. 2005; 42:129-131, doi:10.1136/jmg.2004.024968

Chong, Z. Z. et al., “Employing New Cellular Therapeutic Targets for Alzheimer' s Disease: A Change for the Better?” Current Neurovascular Research 2005; 2: 55-72

Chou, Hsun-Hua et al., “A mutation in human CMP-sialic acid hydroxylase occurred after the Homo-Pan divergence”, Proceeding of the National Academy of Sciences of the United States of America 1998; 95(20): 11751-11756Chou,

Hsun-Hua et al, "Inactivation of CMP-N-acetylneuraminic acid hydroxylase occurred prior to brain expansion during human evolution", Proceeding of the National Academy of Sciences of the United States of America Published online before print August 21, 2002, 10.1073/pnas.182257399, September 3, 2002; 99(18): 11736-11741Clodfelder-Miller, B. et al. "Physiological and Pathological Changes in Glucose Regulate Brain Akt and Glycogen Synthase Kinase-3", J. Biol. Chem., 2005; 280(48): 39723-39731Cordain L., et al. "(letter) Scant evidence of periodic starvation among hunter-gatherers." Diabetologia 1998;43:383-384.Dausmann, K. H., et al. "Hibernation in a tropical primate". Nature, 2004; 429: 825-826

Dean, B, "Increased levels of apolipoprotein E in the frontal cortex of subjects with schizophrenia" , Biol Psychiatry 2003 Sep 15;54(6):616-22

Diamond, J., "The double puzzle of diabetes", Nature 2003;423(5):599-602

Dietschy, J.M., Turley, S.D. "Cholesterol metabolism in the brain" Curr Opin Lipidol. 2001;12(2):105-12

Easton, R. M. et al., "Role for Akt3/Protein Kinase Bγ in Attainment of Normal Brain Size", Mol Cell Biol. 2005 ;25(5): 1869–1878 doi: 10.1128/MCB.25.5.1869-1878.2005.Eaton, S.B., et al., "An evolutionary perspective enhances understanding of human nutritional requirements," Journal of Nutrition, June 1996;126:1732-40.

Ebbesson, S.O. et al., "Diabetes and impaired glucose tolerance in three Alaskan Eskimo populations". The Alaska-Siberia Project, Diabetes Care. 1998 Apr;21(4):563-569

Eibl-Eibesfeldt, I., "Agresivitatea umană", Editura Trei, 1995, p. 169

Emamian, E. S., et al., "Convergent evidence for impaired AKT1-GSK3beta signaling in schizophrenia". Nat. Genet. 2004; 36:131-137.

Finch, C. E.,. Stanford, C. B., "Meat-adaptive genes and the evolution of slower aging in humans", The Quarterly Review of Biology, March 2004; 79, No. 1

Foley, R., "Homminids, humans and hunter-gatherers: an evolutionary perspective". In: Ingold, T., Riches, D., Woodburn, J. eds. Hunters and gatherers: history, evolution and social change. Oxford:Oxfod University Press, 1988:207-221.

Frame, L. T. et al. ",Caloric Restriction as a Mechanism Mediating Resistance to Environmental Disease Toxicological Defense Mechanisms and the Shape of Dose-Response Relationships" Environmental Health Perspectives 106, Supplement 1, February 1998

Fratino, P. et al. "Insulin receptors in psoriasis", Acta Dermatol Suppl (Stockh), 1979; 87:38-40

Freeman, T. et al., ."Neuropsychiatric associations of apolipoprotein E alleles in subjects with combat-related posttraumatic stress disorder", J Neuropsychiatry Clin Neurosci. 2005 Fall;17(4):541-3.

Fultz, P.N. et al. "HIV infection of chimpanzees as a model for testing chemotherapeutics". Intervirology 1989;30(suppl):51-8.

Geert, J. et al., "Forkhead transcription factor FOXO3a protects quiescent cells from oxidative stress" Nature 2002; 419: 316-321, doi: 10.1038/nature01036

George, S.et al. "Human insulin resistance and diabetes mellitus due to a missense mutation AKT2", Science 2004; 304: 1325–1328

George, S. et al., "A family with severe insulin resistance and diabetes due to a mutation inAKT2", Science 2004; 304 (5675):1325-8

Gerdes, L. U. "The Common Polymorphism of Apolipoprotein E: Geographical Aspects and New Pathophysiological Relations", Clinical Chemistry and Laboratory Medicine 2003; 41(5): 628-631 Gibbons, A., "Solving the Brain's Energy Crisis", Science 1998; 280: 1345-1347González-Duarte, A. et al., " Recurrent Primary Cerebral Hemorrhage,Frequency, Mechanisms, and Prognosis" Stroke 1998;29:1802-1805.

Hazzard, W.R." What Heterogeneity Among Centenarians Can Teach Us About Genetics, Aging, and Longevity" J Am Geriatr Soc 2001; 49(11): 1568-1569Hecht, J., "Oldest hominid skull shakes human family tree" NewScientist.com news service, 10 July 2002

Helms, C. et al., "A putative RUNX1 binding site variant between SLC9A3R1 and NAT9 is associated with psoriasis susceptibility", Nature Genetics 2003; 35: 349 – 356, Published online: 9 November 2003; | doi:10.1038/ng1268 early online edition Nov. 9, 2003

Henig, R.M. "Living longer: what really works?" Scientific American Presents 2000; 11: 30-37

Holtzman, D. M. et al. "Expression of human apolipoprotein E reduces amyloid-ß deposition in a mouse model of Alzheimer's disease" J. Clin. Invest., Mar 1999; 103: 15 - 21.

Hone, D.W.E. and Benton, M. J. "The evolution of large size: how does Cope's Rule work?", Trends in Ecology Evolution 2005; 20(1): 4-6 doi:10.1016/ j.tree.2004.10.012

Ibáñez, L. et al., "Early Development of Adiposity and Insulin Resistance after Catch-Up Weight Gain in Small-for-Gestational-Age Children" The Journal of Clinical Endocrinology & Metabolism 2006; 91(6): 2153-2158 doi:10.1210/ jc.2005-2778Joffe, T.H., "Bringing up baby: foetal and infant brain size ontogeny", Primate Society of Great Britain, Spring Meeting, 12-13th April 1999. Liverpool University

Jucci, A., et al., "Psoriasis and insulin secretion. Preliminary results", Arch Dermatol Res, 1977; 253(3):239-46

Kahl, K. G. et al. "Visceral Fat Deposition and Insulin Sensitivity in Depressed Women With and Without Comorbid Borderline Personality Disorder "Psychosom Med 2005; 67: 407-412.

Kang, J.-Q et al. "Critical Role for Akt1 in the Modulation of Apoptotic Phosphatidylserine Exposure and Microglial Activation", Mol Pharmacol 2003; 64: 557-569

Karten, B. et al., "Trafficking of Cholesterol from Cell Bodies to Distal Axons in Niemann Pick C1-deficient Neurons," J. Biol. Chem., Jan 2003; 278: 4168 - 4175 ; 10.1074/jbc.M205406200Kojro, E. et al., "Low cholesterol stimulates the nonamyloidogenic pathway by its effect on the α-secretase" PNAS 2001; 98 (10):5815-5820

Koya, D., King, G.L., "Proteinkinase C activation and the development of diabetes complication", Diabetes, 1998; 47(6):859-866

Kreisel, D. et al., "Interleukin-2 mediated Survival and Proliferative Signals are Uncoupled in T Lymphocytes that Fail to Divide after Activation", American Journal of Transplantation, 2002; 2:120-128

Lane, M., Ingram, D. and Roth, G. "Calorie restriction in nonhuman primates: effects on diabetes and cardiovascular disease risk" Toxicological Sciences1999;52:41-48

Langley, E., et al. "Human SIR2 de-acetylates p53 and antagonises PML/ p53-induced cellular senescence". EMBO J 2002; 21(10):2383-2396

Larson S.G, Stem J.T. "EMG of scapulohumeral muscles in the chimpanzee during reaching and "arboreal" locomotion". Am J Anatomy 1986;176:171-90.

Lehninger, A.L., "Biochimie", Editura Tehnică, Bucureşti,1987, Vol II, p. 205 (a); p. 72-73 (b)

Leonard, W. L."Food for brain", Scientific American, January 2003: 32-41

Lewin, R., "Human Evolution, An ilşustrated introduction", Blackwell Publishing, 2005, p. 110 (a); p.218-219 (b); p. 217-218 (c); p. 250 (d); p.27 (e); p.72, 251 (f); p. 131 (g); p75-78 (h); p 159-164 (i); p. 251 (j)

Lithgow, G. J. "Molecular genetics of Cenorhabditis elegans aging". IN: Handbook of the biology of aging 5th edn (eds Schneider E.L , Rowe J.W.) San Diego Academic Press, 55-73, 1996

Loffreda, S., et al. "Leptin regulates proinflammatory immune responses". FASEB J 1998;12:57-65.

Lord, G.M., et al., "Leptin modulates the T-cell immune response and reverses starvation-induced immunosuppression". Nature 1998;394:897-901.

Luo, J. et al. "Negative control of p53 by Sir2alpha promotes cell survival under stress". Cell 2001, 107(2):137-148.

Lusso, P., Markham PD, DeRocco SE, Galto RC. "In vitro susceptibility of T lymphocytes from chimpanzees (Pan troglodytes) to human herpes virus 6 (HHV-6): a potential animal model to study the interaction between HHV-6 and human immunodeficiency virus type 1 in vivo". J Virology 1990;64(6):2751-8.

Maffei, M. et al., "Leptin levels in human and rodent: measurement of plasma leptin and ob RNA in obese and weight-reduced subjects". Nat Med 1995;1:1155-1161.

Marin, G. et al. "Absence of the E2 allele of apolipoprotein in Amerindians". Braz. J. Genet., 1997;20(4) ISSN 0100-8455.

Martin, A., and Palumbi S. R."Body size, metabolic rate, generation time and molecular clock", Proc. Natl. Acad. Sci. USA1993; 90:4087-91Martin, M. J., et al., "Evolution of human-chimpanzee differences in malaria susceptibility: Relationship to human genetic loss of N-glycolylneuraminic acid", Proceeding of the National Academy of Sciences of the United States of America Published online before print August 26, 2005, 10.1073/pnas.0503819102

Mattison, J. A. et al. "Calorie restriction (CR) extends lifespan and reduces the incidence and age of onset of age-related disease in several animal models". Experimental Gerontology, 2003, 38:1-2:35-46

Mayr, E., "De la bacterii la om- evoluţia lumii vii", Humanitas, 2004 p.308-309 (a); p. 308 (b); p. 308 (c);McCurdy, C.E. et al., "Brief calorie restriction increases Akt2 phosphorylation in insulin-stimulated rat skeletal muscle" Am J Physiol Endocrinol Metab. 2003 Oct; 285(4):693-700. Epub 2003 Jun 10.McKinney, M.L. & McNamara, K.J "Heterochrony: The Evolution of Ontegeny": Plenum Press, New York 1990: 56 (a); 59 (b)

Merry, B.J., "Molecular mechanisms linking calorie restriction and longevity", The International Journal of Biochemistry and Cell Biology 2002, 34:11:1340-1354 Miller, J. C., Colagiuri S. "The carnivore connection: dietary carbohydrate in the evolution of NIDDM." Diabetologia 1994;37:1280-1286.

Morris, D., "The naked ape: A ZoologistStudy of the Human Animal"

McGraw-Hill Companies, 1967

Muredach, R. , Rader D. J. "Apolipoprotein E and Coronary Disease: A Puzzling Paradox"PLoS Medicine 2006; 3 (6) JUNE

Nair, R. et al. "Sequence and Haplotype Analysis Supports HLA-C as the Psoriasis Susceptibility 1 Gene". American Journal of Human Genetics 2006; 78:827-851,

Nakatani, K. et al., et al., "Identification of a human Akt3 (protein kinase B gamma) which contains the regulatory serine phosphorylation site". Biochem. Biophys. Res. Commun. 1999; 257(3): 906-10.

Neel, J.V. "Diabetes mellitus: a 'thrifty' genotype rendered detrimental by 'progress'?" American Journal of Human Genetics, 1962; 14:353-362.

Neel, J.V. "The thrifty genotype revisited." In: The Genetics of Diabetes Mellitus, Proceedings of the Serono Symposia, 1982;47:283-293.

Nguyen, D. H. et al., "Loss of Siglec expression on T lymphocytes during human evolution", Proceeding of the National Academy of Sciences of the United States of America Published online before print May 8, 2006, 10.1073/pnas.0510484103

PNAS | May 16, 2006 ;103 (20): 7765-7770Nielsen, R. et al. "A Scan for Positively Selected Genes in the Genomes of Humans and Chimpanzees". PLoS Biol 2005;3:e170.

Olson, M., Varki, A., "Sequencing the chimpanzee genome: insight into human evolution and disease", Nature Reviews Genetics 2003; 4: 20-28

Owada, Y, et al., Expression of mRNA for Akt, serine-threonine protein kinase, in the brain during development and its transient enhancement following axotomy of hypoglossal nerve. J. Mol. Neurosci. 1997; 9(1): 27-33Ozanne, S.E., Hales, C.N. "Thrifty yes, genetic no." Diabetologia 1998; 41: 485-487.

Pennison, E.H., Egerman, R.S. "Perinatal outcomes in gestational diabetes: a comparison of criteria for diagnosis", Am J Obstet Gynecol. 2001 May;184(6):1118-21

Pletcher, S.D., et al., "Genome-Wide Transcript Profiles in Aging and Calorically Restricted Drosophila melanogaster" Curr. Biol. 2002;12: 712-723.

Lumey, L.H., "Decresed birthweights in infants after in utero exposure to the Dutch famine of 1944-1945", Peadiatr. Perinat Ep, 6:240-53, 1992.

Plum, L., Schubert, M. and Brüning, J.C. "The role of insulin receptor signaling in the brain", Trends in Endocrinology and Metabolism2005; 16(2): 59-65

Pond, C. M. and Ramsay, M. A. "Allometry of the distribution of adipose tissue in Carnivora", Canadian Journal of Zoology 1992;70:342-347

Puente, X.,S., et al "Comparative analysis of cancer genes in the human and chimpanzee genomes" BMG Genomics 2006, 7:15, doi:10.1186/1471-2164-7-15

Ramachandran, A. "Type-2 Diabetes in India", AHHM Issue March, 2006

Reiman, E.M., et al., "Correlations between apolipoprotein E epsilon4 gene dose and brain-imaging measurements of regional hypometabolism". Proc Natl Acad Sci U S A'. 2005 Jun 7;102(23):8299-302

Prolla, T. A. and Mattson, M. P. "Molecular mechanisms of brain aging and neurodegenerative disorders: lessons from dietary restriction", Trends in Neurosciences, 2001, 24:11: 21-31 Reinhard, C., Jefferson, A. B.; "AKT3 inhibitors" United States ChironCorporation20060062790;http://www.freepatentsonline.com/20060062790.html, 2006

Reiss, P., Lange, J.M.A. "Human immunodeficiency virus infection: perspectives and challenges". In: Schellekens H, Horzinek MC, eds. Animal models in AIDS. Amsterdam: Elsevier Science Publisher BV, 1990;2: 7-40.

Reveley, M.A., et al. "Low plasma total cholesterol in refractory schizophrenia compared to typical neuroleptic-responders". Journal of Psychopharmacology Supplement 1994; 1: 30.

Richard, A.F. "Primates in Nature", W.H. Freeman and Co., New York, 1985.Rizza, R.A., Mandarino L.J., Gerich J.E. "Cortisol-induced insulin resistance in man: impaired suppression of glucos production and stimulation of glucose utilization due to a postreceptor detect of insulin action", J Clin Endocrinol Metab. 1982; 54(1):131-8.

Salkovic-Petrisic, M. et al., "Alzheimer-like changes in protein kinase B and glycogen synthase kinase-3 in rat frontal cortex and hippocampus after damage to the insulin signalling pathway", Journal of Neurochemistry 2006;96(4): 1005, doi:10.1111/j.1471-4159.2005.03637

Saneto, R.P. et al., "Insulin/insulin-like growth factor I and other epigenetic modulators of myelin basic protein expression in isolated oligodendrocyte progenitor cells", J Neurosci Res. 1988 Oct-Dec;21(2-4):210-9

Sarno, P. de et al. "Regulation of Akt and glycogen synthase kinase-3β phosphorylation by sodium valproate and lithium" Neuropharmacology 2002; 43(7):1158-1164

Schachter, et al "Obesity is a risk for asthma and wheeze but not airway hyperresponsiveness". Thorax 2001;56:4-8.

Schultz A.H. "The skeleton of the chimpanzee". In: Bourne GH, ed. The chimpanzee: a series of volumes on the chimpanzee. Vol.l. Basel, Switzerland: S Karger AG, l969; 50-103.Senut, B. et al. "First hominid from the Miocene (Lukeino Formation, Kenya)". Comptes Rendus de l'Académie de Sciences, 2001;332:137-144

Seroude, L., "Differential Gene Expression and Aging", TheScientificWorldJOURNAL 2002; 2: 618-631

Shelke, R. R.J. and Leeuwenburgh"Life-long calorie restriction (CR) increases expression of apoptosis repressor with a caspase recruitment domain (ARC) in the brain". The FASEB Journal Express 10.1096/fj.02-0803fje Published online January 2, 2003

Sjoerd, G. et al., "The 1944-1945 Dutch Famine and Subsequent Overall Cancer Incidence", Cancer Epidemiology Biomarkers & Prevention 2005;14: 1981-1985

Solá, S. et al.,"Tauroursodeoxycholic Acid Prevents Amyloid-beta Peptide–Induced Neuronal Death Via a Phosphatidylinositol 3-Kinase–Dependent Signaling Pathway" Molecular Medicine 2 0 0 3; 9 (9 - 1 2): 226-230

St-Amand, J. et al. "Apolipoprotein E polymorphism and the relationships of physical fitness to plasma lipoprotein-lipid levels in men and women", Med Sci Sports Exerc1999 May;31(5):692-7.

Stentz, F. B. ; Kitabchi, A. E. "Hyperglycemia-induced activation of human T-lymphocytes with de novo emergence of insulin receptors and generation of reactive oxygen species" Biochemical and biophysical research communications (Biochem. biophys. res. commun.) 2005; 335(2): 491-495

Stoll, A, "The Omega-3 Connection: The Groundbreaking Anti-depression Diet and Brain". New York: Simon & Schuster, 2001.

Stoll, A.I., et al. "Omega-3 fatty acids in bipolar disorder: a preliminary double-blind, placebo-controlled trial". Arch Gen Psychiatry 1999; 56(5): 407-412

Sun, D. et al., "Effects of Calorie Restriction on Polymicrobial Peritonitis Induced by Cecum Ligation and Puncture in Young C57BL/6 Mice Clinical and Diagnostic" Laboratory Immunology 2001; 8 (5):1003-1011

Swartz, C.M.,"Albumin decrement in depression and cholesterol decrement in mania", J Affect Disord. 1990;19(3):173-6

Taniguchi, C. M. et al., "Divergent regulation of hepatic glucose and lipid metabolism by phosphoinositide 3-kinase via Akt and PKCλ/ζ" Cell Metabolism 2006;3: 343-353

Tkachev, D. et al., "Oligodendrocyte dysfunction in schizophrenia and bipolar disorder",The Lancet 2003; 362:798-805 DOI:10.1016/ S0140-6736(03)14289-4Tschopp, O., et al., "Essential role of protein kinase Bγ (PKBγ/Akt3) in postnatal brain development but not in glucose homeostasis", Development 2005; 132: 2943-2954

Utermann, G . "Apolipoprotein E polymorphism in health and disease". Am Heart J 1987;113:433–40

Wahlbeck, K., et al "Association of schizophrenia with low maternal body mass index, small size at birth and thinness during childhood". Archives of General

Psychiatry 2001; 58: 48-52West, G.B. and Brown, J.H., "Life's Universal Scaling Laws, "Physics Today 2004; 457(9): 36 - 42 (Sept)

Wilson, E. O., "Sociobiologia", Editura Trei, 2003 p. 436;

Witsch-Baumgartner, M. et al., "Maternal apo E genotype is a modifier of the Smith-Lemli-Opitz syndrome", Journal of Medical Genetics 2004; 41:577-584

Wolozin, B., et al. "Decreased prevalence of Alzheimer disease associated with 3-hydroxy-3-methyglutaryl coenzyme A reductase inhibitors". Archives of Neurology 2000; 57:1439

Wraight, C. J et al. "Reversal of epidermal hyperproliferation in psoriasis by insulin-like growth factor I receptor antisense oligonucleotides", Nature Biotechnology 2000; 18: 521 – 526, doi:10.1038/75382

Wren, J. D. and Garner, H. R. "Data-Mining Analysis Suggests an Epigenetic Pathogenesis for Type 2 Diabetes", Journal of Biomedicine and Biotechnology, 2005:2 (2005) 104–112, doi: 10.1155/JBB.2005.104

Zhao, Z et al. " Insulin receptor deficits in schizophrenia and in cellular and animal models of insulin receptor dysfunction" Schizophrenia Research 2006; 848(1): 1-14, doi:10.1016/j.physletb.2003.10.071

Omul - o evoluţie unică

Bakewell, M. A., Shi, P. and Zhang, J. "More genes underwent positive selection in chimpanzee evolution than in human evolution" PNAS 2007;104 (18):7489-7494 Published online before print April 20, 2007, doi:10.1073/pnas.0701705104

Chandley, A.C., Short, R.V., Allen, W.R. "Cytogenetic studies of three equine hybrids". J Reprod Fertil Suppl 1975;(23):356-70

Cole, N.J. et al., "Expression of limb initiation genes and clues to the morpological diversification of threespine stickleback" Curr Biol 2003; 13:951-2

Daeschler, E. B. et al. "A Devonian tetrapod-like fish and the evolution of the tetrapod body plan" Nature 2006; 440: 757-763 (6 April 2006) | doi:10.1038/nature04639; Douzery, E J. P., et al.,"The timing of eukaryotic evolution: Does a relaxed molecular clock reconcile proteins and fossils?" PNAS 2004;101(43):15386-15391, doi: 10.1073/pnas.0403984101

Dufresne, A. et al., "Accelerated evolution associated with genome reduction in a free-living prokaryote" Genome Biology 2005; 6:14, doi:10.1186/gb-2005-6-2-r14

Eldredge. N, and Gould, S.J., "Punctuated equilibria: an alternative to phyletic gradualism," in Models in paleobiology, Schopf TJM, editor, San Francisco: Freeman Cooper, 1972.

Elias, S. G et al., "The 1944-1945 Dutch Famine and Subsequent Overall Cancer Incidence" Cancer Epidemiology Biomarkers & Prevention 2005; 14: 1981-1985

Feinberg, A.P., Vogelstein, B., "Hypomethylation distinguishes genes of some human cancer from their normal counterparts", Nature 1983; 301:89-92

Foster, S.A., Baker, J. A., "Evolution in parallel: new insights from a classic system", Trends Ecol Evol 2004; 19:456-9

Frigola, J. et al. "Epigenetic remodeling in colorectal cancer results in coordinate gene suppression across an entire chromosome band" Nature Genetics 2006; 38: 540 - 549 doi:10.1038/ng1781 Fu, Q. et al. "Growth retardation alters the epigenetic characteristics of hepatic dual specificity phosphatase 5", The FASEB Journal, Published online before print August 29, 2006 as doi: 10.1096/fj.06-6179fje

G.B. Robb et al., "Specific and potent RNAi in the nucleus of human cells," Nature Structural & Molecular Biology 2005; 12: 133 - 137

Galton, F., "Hereditary genius", McMillan and Co, 1892 (second edition)

Gould, S.J. "Ontegeny and Phylogeny". Cambridge: Belknap Press 1977 p. 299-300 (a); p. 366 (b); p. 356-58 (c)Hertweck, M. et al. "C. elegans SGK-1 Is the Critical Component in the Akt/PKB Kinase Complex to Control Stress Response and Life Span" Developmental Cell 2004;6: 577-588

Horvath,J. E., et al."Punctuated duplication seeding events during the evolution of human chromosome 2p11" Genome Research 15:914-927, 2005

Hunt, G. and Roy, K., "Climate change, body size evolution, and Cope's Rule in deep-sea ostracodes", PNAS 2006 ; 103(5):1347-1352

International Chimpanzee Chromosome 22 Consortium, "DNA sequence and comparative analysis of chimpanzee chromosome 22", Nature 2004; 29:382-388

Jablonski, N. J. şI Chaplin, G., "Pielea în profunzime", Scientific American, ediţie în limba română, 2003; 2: 24-31

Jablonski, N.G. and Chaplin, G. "The evolution of human skin coloration". J. Hum. Evol. 2000; 39:57-106.

Jenkinson, C. M. C., et al. "Seasonal effects on birth weight in sheep are associated with changes in placental development" New Zealand Journal of Agricultural Research 1995; 38: 337 -345.

Kaati, G., et al., "Cardiovascular and diabetes mortality determined by nutrition during parents and grandparents' slow growth period", Eur J Genet 2002; 10:682-8

Kenyon, C. et al."A C. elegans mutant that lives twice as long that wild type" Nature 1993; 366: 461-464Khaitovich, P. et al. "Parallel Patterns of Evolution in the Genomes and Transcriptomes of Humans and Chimpanzees" Science 2005; 309(5742): 1850 – 1854, doi: 10.1126/science.1108296,

Killian, J. K., Nolan, C. M., Stewart, N., et al "Monotreme IGF2 expression and ancestral origin of genomic imprinting". Journal of Experimental Zoology 2001; 291: 205 -212

King, M.C., Wilson, A.C., "Evolution at two levels in humans and chimpanzees", Science 1975; 188:107-116.

Krishnan, R. and Lindquist, S. L. "Structural insights into a yeast prion illuminate nucleation and strain diversity" Nature 2005;435, 765-772 (9 June 2005) doi: 10.1038/nature03679

Kupelian, V. et al., " Low sex hormone-binding globulin, total testosterone, and symptomatic androgen deficiency are associated with development of the metabolic syndrome in nonobese men". J Clin Endocrinol Metab 2006; 91(3):843-50

Laden,G. and Wrangham, R. "The rise of the hominids as an adaptive shift in fallback foods: Plant underground storage organs (USOs) and australopith origins" Journal of Human Evolution 49 (4):482-498

Lehninger, A.L., "Biochimie", Editura Tehnică, Bucureşti,1987, Vol II, p. 205

Lewin, R., "Human Evolution, An illustrated introduction", Blackwell Publishing, 2005, p. 51(a); p. 140-144(b);

Lin, Y.-C. "Breath-hold Diving in Terrestrial Mammals" In Exercise and Sport Sciences Review 1982; 10: 270-307

Linardopoulou, E. V. et al., " Human subtelomeres are hot spots of interchromosomal recombination and segmental duplication" Nature 2005;437: 94-100 doi:10.1038/nature04029

Lippman, Z. et al. "Role of transposable elements in heterochromatin and epigenetic control" Nature 2004;430: 471 - 476; doi:10.1038/nature02651

Lumey, L.H., "Decreased birthweights in infants after maternal in utero exposure to the Dutch famine of 1944-1945" Paedr Perinat Ep 1992; 6:240-53

Lunter G, Ponting CP, Hein J. "Genome-wide identification of human functional DNA using a neutral indel model". PLoS Comput Biol 2006;2(1):5

Mayr, E. "De la bacterii la om-evoluţia lumii vii", Humanitas, 2004, p. 115-118 (a), 236-239 (b); p. 150 (c); p. 308 (d); p. 309 (e)

McGraw, M. B., "Swimming behavior of the Human Infant", Journal of Pediatrics 1939;15: 485-490.McKinney, M.L. & McNamara, K.J "Heterochrony: The Evolution of Ontegeny": Plenum Press, New York 1990: 56

Montagu, Ashley "Growing Young" N.Y.: McGraw Hill 1989 p. 40 (a), 57 (b)Hayakawa, T. et al., "Alu-mediated inactivation of the human CMP-N-acetylneuraminic acid hydroxylase gene" PNAS 2001; 98(20): 11399-11404

Morris, D.," The naked ape: A Zoologist`s Study of the Human Animal" McGraw-Hill Companies, 1967

O'Connor, T. P. et al. "Prolonged longevity in naked mole-rats: age-related changes in metabolism, body composition and gastrointestinal function" Comp. biochem. physiol., Part A Mol. integr. physiol. 2002; 133(3): 835-842

Ozanne, S. E. & Hales, C. N. "The long-term consequences of intra-uterine protein malnutrition for glucose metabolism". Proceedings of the Nutritionist Society 1999; 58: 615 -619.

Pagel, M. and Bodmer, W. "A naked ape would have fewer parasites", Proc Biol Sci. 2003;270(Suppl 1): 117–119 doi: 10.1098/rsbl.2003.0041.

Pollard K.S., et al. "Forces Shaping the Fastest Evolving Regions in the Human Genome". PLoS Genet 2006; 2(10): 168, doi:10.1371/journal.pgen.0020168

Pollard, K. S. et al., "An RNA gene expressed during cortical development evolved rapidly in humans" Nature 2006; 443(7108):124-244

Ponting C. P. and Lunter, G. " Evolutionary biology: Human brain gene wins genome race", Nature advance online publication 16 August 2006 doi:10.1038/nature05154; Reik, W., Constancia, M. & Fowden, A. "Regulation of supply and demand for maternal nutrients in mammals by imprinted genes". Journal of Physiology 2003; 534: 35-44

Rinn, J. L. et al.,"Functional Demarcation of Active and Silent Chromatin Domains in Human HOX Loci by Noncoding RNAs" Cell 2007;129: 1311-1323

Rose, M.R.. Genetics of increased lifespan in Drosophila . Bioessays 1989;11:132-135.

Roy, P. J et al., "Chromosomal clustering of muscle-expressed genes in Caenorhabditis elegans" Nature 2002; 418: 975-979 (29 August) doi: 10.1038/nature01012

Rutherford, S.L., Lindquist, S., "Hsp90 as a capacitor for morphological evolution", Nature 1998; 396:336-42

Sandovici, I., et al. "Human Imprinted Chromosomal Regions Are Historical Hot-Spots of Recombination". PLoS Genet 2006; 2(7): 101, doi:10.1371/journal.pgen.0020101

Shapiro, M.D. et al., "Genetic and developmental basis of evolutionary pelvic reduction in threespine sticklebacks", Nature 2004;428:717-23

Shea, B. T "Heterochrony in human evolution: The case for neoteny reconsidered" American Journal of Physical Anthropology 1989;32(10): 69-101

Shea, B.T. "Paedomorphosis and neotony in the pygmy chimpanzee". Science 1983; 222: 522

Sollars, V. et al., "Evidence for an epigenetic mechanism by wich Hsp90 acts as a capacitor for morphological evolution", Nat Genet 2003; 33:70-4

Spilianakis, C. G, et al. "Interchromosomal associations between alternatively expressed loci" Nature 2005;435: 637-645 (2 June 2005) doi: 10.1038/nature03574

Stárka, L, et al., "Hormonal profile of men with premature balding". Exp Clin Endocrinol Diabetes 2004;112(1):24-8

Signorello, L.B., et al, . "Hormones and hair patterning in men: a role for insulin-like growth factor 1?" J Am Acad Dermatol 1999;40(2 Pt 1):200-3.

Stojanov, T. O'Neill, C. "In Vitro Fertilization Causes Epigenetic Modifications to the Onset of Gene Expression from the Zygotic Genome in Mice"Biology of Reproduction 2001;64 (2): 696–705 Tamaru, H., Selker, E. U., "A histone H3 methyltransferase controls DNA methylation in Neurospora crassa", Nature 2001; 414:277-83

The Chimpanzee Sequencing and Analysis Consortium, "Initial sequence of the chimpanzee genome and comparison with the human genome", Nature 2005;437:69-87 1 sept 2005/doi:10.1038/nature04072

Vastenhouw, N. L.et al., "Gene expression: Long-term gene silencing by RNAi" Nature 2006;442: 882, doi:10.1038/442882a

Volpe, T. A., et al., "Regulation of heterochromatinc silencing and histone H3 lysine-9 methylatilation by RNAi", Science 2002; 297:1833-7

Wahlbeck, K., Forsen, T., Osmond, C., et al "Association of schizophrenia with low maternal body mass index, small size at birth and thinness during childhood", Archives of General Psychiatry 2001; 58: 48-52

Waterland, R.A., Jirtle, R.A., "Transposable elements: targets for early nutritional effects on epigenetic gene regulation", Moll Cell Biol 2003, 23:5293-300,

White, M., Gribbin J. "Viața lui Darwin", Editura Lider, 2004, p. 316

Xie, X. et al. Systematic discovery of regulatory motifs in human promoters and 3' UTRs by comparison of several mammals Nature 2005; 434: 338 – 345, doi:10.1038/nature03441

Young, L.E. et al, "Epigenetic change in IGF2R is associated with fetal overgrowth after sheep embryo culture", Nat Gene. 2001;27(2):153-4.

Zilberman, D. and Henikoff, S. "Silencing of transposons in plant genomes: kick them when they're down" Genome Biol. 2004; 5(12): 249, doi: 10.1186/gb-2004-5-12-249.

Creierul și foamea

Abel, K.M. "Foetal origins of schizophrenia: testable hypotheses of genetic and environmental influences", The British Journal of Psychiatry 2004; 184: 383-385

Angelucci, F. et al. "BDNF in schizophrenia, depression and corresponding animal models", Molecular Psychiatry 2005; 10: 345–352. doi:10.1038/sj.mp.4001637

Baird, G. "Prevalence of disorders of the autism spectrum in a population cohort of children in South Thames: the Special Needs and Autism Project (SNAP)" The Lancet 2006; 368(9531): 210-215, doi:10.1016/S0140-6736(06)69041-7

Bălăceanu-Stolnici, C. et al., "Incursiune în antropogeneză", Editura Medicală, București, 2006, p. 28

Berridge, K.C., Robinson, T.E.. "What is the role of dopamine in reward: hedonic impact, reward learning, or incentive salience?" ', 'Brain Res Brain Res Rev.');"Brain Res Rev 1998;28(3): 309-36

Blum, S. Hebert, A. E., Dash, P. K. "A role for the prefrontal cortex in recall of recent and remote memories". Neuroreport 2006; 17(3):341-344

Bruce, L.L., Neary, T.J. "The limbic system of tetrapods: a comparative analysis of cortical and amygdalar populations" Brain. Behav. Evol.1995;46(4-5): 224-234

Buxhoeveden, D. P. and Casanova, M. F., "The minicolumn hypothesis in neuroscience" Brain 2002; 125(5): 935-951

Challis, J.R., & Patrick, J.E. " The Production of Prostaglandins and Thromboxanes in the Feto-Placental Unit and their Effects on the Developing Fetus". Seminars in Perinatology 1980; 4: 23-33.

Champagne, F.C., et al. "Naturally occurring variations in maternal behavior in the rat are associated with differences in estrogen-inducible central oxytocin receptors", Pro. Natl. Acad. Sci USA 2002;98:12736-12741.

Chen, B, et al., "Increased hippocampal BDNF immunoreactivity in subjects treated with antidepressant medication" Biol Psychiatry 2001;50(4):260-5

Chen, B. et al. "Increased hippocampal BDNF immunoreactivity in subjects treated with antidepressant medication" Biol Psychiatry 2001;50(4):260-5.

Chen, Q.Y., et al., "Association between the brain-derived neurotrophic factor (BDNF) gene and schizophrenia in the Chinese population". Neurosci Lett. 2006;397(3):285-90.Clodfelder-Miller, B. et al. "Physiological and Pathological Changes in Glucose Regulate Brain Akt and Glycogen Synthase Kinase-3", J. Biol. Chem. 2005; 280(48): 39723-39731

Cotman C.W., Berchtold, N.C. "Exercise: a behavioral intervention to enhance brain health and plasticity". Trends Neurosci 2002;25(6):295-301

Craig, A.D. (Bud) "Human feelings; why are some more aware than others?" Trends in Congnitive Sciences, 2004, 8:239-241

Craig, A.D. (Bud) "Interoception: the sens of the physiological condition of the body", Current Opinion in Neurobiology 2003; 13(4):500-505

Dalton, K.M., et al. "Gaze-Fixation, Brain Activation, and Amygdala Volume in Unaffected Siblings of Individuals with Autism". Biological Psychiatry2007; 61 (4):512-520

Damasio, A. R. "Eroarea lui Descartes: emoţiile, ra

ăiunea şI creierul uman", Humanitas , 2004, după Antonio R. Damasio, Descartes' Error: Emotion, Reason, and the Human Brain, A Grosset/Putman Book, 1994, p. 73-75 (a); 248-249 (b)Elias, S. G et al., "The 1944-1945 Dutch Famine and Subsequent Overall Cancer Incidence" Cancer Epidemiology Biomarkers & Prevention 2005; 14: 1981-1985

Emamian, E. S., et al., "Convergent evidence for impaired AKT1-GSK3beta signaling in schizophrenia". Nat. Genet. 2004; 36:131-137

Erich D. Jarvis E. D. et al., "Opinion: Avian brains and a new understanding of vertebrate brain evolution" Nature Reviews Neuroscience 2005;6: 151-159, doi:10.1038/nrn1606

Francis, D.C., et al."Variations in maternal behavior are associated with differences in oxytocin receptor levels in the rat", J. Neuroendocrinol. 2000;12: 1145-1148

Friedland, R. P., et al., "Patients with Alzheimer's disease have reduced activities in midlife compared with healthy control-group members", PNAS 2001;98(6):3440-3445

Fukuyama, M. et al., "C. elegans DAF-18/PTEN Mediates Nutrient-Dependent Arrest of Cell Cycle and Growth in the Germline", Current Biology 2006;16:773-779

Gage, F.H., et al. "Survival and differentiation of adult neuronal progenitor cells transplanted to the adult brain". Proc Natl Acad Sci USA 1995;92:11879-11883 Gibbons, A., "Solving the Brain's Energy Crisis", Science 1998; 280: 1345-1347

Gould, S.J. (1977) "Ontegeny and Phylogeny". Cambridge: Belknap Press 1977.p. 348 (a); p. 346 (b);

Gross, J., et al, "Perinatal asphyxia induces region-specific long-term changes in mRNA levels of tyrosine hydroxylase and dopamine D(1) and D(2) receptors in rat brain". Brain Res Mol Brain Res 2000;79:110–117, doi: 10.1016/S0169-328X(00)00106-6.

in reward: hedonic impact, reward learning, or incentive salience?" Brain Res Rev 1998;28(3): 309-36.

Jiang, H. et al, "Both the establishment and the maintenance of neuronal polarity require active mechanisms: Critical roles of GSK-3b and its upstream regulators," Cell 2005; 120:123-35

Kamei, J., Zushida, K., Miyata, S. "Modifications of several pharmacological actions by diabetes: effects on the opioid receptor agonist and benzodiazepines" Nihon Shinkei Seishin Yakurigaku Zasshi 2002;22(4):121-9

Kosfeld, M., et al., "Oxytocin Increases Trust in Humans" Nature 2005; 435:673 - 676

Kwon, C.-H. et al., "Pten Regulates Neuronal Arborization and Social Interaction in Mice" Neuron 2006; 50(3):377-388,doi:10.1016/j.neuron.2006.03.023

Lewin, R., Human Evolution, An illustrated introduction, Blackwell Publishing, 2005, p. 63 (a); p. 61(b); p. 63 (c); p. 164 (d);p. 162-164 (e); p. 71-72 (f)

Marino, L. "Absolute brain size: Did we throw the baby out with the bathwater?" PNAS 2006; 103(37): 13563-13564

Marsden, C.D. "Motor disorders in basal ganglia disease" Hum Neurobiol. 1984;2(4):245-50

Martinez-Tellez, R., et al., "Alteration in dendritic morphology of cortical neurons in rats with diabetes mellitus induced by streptozotocin"Brain Res. 2005;1048(1-2):108-15

Matsuo, K. et al., Prefrontal hyperactivation during working memory task in untreated individuals with major depressive disorder Molecular Psychiatry 2007; 12: 158–166. doi:10.1038/sj.mp.4001894

Mattison, J. A. et al. "Calorie restriction (CR) extends lifespan and reduces the incidence and age of onset of age-related disease in several animal models". Experimental Gerontology, 2003, 38:1-2:35-46

Mattson, M. P. et al., "Suppression of brain aging and neurodegenerative disorders by dietary restriction and environmental enrichment: molecular mechanisms" Mechanisms of Ageing and Development 2001, 122(7):757 - 778

Mayr, E., "De la bacterii la om- evoluţia lumii vii", Humanitas, 2004 p.312 (a); p. 308 (b);

McKinney, M.L. & McNamara, K.J "Heterochrony: The Evolution of Ontegeny": Plenum Press, New York 1990, p. 324

McLaughlin, P.J., "Exposure to the Opioid Antagonist Naltrexone throughout Gestation Alters Postnatal Heart Development", Biology of the Neonate 2002;82:207-216 , doi: 10.1159/000063611

Meyer-Lindenberg, A. et al., "Neural mechanisms of genetic risk for impulsivity and violence in humans" PNAS 2006;103(16):6269-6274 doi:10.1073/pnas.0511311103

Mulcahy, N. J. and Call, J. "Apes Save Tools for Future Use" Science 2006; 312(5776):1038 – 1040, doi: 10.1126/science.1125456Naidoo, S.et al., "Foetal alcohol syndrome: a dental and skeletal age analysis of patients and controls", The European Journal of Orthodontics 2006 28(3):247-253, doi:10.1093/ejo/cji109

Naqvi, N.H. et al. "Damage to the Insula Disrupts Addiction to Cigarette Smoking." Science 2007;315:531-34Nielsen, R., et al.. A Scan for Positively Selected Genes in the Genomes of Humans and Chimpanzees. PLoS Biol 2005;3:170.

Nilsson, D.-E., et al., "Advanced optics in a jellyfish eye" Nature 2005;435:201-205 (12 May), doi: 10.1038/nature03484

Nitta A, et al., "Alteration in dendritic morphology of cortical neurons in rats with diabetes mellitus induced by streptozotocin", Brain Res. 2005;1048(1-2):108-15

Martinez-Tellez, R., et al., "Alteration in dendritic morphology of cortical neurons in rats with diabetes mellitus induced by streptozotocin"Brain Res. 2005;1048(1-2):108-15

O'Connell, J. F. et al., " Male strategies and Plio-Pleistocene archaeology", Journal of Human Evolution 2002;43(6):831-872

Ohki, K. et al., "Functional imaging with cellular resolution reveals precise micro-architecture in visual cortex" Nature 2005;433:597 - 603, doi:10.1038/nature03274

Palmer, T.D., et al. "Fibroblast growth factor 2 activates a latent neurogenic program in neural stem cells from diverse regions of the adult CNS". J Neurosci 1999;19:8487-8497

Palmer, T.D., Takahashi J, Gage F.H. "The adult rat hippocampus contains primordial neural stem cells"Mol Cell Neurosci 1997;8:389-404

Pang, P.T. et al., "Cleavage of proBDNF by tPA/Plasmin Is Essential for Long-Term Hippocampal Plasticity" Science 2004;306(5695): 487 – 491, doi: 10.1126/science.1100135

Prolla, T. A. and Mattson, M. P. "Molecular mechanisms of brain aging and neurodegenerative disorders: lessons from dietary restriction", Trends in Neurosciences 2001; 24(11):21-31

Reynolds, B,A., Weiss, S, "Generation of neurons and astrocytes from isolated cells of the adult mammalian central nervous system". Science 1992;255:1707

Richards, L.J., Kilpatrick, T.J., Bartlett, P.F. "De novo generation of neuronal cells from the adult mouse brain. Proc Natl Acad Sci USA" 1992; 89:8591-8595

Rockman, M.V., et al., "Ancient and recent positive selection transformed opioid cis-regulation in humans", PLOS Biology 2005; 3(12): 387

Russo-Neustadt, A. "Brain-derived neurotrophic factor, behavior, and new directions for the treatment of mental disorders". Semin Clin Neuropsychiatr 2003;8(2):109-18

Sakai, K., Hikosaka, O. and Nakamura, K. "Emergence of rhythm during motor learning", Trends in Cognitive Sciences 2004;8: 519-561

Semendeferi, K. et al. "Humans and great apes share a large frontal cortex", Nature Neuroscience 2002;5: 272 - 276, doi:10.1038/nn814

Shaw, P. et al., "Intellectual ability and cortical development in children and adolescents"Nature 2006;440: 676-679, doi:10.1038/nature04513

Sherwood, C.C. et al., "Evolution of increased glia–neuron ratios in the human frontal cortex" Published online before print August 28, 2006, 10.1073/pnas.0605843103

PNAS 2006;103(37):13606-13611

Shihabuddin, L.S., et al. "Adult spinal cord stem cells generate neurons after transplantation in the adult dentate gyrus". J Neurosci 2000;20:8727-8735

Sumbre, G. et al., "Neurobiology: Motor control of flexible octopus arms" Nature 2005; 433: 595 - 596; doi:10.1038/433595a

Swayze, V.W., et al., "Magnetic Resonance Imaging of Brain Anomalies in Fetal Alcohol Syndrome" Pediatrics 1997; 99:232-240.

Tobias, P.V., "Man's past and future", 5th Raymond Arthur Dart Lecture, 1968, Johannesburg, Witwatersrand:Univ. Press, p. 45

Trut, L.N., "Early canid domestication:the farm-fox experiment", American Scientist 1999;87:160-169

Verloes, A., "Microcephalia vera and microcephaly with simplified gyral pattern", Orphanet Encyclopedia, February 2004

Weaver, A. H. "Reciprocal evolution of the cerebellum and neocortex in fossil humans" PNAS 2005;102(10):3576-3580, doi:10.1073/pnas.0500692102

White, N. M. "Mnemonic functions of the basal ganglia". Current Opinion in Neurobiology 1997;7(2): 164-169

Wickelgren, I. "Memory for order found in the motor cortex". Science 1999; 283: 1617-1619.

Wickelgren, I. "The cerebellum: the brain's engine of agility". Science 1998; 281:1588-1590

Wilson, E. O., "Sociobiologia", Editura Trei, 2003 p. 376

Yoshimura, T. et al, "GSK-3b regulates phosphorylation of CRMP-2 and neuronal polarity," Cell 2005; 120:137-49

Zagon, I.S., McLaughlin, P.J. "Increased brain size and cellular content in infant rats treated with an opiate antagonist". Science 1983; 221:671–673

Zagon, I.S.,Rhodes, E. and McLaughlin, P.J. "Localization of enkephalin immunoreactivity in diverse tissues and cells of the developing and adult rat" Cell and Tissue Research 1986, doi:I10.1007/BF00215197

Zhao, Z. et al., "Insulin receptor deficits in schizophrenia and in cellular and animal models of insulin receptor dysfunction" Schizophrenia Research 2006; 84(1):1-14, doi:10.1016/j.physletb.2003.10.

Comportamente umane aberante

Bowles, S. and. Posel, D. "Genetic relatedness predicts South African migrant workers' remittances to their families" Nature 2005;434: 380 – 383, doi:10.1038/nature03420

Brothers, L. "A biological perspective on empathy", Am J Psychiatry 1989; 146:10-19Brothers, L., Ring, B., Kling, A. "Response of neurons in the macaque amygdala to complex social stimuli" Behav Brain Res 1990; 41(3):199-213.

Eibl-Eibesfeldt, I., "Agresivitatea umană", Editura Trei, 1995, p. 69-70 (a), 94-95 (b); 209-210 (c); 75-76 (d); 162-196 (e); 192-193, 150-151 (f); 149 (g).

Harbaugh, W. T., Mayr, U. and Burghart, D. R. "Neural Responses to Taxation and Voluntary Giving Reveal Motives for Charitable Donations" Science 2007; 316(5831): 1622 - 1625.

Mayr, E., "De la bacterii la om- evoluţia lumii vii", Humanitas, 2004 p. 320

Moll, J. et al. "Human fronto-mesolimbic networks guide decisions about charitable donation" PNAS, Neuroscience Published online before print October 9, 2006, doi:10.1073/pnas.0604475103

Warneken, F. et al. "Spontaneous Altruism by Chimpanzees and Young Children", PLoS Biol. 2007; 5(7):184

Wilson, E. O., "Sociobiologia", Editura Trei, 2003 p. 420 (a); 424-426 (b); 368 (c); 372 (d); 437 (e)

Wrangham, R. W. ,Wilson, M. L. and. Muller, Martin N. "Comparative rates of violence in chimpanzees and humans" Primates (2006) 47: 14–26 doi:10.1007/s10329-005-0140-1

Ezoterism, arta, mistica, ştiinţa

Conard, N.J., et al., "Unexpectedly recent dates for human remains from Vogelherd". Nature 2004; 430(6996): 198-201.

Henshilwood, C. et al." Middle Stone Age Shell Beads from South Africa", Science 2004; 304 (5669): 404. doi: 10.1126/science.1095905

Lewin, R., "Human Evolution, An illustrated introduction", Blackwell Publishing, 2005, p. 232 (a); p.230 (b); p. 230 (c); p. 232-233 (d)

Limb, C. J. "Structural and Functional Neural Correlates of Music Perception" The Anatomical Record Part A 2006;288A:435–446 Niewoehner, W. A.," Behavioral inferences from the Skhul/Qafzeh early modern human hand remains", Proceedings of the National Academies of Sciences 2001; 98(6):2979-2984

Petraglia, M. et al. , "Middle Paleolithic Assemblages from the Indian Subcontinent Before and After the Toba Super-Eruption", Science 2007; 317(5834): 114 – 116, doi: 10.1126/science.1141564

Wilson, E. O., "Sociobiologia", Editura Trei, 2003 p. 423-424

Mersul biped

Hunt, K. D., "The postural feeding hypothesis: an ecological model for the evolution of bipedalism". South African Journal of Science 1996;92:77-90.

Jablonski, N.G. and Chaplin, G. "Origin of habitual terrestrial bipedalism in the ancestor of the Hominidae". J. Hum. Evol 1993; 24:259-280.Leonard, W. R., Robertson, M. L. "Locomotor economy and the origin of bipedality: Reply to Steudel-Numbers" American Journal of Physical Anthropology 2001; 116(2): , 174 – 176, doi 10.1002/ajpa.1111

Lewin, R., "Human Evolution, An illustrated introduction", Blackwell Publishing, 2005, p. 90 (a); p.112-113 (b);

Lieberman, D. E. et al., "The human gluteus maximus and its role in running", The Journal of Experimental Biology 2006;209: 2143-2155, doi:10.1242/jeb.02255

Lovejoy, C. O."The Origins of Man" Science 1981;211:341-348.

McHenry, H.M. "The pattern of human evolution: Studies on bipedalism, mastication, and encephalization". Annual Review of Anthropology1 1982;11: 151-173.

Morris, D., "The naked ape: A Zoologist`s Study of the Human Animal" McGraw-Hill Companies, 1967

Thorpe, S. K. S. & Crompton, R. H. "Locomotor ecology of wild orang-utans (Pongo pygmaeus abelii) in the Gunung Leuser ecosystem, Sumatra, Indonesia: a multivariate analysis using log-linear modelling". Am.J. Phys. Anthropol. 2005;127: 58–78. doi:10.1002/ajpa.20151

Thorpe, S. K. S. & Crompton, R. H. "Orangutan positional behavior and the nature of arboreal locomotion in Hominoidea". Am. J. Phys. Anthropol. 2006;131:384–401, doi:10.1002/ajpa.20422

Thorpe, S. K. S. ,. Holder, R. L Crompton, R. H. "Origin of Human Bipedalism As an Adaptation for Locomotion on Flexible Branches" Science 2007: 316(5829):13281331

doi: 10.1126/science.1140799Waal, F. B. M. de, "Bonobo Sex and Society,The behavior of a close relative challenges assumptions about male supremacy in human evolution" Scientific American 1995: 82-88

Walter, M. "Defence of bipedalism" Human Evolution 2004; 19(1):19-44, doi: 10.1007/BF02438907

Wheeler, P. E.,. "The thermoregulatory advantages of hominid bipedalism in open equatorial environments: the contribution of increased convective heat loss and cutaneous evaporative cooling". Journal of Human Evolution 1991;21:107-115

Zuberbühler, K. and Jenny, D. "Leopard predation and primate evolution", Journal of Human Evolution 43(6) 873-886

Societatea umană

Lewin, R., "Human Evolution, An illustrated introduction", Blackwell Publishing, 2005, p. 221

O'Connell, J. F. et al., " Male strategies and Plio-Pleistocene archaeology", Journal of Human Evolution 2002;43(6):831-872

Seyfarth, R. M., Cheney, D. L., & Marler, P. "Monkey responses to three different alarm calls: Evidence of predator classification and semantic communication", Science 1980; 210: 801-803 doi: 10.1126/science.7433999

Wilson, E. O., "Sociobiologia", Editura Trei, 2003 p. 369

Sexul şi foamea

Finch, C. E.,. Stanford, C. B. "Meat-adaptive genes and the evolution of slower aging in humans", The Quarterly Review of Biology, March 2004; 79 (1)

Finch, C.E. and Austad, S.N. "History and prospects: symposium on organisms with slow aging". Experimental Gerontology 2001;36:593-597Frans B. M. de Waal, Bonobo Sex and Society,The behavior of a close relative challenges assumptions about male supremacy in human evolution Scientific American, March 1995, 82-88

Galdikas, B.M.F. "Social and reproductive behavior of wild adolescent female orangutans". P. 163-182 in The Neglected Ape. Nadler RD, Galdikas BFM, Sheeran LK, Rosen N (eds). Plenum Press 1995, New YorkGibbons, A., "Solving the Brain's Energy Crisis", Science 1998; 280: 1345-1347

Gould, S.J. "Ontegeny and Phylogeny" Cambridge: Belknap Press. 1977, p. 356-58

Hawkes, K., et al., "Grandmothering, menopause, and the evolution of human life histories" Proc Natl Acad Sci U S A 1998;95:1336-1339

Howard, J. M. "Androgens in Human Evolution. A New Explanation of Human Evolution" Rivista di Biologia / Biology Forum 2001; 94: 345-362

Johnson, J. et al., "Oocyte generation in adult mammalian ovaries by putative germ cells in bone marrow and peripheral blood" Cell 2005, 122:303-315.

Johnson, J., et al., "Germline stem cells and follicular renewal in the postnatal mammalian ovary"Nature 2004, 428:145-150

Liu, Y. et al., "Germline stem cells and neo-oogenesis in the adult human ovary" Developmental Biology 2007;306(1):112-120, doi:10.1016/j.ydbio.2007.03.006

Lopez-Varela, S. et al., "Differential Responses of Circulating Prolactin, GH, and ACTH Levels and Distribution and Activity of Submaxillary Lymph Node Lymphocytes to Calorie Restriction in Male Lewis and Wistar Rats", Neuroimmunomodulation 2004;11:247-254, doi: 10.1159/000078443

Lowry, P.J. "Has the mechanism by which the endocrine placenta scavenges the mother whilst sparing the foetus been unmasked?" Endocrine Abstracts 2003; 6:3

Mattison, J. A. Lane, M. A., Roth, G. S. and Ingram, D. K. "Calorie restriction in rhesus monkeys", Experimental Gerontology 2003, 38:1-2:35-46

McAuliffe, K., Whitehead, H. "Eusociality, menopause and information in matrilineal whales". Trends Ecol Evolution 2005; 20: 650

Morris, D., "The naked ape:A Zoologist'sStudy of the Human Animal"

McGraw-Hill Companies, 1967

Mueller, W.F., Coulston, F., Korte, F. "The role of the chimpanzee in the evaluation of the risk of foreign chemicals to man". Regul Toxicol Pharmacol 1985;5:182-9.

Pasquali, R., et al. "Effect of obesity and body fat distribution on sex hormones and insulin in men" Metabolism 1991;40: 101

Steinetz, B.G., Randolph, C., Mahoney, C.J. "Serum concentrations of relaxin, chorionic gonadotropin, estradiol-17B, and progesterone during the reproductive cycle of the chimpanzee (Pan troglodytes)". Endocrinology 1992;130(6):3601-7Waal, F. B. M. de, "Bonobo Sex and Society,The behavior of a close relative challenges assumptions about male supremacy in human evolution" Scientific American March 1995: 82-88

Walker, M.L. "Menopause in female rhesus monkeys". Am J Primatol 1995;35: 59-71

Winter, J.S.D., et al., "The endocrine basis of sexual development in the chimpanzee". In (R.V. Short & B.J. Weir, Eds.) The Great Apes of Africa, Text-fig. 2 (testosterone, males), p. 134, Text-fig. 5 (testosterone, females), p. 137, and Text-fig. 3, p. 135, (estradiol, females). J. Reprod. Fertil. Suppl. 1980;28.

Misterele limbajului uman

Angot, M., ”India clasică” Editura Bic All, 2002, p. 17

Darwin, C., “The Voyage of the Beagle (1839)”, Chapter X:Tierra del Fuego, http://www.infidels.org/library/historical/charles_darwin/voyage_of_beagle/Chapter10.html

Dunbar, R. “Grooming, gossip and the evolution of language”. Londen: Faber, 1996 citat de Lewin, 2006, p. 226

Fitch, W. T., "Comparative Vocal Production and the Evolution of Speech: Reinterpreting the Descent of the Larynx". In The Transition to Language 2002, Alison Wray, editor. Oxford: Oxford University Press.

Gardner, R.A. & Gardner, B.T. “ Teaching sign language to a chimpanzee” Science 1969; 165: 664-72

Grossenbacher, P.G. & Lovelace, C.T. "Mechanisms of synesthesia: cognitive and physiological constraints", Trends in Cognitive Sciences 2001;5(1): 36-41

Jerison, H.J., “Brain size and the evolution of mind”.59th James Arthur Lecture, American Museum of Natural History, 1991 citat de Lewin, 2006, p. 226

Lewin, R., “Human Evolution, An illustrated introduction”, Blackwell Publishing, 2005, p. 222 (a); 223 (b); 223 (c); 224 (d); 226 (e); 412-414; 411 (g)

Marler, P.R. “Comunication in monkeys and apes”, 1965. In I. DeVore, ed. Primate behavior:field studies of monkeys and apes, p. 544-584, Holt, RineHart and Winston, New York

Maurer, D. “Neonatal synesthesia: implications for the processing of speech and faces”. In de Boysson-Bardies, B., de Schonen, S., Jusczyk, P., McNeilage, P., & Morton, J. (Eds) Developmental Neurocognition: Speech and face processing in the first year of life. Kluwer Academic Publishers 1993, Dordrecht.

Mounin, G., “Istoria lingvisticii”, editura Paideea, 1999, p. 16 (a); 39 (b)

Senghas, R. J. “New ways to be Deaf in Nicaragua: Changes in language, personhood, and community”. In Monaghan, L., Nakamura, K., Schmaling, C., and Turner, G. H. (eds.), Many ways to be Deaf: International, linguistic, and sociocultural variation. Washington, DC. Gallaudet University Press, 2003, p. 260-282.Stedman, H. H. et al. “Myosin gene mutation correlates with anatomical changes in the human lineage” Nature 2004; 428 (6981): 415-418, doi: 10.1038/nature02358Waal, F. B. M. de, “Bonobo Sex and Society,The behavior of a close relative challenges assumptions about male supremacy in human evolution” Scientific American 1995: 82-88

Wilson, E. O., “Sociobiologia”, Editura Trei, 2003 p. 412 (a); 412 (b); p. 412 (c); 412 (d); 412 (e);

De la foamete la civilizaţie

Angot, M."India clasică" Editura Bic All, 2002, p. 262

Bălăceanu-Stolnici, C. et al., "Incursiune în antropogeneză", Editura Medicală, Bucureşti, 2006

Brumm, A., A. et al., 2006. "Early stone technology on Flores and its implications for Homo floresiensis". NatureH 2006;441: 624-628

Brunet, M. et al. "A new hominid from the upper Miocene of Chad, central Africa". Nature, 418:145-51, 2002.

Geiss, I. "Istoria lumii din preistorie până în anul 2000", All Educational, 2002, 2003, p. 37

Gibbons, A. " Food for Thought" Science 2007;316 (5831): 1558, doi: 10.1126/science.316.5831.1558

Jacob, T., et al., "Pygmoid Australomelanesian Homo sapiens skeletal remains from Liang Bua, Flores: Population affinities and pahological abnormalities", PNAS 2006;103(36):13421-12426

Jacob, T., Indriati, E, Soejono, RP., Hsu, K., Frayer, D.W., Eckhardt, R.B., Kuperavage, A.J., Thorne, A., and Henneberg, M., "Pygmoid Australomelanesian Homo sapiens skeletal remains from Liang Bua, Flores: Population affinities and pahological abnormalities", PNAS 2006;103(36):13421-12426

Jolly, C. J., " The seed-eaters: a new model of hominid differentiation based on a baboon analogy", Man 1970;5(1): 5-26

Leonard, W. L."Food for brain", Scientific American, January 2003: 32-41

Lewin, R., "Human Evolution, An illustrated introduction", Blackwell Publishing, 2005, p. 72 (a); 135 (b); 84 (c); 251 (d); 164 (e); 159 (f); 200-207 (g);186 (h); 181 (i); 247 (j); 249 (k); 249 (l); 250 (m); 250 (n); 251 (o); 249-250 (p);

Lieberman, D.E. et al., "The human gluteus maximus and its role in running" The Journal of Experimental Biology 2006;209: 2143-2155, doi:10.1242/jeb.02255

Martin, RD, , "Body size, brain size and feeding strategies" in Food acquisition and processing in primates. Chivers, D; Wood, B; Bilsborough, A, eds. Plenum Press, 1984, New York.

Mayr, E. "De la bacterii la om-evoluţia lumii vii", Humanitas, 2004, p. 432 (a), 436 (b); p. 439 (c)

Moura, A. C. de A. and Lee, P. C. "Capuchin Stone Tool Use in Caatinga Dry Forest" Science 2004: 306(5703):1909, doi:10.1126/science.1102558Niewoehner, W. A."Behavioral inferences from the Skhul/

Qafzeh early modern human hand remains", Proceedings of the National Academies of Sciences, March 13, 2001; 98(6):2979-2984

O'Connell, J. F. et al., " Male strategies and Plio-Pleistocene archaeology", Journal of Human Evolution 2002;43(6):831-872

Patterson, N. et al. ,Genetic evidence for complex speciation of humans and chimpanzees. Nature 2006;441:1103-1108Plagnol, V., Wall, J.D. "Possible Ancestral Structure in Human Populations". PLoS Genet 2006;2(7): 105, doi:10.1371/journal.pgen.0020105

Senut, B. et al., "First hominid from the Miocene (Lukeino Formation, Kenya)". Comptes Rendus de l'Académie de Sciences 2001; 332:137-144

Sun Tzu "Arta Războiului", Antet XX Press, Bucureşti, 1996, p. 12Waal, F. B. M. de, "Bonobo Sex and Society,The behavior of a close relative challenges assumptions about male supremacy in human evolution" Scientific American March 1995: 82-88

Wadley, G. & Martin, A. "The origins of agriculture ? a biological perspective and a new hypothesis" Australian Biologist 1993;6: 96 - 105

Walker, A.,. Zimmerman, M.R and Leakey, R.E. F.,. "A Possible Case of Hypervitaminosis A in Homo Erectus," Nature 1982; 296: 248-250.

Walker, R., et al., "Life In Slow Lane Revisited: Ontogenetic Separation Between Chimpanzees and Humans", American Journal of Physical Anthropology 2005;128:000-000

Wilson, E. O., "Sociobiologia", Editura Trei, 2003 p. 412 (a); 412 (b); p. 412 (c); 412 (d); 412 (e);

Wrangham, R.W., "Out of the pan and into the fire: From ape to human". În F. de Waal (ed); tree of origins, Cambridge, Mass.:Harvard University Press, 2001.

Umanizarea continuă

Clarck, J., "Enciclopedia fenomenelor inexplicabile", Saeculum, I.O., Vestala 1999, Bucureşti

Jacob, T., et al,, "Pygmoid Australomelanesian Homo sapiens skeletal remains from Liang Bua, Flores: Population affinities and pahological abnormalities", PNAS 2006;103(36):13421-12426

Verloes, A., "Microcephalia vera and microcephaly with simplified gyral pattern", Orphanet Encyclopedia, February 2004

Don't miss out!

Visit the website below and you can sign up to receive emails whenever Amalia Gabriela Diaconeasa publishes a new book. There's no charge and no obligation.

https://books2read.com/r/B-A-YGZGF-APSBJ

BOOKS 2 READ

Connecting independent readers to independent writers.

Also by Amalia Gabriela Diaconeasa

Civilizația foametei/ O altă abordare a umanizării
Missing Links in Aging
The Civilization of Famine/The human evolution seen from another angle

www.ingramcontent.com/pod-product-compliance
Lightning Source LLC
LaVergne TN
LVHW090225051026
849517LV00001B/189